Más Allá del Medo

La verdad sobre la energía nuclear

Historia, ciencia y geopolítica da la energía más temida e incomprendida del mundo

Porque el mundo necesita replantearse lo nuclear antes de que sea demasiado tarde

João Garcia Pulido

¿Quién Debería Leer Este Libro?

Este libro es para todos.

Para el curioso.

Para el escéptico.

Para quien siempre creyó — y para quien nunca quiso oír hablar del tema.

Es para quienes buscan comprender — no repetir.

Para quienes valoran la ciencia por encima del ruido.

Para quienes aún creen que la información de calidad puede ser un puente — no una trinchera.

Este libro no es neutral en el pensamiento — es neutral en la manipulación.

No es imparcial en la búsqueda de la verdad — pero está libre de agendas que distorsionan y simplificada en exceso.

Aquí no se sirve ninguna ideología — solo conocimiento.

Y como todo conocimiento verdadero, incomoda, provoca, cuestiona.

Es un libro para todos los que tienen una mente abierta y la humildad de escuchar lo que nunca se ha contado con claridad.

También es una invitación — casi un desafío — a quienes crecieron inmersos en narrativas rígidas, prejuicios heredados y una intoxicación mediática constante.

Quizá este libro no cambie convicciones — pero si logra sembrar una duda fértil, habrá cumplido su propósito.

No se requiere estar de acuerdo.

Pero se exige respeto — porque la obra aquí presentada es fruto de una investigación rigurosa, pensamiento crítico y un compromiso con la verdad, por incómoda que sea.

Si estás dispuesto a pensar por ti mismo — entonces este libro es para ti.

Agradecimientos

Escribir este libro ha sido una de las travesías más intensas y transformadoras de mi vida. Pero ningún gran camino se recorre solo.

En primer lugar, agradezco a mi familia — por el tiempo que les robé, por las horas en que estuve presente pero ausente, sumergido en pensamientos, páginas y revisiones. Sin su amor paciente y silencioso, esta obra nunca habría cobrado vida.

A mis colegas y amigos de toda la vida que, durante décadas en el sector energético, me animaron, desafiaron e inspiraron — vuestra confianza me dio fuerza cada vez que el cansancio amenazaba con vencerme.

A Hillshire Media, mi editorial, por tener el coraje de creer en este proyecto desde el principio y darme la libertad de escribir con verdad, rigor y pasión.

A ti, lector, mi más sincero agradecimiento — porque al comprar este libro, me das aliento y sentido. Más que un gesto comercial, tu elección es un acto de confianza. Espero estar a la altura.

Y finalmente, un agradecimiento profundamente emotivo y fraterno a mi colega y compañero de camino, Bruno Cerqueira. Tu presencia fue constante — en las revisiones minuciosas, en la creación de los diagramas e imágenes que enriquecen estas páginas, y en el apoyo incondicional durante noches largas y días extenuantes. Este libro también es tuyo.

Este libro nace de un compromiso con la verdad, con la ciencia y con un futuro más sostenible. Que sus páginas inspiren el cambio que tanto necesita nuestro mundo.

Introducción – Energía Nuclear: Comprender Antes de Decidir

Vivimos en una era de decisiones urgentes. La crisis climática avanza. Los combustibles fósiles, aunque todavía dominantes, se vuelven cada vez más insostenibles. La promesa de las energías renovables es real, pero está limitada por su intermitencia y la complejidad logística. La electricidad se ha convertido en el alma de la civilización moderna — y la gran pregunta que se plantea a gobiernos, empresas y ciudadanos por igual es: **¿de dónde vendrá la energía que alimentará el futuro?**

Este libro fue escrito para ofrecer una respuesta honesta, bien documentada y accesible a esa pregunta — una respuesta que a menudo se ignora debido a la desinformación, la ideología o el Medo: **la energía nuclear**.

Más que una tecnología, la energía nuclear representa una frontera del conocimiento humano. Es ciencia pura aplicada al bienestar colectivo. Es ingeniería de precisión al servicio de la estabilidad energética. Es una herramienta de poder y, al mismo tiempo, una oportunidad para la paz. Pero también es un tema cargado de controversias, mitos y desconfianza. Por eso, este libro no es solo técnico. Es también histórico, político, estratégico y profundamente humano.

A lo largo de estas páginas, el lector emprenderá un viaje que comienza con una reflexión ancestral sobre la relación entre la humanidad y la energía, y que continúa con el descubrimiento del átomo, la evolución de la física nuclear y los momentos clave del siglo XX — desde el Proyecto Manhattan hasta el lanzamiento del programa "Átomos para la Paz".

Exploraremos en profundidad los accidentes nucleares — sin ocultarlos ni exagerarlos. Analizaremos los residuos radiactivos con datos y soluciones reales. Desmontaremos los argumentos antinucleares, basándonos en hechos y no en ideologías. Y presentaremos las aplicaciones pacíficas de la tecnología nuclear — desde la medicina hasta la agricultura, desde la desalinización hasta la producción de hidrógeno.

Este libro también se adentra en la geopolítica de la energía, mostrando cómo el acceso y el dominio de la tecnología nuclear configuran el equilibrio de poder mundial. Veremos cómo las naciones que invirtieron en energía nuclear prosperaron — y cómo aquellas que la abandonaron hoy enfrentan crisis energéticas y dependencia externa.

En la sección final, abordamos el papel de la energía nuclear en la transición energética, con énfasis en nuevas tecnologías como los Reactores Modulares Pequeños (SMR), avances en fusión nuclear, el uso de inteligencia artificial y nuevos materiales, y el creciente vínculo entre energía, minerales estratégicos y soberanía nacional.

El lector encontrará aquí no solo un conjunto de hechos, sino una visión de futuro.

Una propuesta clara: la energía nuclear es esencial para garantizar un planeta sostenible, una economía estable y una sociedad libre del chantaje energético.

Este libro fue concebido para un público amplio. No requiere formación técnica, pero ofrece rigor científico.

No impone una verdad, sino que propone un debate serio. Es una invitación a reflexionar — y, para muchos, quizá una provocación necesaria. **Al fin y al cabo, la ignorancia es cómoda, pero el conocimiento libera**.

Si el lector está dispuesto a cuestionar, a escuchar la otra cara, y a considerar que la energía nuclear no solo es posible — sino necesaria — entonces este libro encontrará su lugar. Bienvenido al debate que puede definir el siglo XXI.

Índice

Capítulo 1 – La Energía y la Humanidad: De la Leña a lo Nuclear

Desde los albores de la civilización, la humanidad siempre ha dependido de la energía para sobrevivir y evolucionar.

El fuego, descubierto por nuestros antepasados hace cientos de miles de años, marcó el primer gran hito en el uso de la energía con fines más allá de la mera supervivencia. El calor generado por el fuego no solo permitió cocinar alimentos, sino que también proporcionó calor en regiones frías, protegiendo a poblaciones enteras de climas hostiles. El fuego también desempeñó un papel crucial en la iluminación nocturna, permitiendo que la actividad humana se extendiera más allá de los límites del día. Además, ofrecía protección contra depredadores feroces, garantizando mayor seguridad a los primeros asentamientos humanos.

A medida que las sociedades evolucionaban, el uso de la energía se volvió cada vez más sofisticado. La revolución agrícola, hace unos 10.000 años, marcó un punto de inflexión en la historia humana, permitiendo a las poblaciones pasar de un estilo de vida nómada a uno sedentario. La energía solar fue aprovechada para cultivar alimentos, mientras que los animales domesticados proporcionaban fuerza muscular para arar la tierra, aumentando significativamente la productividad agrícola.

Con el surgimiento de las primeras civilizaciones organizadas, la demanda de energía creció exponencialmente. La invención de la rueda y el desarrollo de la metalurgia fueron avances fundamentales que requirieron nuevas fuentes de energía, como el carbón vegetal y hornos impulsados por el viento. Durante la Edad Clásica, griegos y romanos ya utilizaban la energía hidráulica para operar molinos y mejorar la producción industrial — desde harina hasta tejidos.

La Revolución Industrial, en el siglo XVIII, marcó el comienzo de una nueva era energética. El carbón comenzó a utilizarse a gran escala para alimentar máquinas de vapor, revolucionando el transporte y la manufactura industrial. El siglo XX trajo consigo el descubrimiento del petróleo y la electricidad como fuentes primarias de energía, lo que permitió la expansión de las ciudades, la evolución de los sistemas de transporte y el desarrollo de nuevas tecnologías.

Sin embargo, el crecimiento exponencial de la demanda energética también trajo consigo desafíos. La quema de combustibles fósiles ha causado impactos ambientales significativos, incluyendo el calentamiento global y la contaminación del aire. Ante esto, la búsqueda de fuentes de energía más limpias y eficientes se ha convertido en una prioridad global.

En este contexto, la energía nuclear surge como una de las alternativas más prometedoras. Con su capacidad de generación limpia y eficiente — y sin emisiones directas de gases de efecto invernadero — se presenta como una solución viable para satisfacer las crecientes necesidades energéticas de la humanidad.

En los próximos capítulos, exploraremos la historia de la energía nuclear, sus aplicaciones pacíficas, sus desafíos e impactos globales, analizando cómo esta fuente podría moldear el futuro de la civilización.

Las Primeras Fuentes de Energía

La madera fue la primera gran fuente de energía utilizada por la humanidad. Durante miles de años, sirvió como combustible principal para cocinar alimentos, generar calor e incluso impulsar procesos industriales rudimentarios. Su abundancia y facilidad de acceso la convirtieron en la opción dominante hasta que se descubrieron nuevas fuentes.

Con el avance de la metalurgia y la creciente demanda energética, la madera comenzó a ser reemplazada por carbón vegetal, que ofrecía una combustión más eficiente y de mayor temperatura. El carbón vegetal se produce mediante la quema controlada de madera en un proceso conocido como pirólisis, en el que la madera se calienta en un ambiente con poco oxígeno, resultando en un combustible con mayor poder calorífico. Este desarrollo fue esencial para la metalurgia, permitiendo la producción de herramientas más resistentes y avanzadas.

El carbón mineral, por su parte — formado durante millones de años por la descomposición de materia orgánica enterrada bajo alta presión y temperatura — comenzó a utilizarse ampliamente a partir de la Revolución Industrial. A diferencia del carbón vegetal, que depende de la explotación forestal, el carbón mineral se extrae de minas subterráneas o a cielo abierto. Su mayor contenido energético y su disponibilidad a gran escala permitieron la creación de máquinas de vapor, locomotoras y un sector industrial más robusto.

Esto transformó profundamente a la sociedad, acelerando la urbanización y el crecimiento económico, pero también dio origen a un modelo de explotación energética con graves consecuencias ambientales.

La Revolución Industrial y el Auge del Carbón como Principal Combustible

En el siglo XVIII, la Revolución Industrial transformó la forma en que se utilizaba la energía. El carbón mineral se convirtió en la fuente de energía dominante, alimentando las máquinas de vapor que impulsaban las fábricas, los sistemas de transporte y la generación de electricidad. Las ciudades crecieron rápidamente y la demanda de carbón se disparó, lo que llevó a operaciones mineras intensivas.

Aunque el carbón fue la fuerza motriz de la industrialización, también trajo consigo desafíos ambientales. La quema de carbón libera grandes cantidades de dióxido de carbono (CO_2) y contaminantes atmosféricos, lo que contribuye a la contaminación del aire y a la intensificación del efecto invernadero. Además, las condiciones laborales en las minas eran extremadamente peligrosas, con frecuentes derrumbes y exposición a sustancias tóxicas.

El Descubrimiento y la Expansión del Petróleo como Fuente de Energía Dominante en el Siglo XX

A finales del siglo XIX y comienzos del siglo XX, la humanidad presenció su primera gran transición energética moderna: el paso del carbón al petróleo como fuente de energía dominante. Este cambio trajo consigo desafíos políticos, económicos y estratégicos, y, al igual que hoy, generó intensos debates entre defensores y detractores.

Durante más de 70 años, el carbón fue la principal fuente de energía tanto para la industria como para el sector militar. Sin embargo, a medida que aumentaba la eficiencia energética y la intensidad del consumo, quedó claro que se necesitaba una fuente de energía más flexible y eficiente. El petróleo surgió como esa alternativa, ofreciendo ventajas significativas sobre el carbón, como mayor densidad energética, facilidad de almacenamiento y menor necesidad de mano de obra para su manipulación.

A principios del siglo XX, la Royal Navy dependía casi exclusivamente del carbón para sus necesidades energéticas. El carbón era abundante en el Reino Unido, y la infraestructura de minería y transporte estaba bien establecida. Sin embargo, el carbón tenía desventajas operativas: requería grandes tripulaciones para cargarlo, dificultaba el reabastecimiento en alta mar y producía humo que podía revelar la posición de los barcos.

El petróleo comenzó a destacarse como una alternativa superior. Los buques impulsados por petróleo eran más rápidos, tenían mayor autonomía y requerían menos mano de obra para su operación y mantenimiento. Además, el petróleo permitía el reabastecimiento en alta mar — una ventaja crítica en operaciones militares.

El Reino Unido, entonces una superpotencia industrial y militar, se convirtió en el epicentro de esta transición. La modernización de la flota británica fue liderada por Winston

Churchill, quien ocupó el cargo de Primer Lord del Almirantazgo entre 1911 y 1915. Churchill reconoció que los buques impulsados por petróleo ofrecían una ventaja operativa decisiva: eran más rápidos, eficientes y requerían menos mantenimiento que los propulsados por carbón.

Churchill enfrentó una fuerte resistencia dentro del gobierno y de la Royal Navy, que temían una dependencia del petróleo extranjero, dado que el Reino Unido no contaba con reservas significativas. Para mitigar este riesgo, negoció un acuerdo estratégico con la Anglo-Persian Oil Company (hoy BP), asegurando acceso directo al petróleo de Oriente Medio. Esta decisión no solo modernizó la marina británica, sino que también ayudó a moldear la geopolítica del petróleo del siglo XX.

La transición al petróleo consolidó la posición de la Royal Navy como la fuerza naval más poderosa del mundo durante la Primera Guerra Mundial. Además, el acuerdo con Anglo-Persian sentó las bases para la fuerte presencia del Reino Unido en Oriente Medio, influenciando hasta hoy la política energética global.

La intervención de Churchill en la transición de la marina británica del carbón al petróleo fue una decisión visionaria que combinó innovación tecnológica, estrategia militar y diplomacia económica. Su capacidad para prever las ventajas del petróleo y superar la resistencia interna fue crucial para el éxito de la transición, consolidando el poder naval británico y dando forma a la historia energética mundial.

Este cambio también sentó un precedente para futuras transiciones energéticas. Así como el carbón fue reemplazado por el petróleo, hoy debatimos el reemplazo de los combustibles fósiles por fuentes más limpias y sostenibles. La lección de la historia, sin embargo, es que toda transición energética exitosa debe considerar factores como la seguridad energética, los costos económicos y la eficiencia tecnológica.

A finales del siglo XIX y comienzos del siglo XX, el petróleo emergió como una nueva y poderosa fuente de energía. La invención del motor de combustión interna y la creciente demanda de combustibles más eficientes impulsaron su adopción a gran escala. El petróleo se convirtió rápidamente en la columna vertebral de la economía global, alimentando automóviles, aviones, barcos y la generación de electricidad.

La exploración y la refinación del petróleo permitieron la producción de una amplia gama de productos, desde combustibles como gasolina y diésel hasta plásticos y productos químicos. Este recurso energético transformó la economía y la geopolítica global, otorgando a los países productores una influencia y un poder económico significativos.

No obstante, el petróleo también trajo consigo desafíos. Al igual que el carbón, su combustión genera emisiones de gases de efecto invernadero, contribuyendo al cambio climático.

Gráfico 1: Evolución de las Emisiones de CO_2

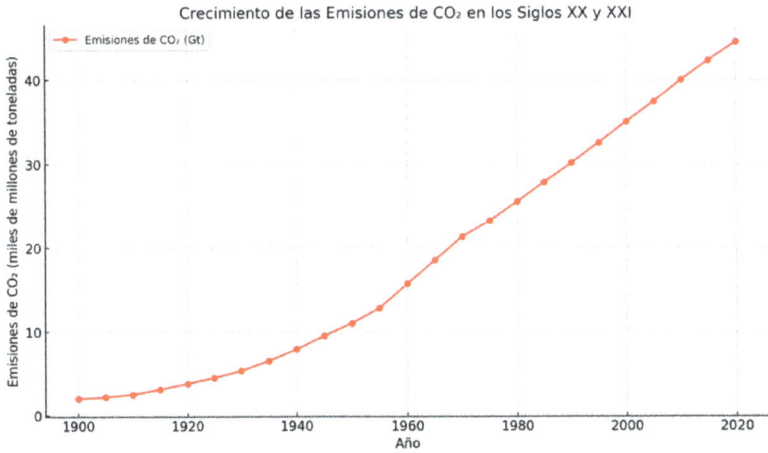

Crecimiento de las Emisiones de CO₂ en los Siglos XX y XXI

Fuente: Elaboración propia basada en los datos de la Tabla Resumen al final del capítulo.

Gráfico 2: Variación de la Temperatura Media

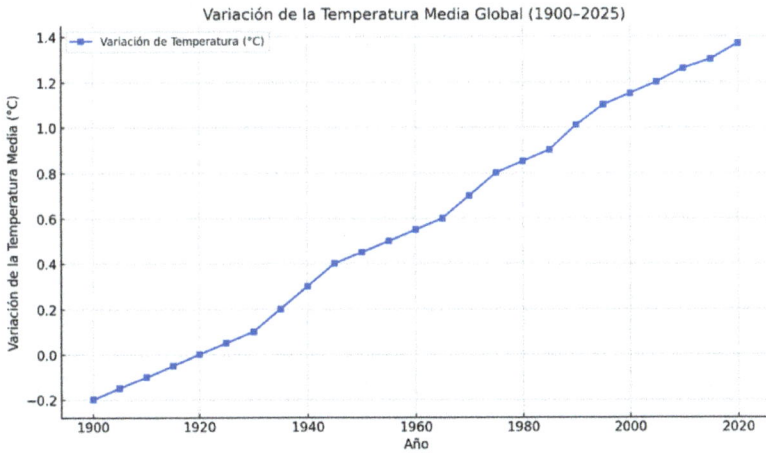

Variación de la Temperatura Media Global (1900-2025)

Además, la dependencia global del petróleo ha provocado conflictos geopolíticos y crisis energéticas que han afectado a economías enteras. A medida que los impactos ambientales de las fuentes fósiles se volvieron más evidentes, la búsqueda de alternativas energéticas ganó impulso, allanando el camino para el desarrollo de energías renovables y de la energía nuclear, que exploraremos en los próximos capítulos.

Gráfico 3: Correlación entre Emisiones de CO_2 y Temperatura Global

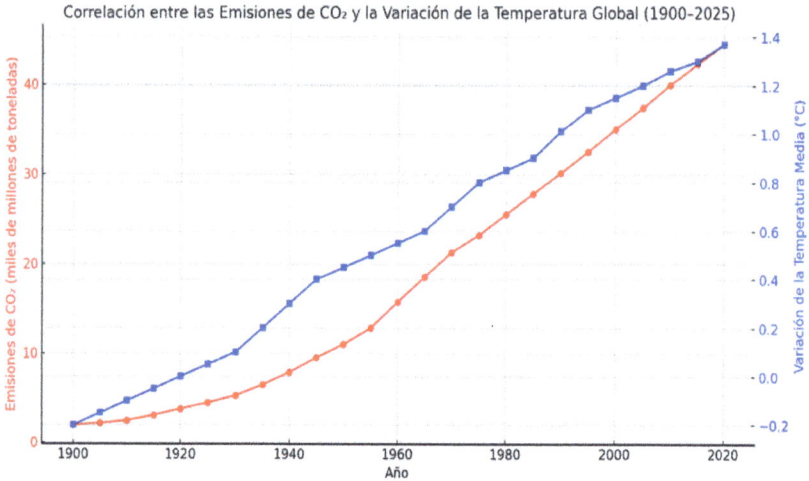

Correlación entre las Emisiones de CO_2 y la Variación de la Temperatura Global (1900-2025)

Fuente: Elaboración propia basada en los datos de la Tabla Resumen al final del capítulo.

La Búsqueda de Fuentes de Energía Más Eficientes

Los combustibles fósiles — como el carbón, el petróleo y el gas natural — han sido fundamentales para el crecimiento

9

industrial y económico durante los últimos siglos. Sin embargo, su extracción, transporte y consumo presentan desafíos significativos. Más allá de los impactos ambientales como las emisiones de contaminantes atmosféricos y los posibles derrames de petróleo, estos recursos desempeñan un papel crucial en los costos de la electricidad y en la estabilidad económica de los países.

La volatilidad de los precios del petróleo y del gas natural tiene efectos directos sobre la inflación y la competitividad de las industrias. La dependencia de las importaciones de combustibles fósiles crea vulnerabilidades geopolíticas, permitiendo que los países exportadores ejerzan influencia económica sobre los importadores.

El Verdadero Impacto de las Energías Renovables

Aunque a menudo se promueven como fuentes de energía limpias, las renovables también conllevan una huella ambiental considerable. La producción de paneles solares y aerogeneradores implica la extracción de minerales raros, como el neodimio y el litio, cuya minería tiene impactos ambientales significativos. Además, la fabricación, el transporte y la instalación de estos sistemas generan emisiones de carbono.

Otro factor importante es la necesidad de infraestructuras de apoyo. Dado que la energía solar y eólica son intermitentes, requieren la construcción de sistemas de respaldo, como baterías a gran escala o plantas térmicas de reserva, muchas veces alimentadas por gas natural. Esto incrementa el costo total de la electricidad y reduce la verdadera ventaja ambiental de estas tecnologías.

Una de las principales limitaciones de la energía renovable es su intermitencia. Como el sol no brilla por la noche y el viento no siempre sopla con suficiente intensidad, se requiere redundancia en la generación eléctrica. Esto significa que los países deben mantener plantas de energía adicionales en funcionamiento para abastecer la red durante los períodos de baja producción renovable.

Esa redundancia conlleva un coste significativo para los sistemas eléctricos nacionales. La necesidad de equilibrar fuentes intermitentes con otras estables — como las hidroeléctricas o las plantas térmicas — incrementa la inversión en infraestructuras y mantenimiento, lo que puede reflejarse en los precios de la electricidad tanto para los consumidores como para las industrias.

Si bien las energías renovables desempeñan un papel fundamental en la matriz energética global, por sí solas no son capaces de ofrecer una solución completa a las necesidades energéticas de la humanidad. Su intermitencia, huella ambiental y necesidad de respaldo hacen esencial combinarlas con otras fuentes de energía confiables. En este contexto, la energía nuclear emerge como una alternativa crucial para garantizar una electricidad limpia, estable y económicamente viable — un tema que exploraremos en los próximos capítulos.

Gráfico 4: Evolución de las Energías Renovables

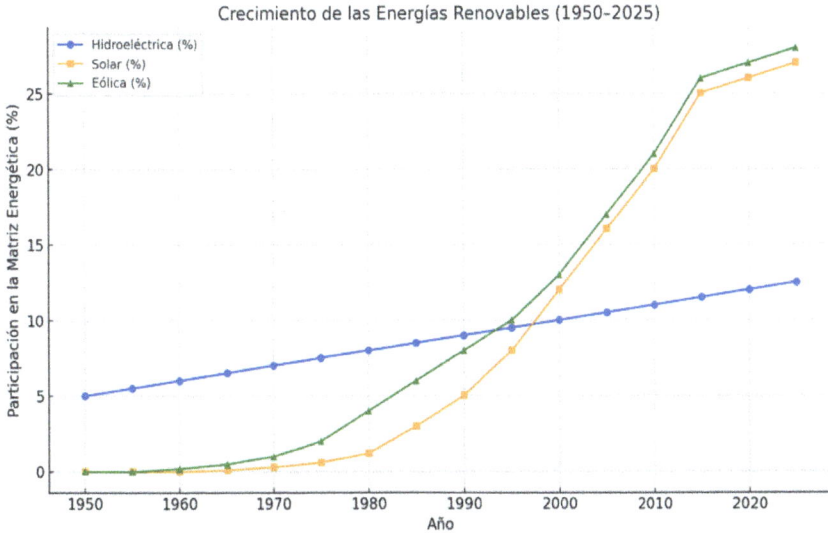

Gráfico 4: Evolución de las Energías Renovables

Crecimiento de las Energías Renovables (1950-2025)

Fuente: Elaboración propia basada en los datos de la Tabla Resumen al final del capítulo.

El Surgimiento de la Energía Nuclear

El descubrimiento de la fisión nuclear fue uno de los hitos más importantes de la ciencia moderna. A comienzos del siglo XX, físicos como Henri Becquerel, Marie Curie y Ernest Rutherford realizaron experimentos pioneros sobre la radiactividad, revelando que ciertos elementos emitían energía de forma espontánea.

Sin embargo, el verdadero avance llegó en 1938, cuando los científicos alemanes Otto Hahn y Fritz Strassmann descubrieron que al bombardear uranio con neutrones se producía la división del núcleo atómico, liberando una enorme cantidad de energía. Este proceso, posteriormente interpretado por Lise Meitner y Otto Frisch, fue denominado 'fisión nuclear' y abrió el camino a una nueva era energética.

La fisión nuclear demostró ser una fuente de energía extremadamente eficiente. A diferencia de los combustibles fósiles, que dependen de la combustión química y emiten grandes cantidades de dióxido de carbono (CO_2), la energía nuclear genera electricidad sin emisiones directas de gases de efecto invernadero. Además, la densidad energética del uranio es incomparablemente mayor que la de cualquier otro combustible conocido: un solo kilogramo de uranio enriquecido puede generar millones de veces más energía que un kilogramo de carbón o petróleo.

Gracias a esta capacidad, la energía nuclear comenzó a verse como una solución viable para satisfacer la creciente demanda mundial de electricidad sin agravar los problemas medioambientales asociados a las fuentes tradicionales.

Gráfico 5: Emisiones de CO$_2$ por Diferentes Fuentes de Energía

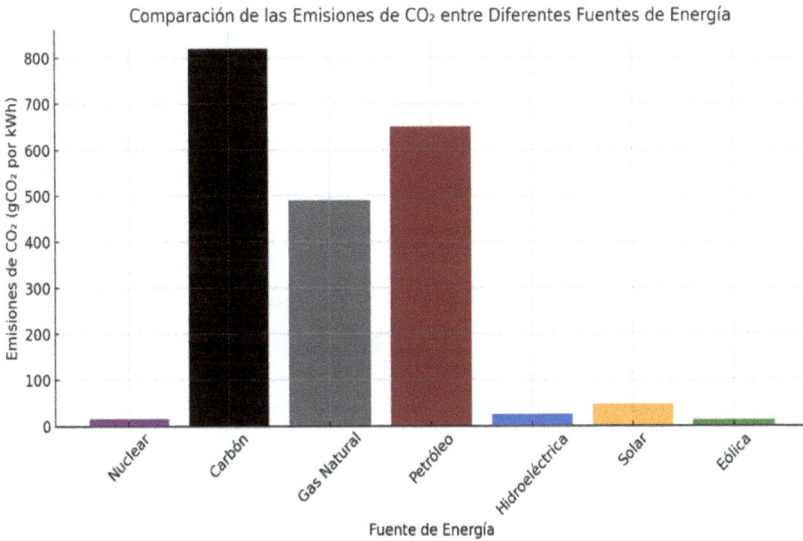

Gráfico 5: Emisiones de CO$_2$ por Diferentes Fuentes de Energía

Fuente: Elaboración propia basada en los datos de la Tabla Resumen al final del capítulo.

Aunque el descubrimiento de la fisión condujo inicialmente al desarrollo de armas nucleares durante la Segunda Guerra Mundial, el mundo pronto comenzó a explorar el potencial pacífico de esta tecnología.

En 1951, en Estados Unidos, se generó electricidad por primera vez a partir de la fisión nuclear, en el reactor experimental EBR-I en Idaho.

A partir de ese momento, varios países comenzaron a invertir en centrales nucleares para producir electricidad. En 1954, la Unión Soviética inauguró la primera central nuclear comercial del mundo, en Obninsk. Desde entonces, la energía nuclear se ha convertido en una parte fundamental de la matriz energética

14

global y hoy representa alrededor del 10% de la electricidad mundial.

La seguridad, la eficiencia y una baja huella de carbono han convertido a la energía nuclear en una de las principales alternativas para un futuro energético sostenible. En el próximo capítulo, exploraremos los principales mitos y realidades en torno a esta tecnología, examinando sus aplicaciones pacíficas y sus beneficios en diversos sectores de la economía.

Cómo los Avances Científicos Condujeron al Descubrimiento de la Fisión Nuclear

La teoría detrás de la fisión nuclear se basa en parte en la famosa ecuación de Albert Einstein, $E=mc^2$, formulada en 1905. Esta ecuación establece la relación entre la energía (E) y la masa (m), mostrando que una pequeña cantidad de materia puede convertirse en una enorme cantidad de energía cuando se multiplica por el cuadrado de la velocidad de la luz (c). Este principio fue fundamental para comprender el inmenso potencial energético contenido en el núcleo atómico.

Aunque Einstein no trabajó directamente en el descubrimiento de la fisión nuclear, su teoría de la relatividad — y sus cartas al presidente estadounidense Franklin D. Roosevelt advirtiendo sobre el potencial del uranio como fuente energética — influyeron en el desarrollo de los primeros reactores nucleares. La aplicación pacífica de esta tecnología llegaría años más tarde, cuando la energía nuclear comenzó a explorarse como una alternativa viable para la generación eléctrica.

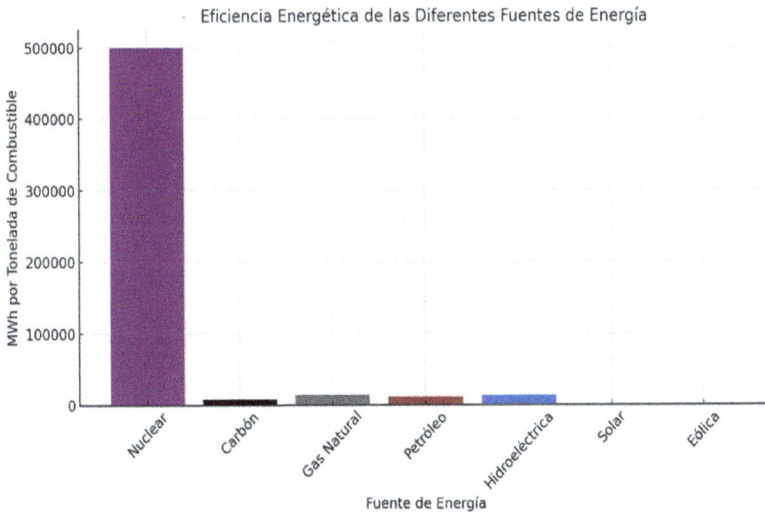

Eficiencia Energética de las Diferentes Fuentes de Energía

Fuente: Elaboración propia basada en los datos de la Tabla Resumen al final del capítulo.

El uranio enriquecido es un material — el "combustible" — esencial para el funcionamiento de los reactores nucleares.

Se trata de uranio que ha pasado por un proceso de separación isotópica para aumentar la concentración del isótopo U-235, que es más propenso a la fisión en comparación con el U-238, el isótopo más abundante en la naturaleza. Este proceso de enriquecimiento permite que la reacción en cadena ocurra de forma controlada, liberando una cantidad de energía significativamente mayor que cualquier reacción química convencional.

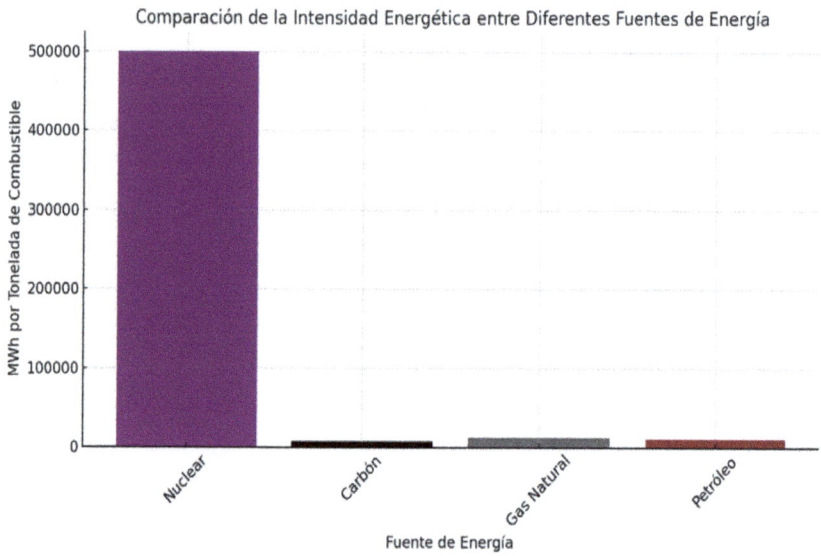

Gráfico 7: Intensidad Energética

Comparación de la Intensidad Energética entre Diferentes Fuentes de Energía

Fuente: Elaboración propia basada en los datos de la Tabla Resumen al final del capítulo.

Primer Uso de la Energía Nuclear con Fines Pacíficos y su Importancia en la Matriz Energética Global

Gráfico 8: Evolución de la Matriz Energética Global

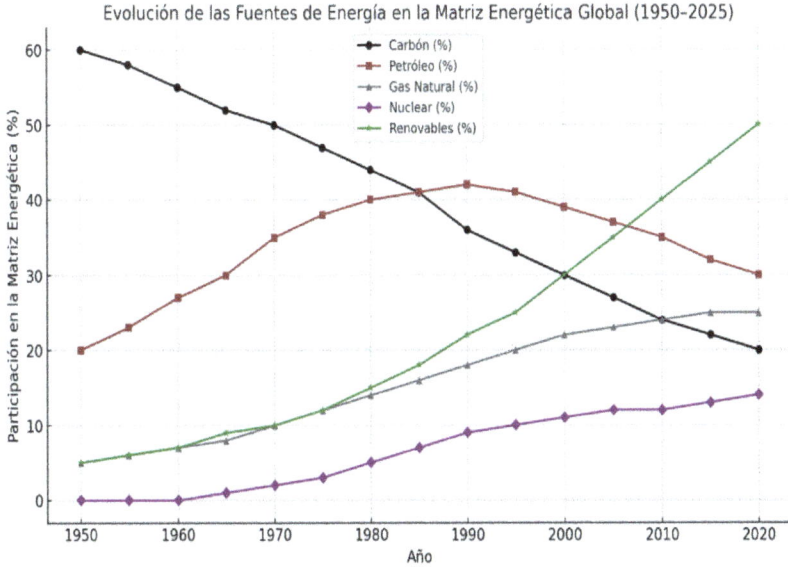

Evolución de las Fuentes de Energía en la Matriz Energética Global (1950-2025)

- Carbón (%)
- Petróleo (%)
- Gas Natural (%)
- Nuclear (%)
- Renovables (%)

Fuente: Elaboración propia basada en los datos de la Tabla Resumen al final del capítulo.

La seguridad, eficiencia y baja huella de carbono de la energía nuclear la han convertido en una de las principales alternativas para un futuro energético sostenible.

En el próximo capítulo, profundizaremos en los principales mitos y realidades que rodean a esta tecnología, examinando sus aplicaciones pacíficas y sus beneficios en diversos sectores de la economía.

La energía nuclear destaca por su alta eficiencia energética y baja huella de carbono en comparación con otras fuentes. Un kilogramo de uranio enriquecido puede generar millones de veces más energía que un kilogramo de carbón o petróleo. Esta densidad energética convierte a la energía nuclear en una alternativa extremadamente competitiva en términos de rentabilidad y impacto ambiental.

Al comparar las principales fuentes de energía utilizadas a nivel global, observamos diferencias notables:

- Carbón: Aunque es barato y ampliamente disponible, es una de las fuentes más contaminantes, emitiendo grandes cantidades de CO_2 y partículas tóxicas.

- Petróleo y gas natural: Son versátiles y se utilizan tanto para electricidad como para transporte, pero dependen de mercados inestables y generan emisiones significativas.

- Energías renovables (solar y eólica): Tienen una baja huella de carbono, pero enfrentan desafíos relacionados con la intermitencia, las necesidades de almacenamiento y la alta inversión en infraestructura.

- Energía hidroeléctrica: Una fuente renovable confiable, pero su construcción puede causar impactos ambientales y sociales significativos debido a la inundación de grandes áreas.

- Energía nuclear: Produce electricidad de forma continua, sin emisiones directas de carbono y con bajo impacto ambiental durante su operación.

El Crecimiento de la Energía Nuclear y los Desafíos por Delante

Actualmente, la energía nuclear representa aproximadamente el 10% de la producción mundial de electricidad. Varios países continúan invirtiendo en esta tecnología como una alternativa para garantizar la seguridad energética y reducir las emisiones de gases de efecto invernadero. China, Rusia, Francia y Estados Unidos lideran las inversiones en nuevos reactores, incluidos proyectos que involucran Reactores Modulares Pequeños (SMR), que ofrecen mayor flexibilidad y menores costes de implementación.

Gráfico 9: Crecimiento de la Energía Nuclear por Continente

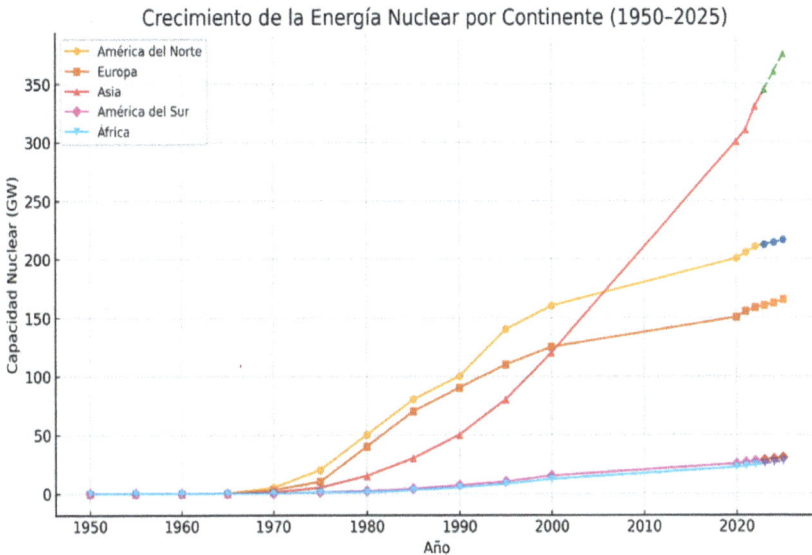

Datos reales hasta 2023. Proyecciones para 2024-2025 basadas en tendencias de la IAEA/WNA.

Fuente: Elaboración propia basada en los datos de la Tabla Resumen al final del capítulo.

Sin embargo, la energía nuclear enfrenta desafíos significativos:

- Percepción pública y miedo a los accidentes: Eventos como Chernóbil y Fukushima han generado preocupación sobre la seguridad nuclear, aunque los avances tecnológicos han hecho que los reactores modernos sean mucho más seguros.

- Gestión de residuos radiactivos: Aunque el volumen de residuos nucleares es pequeño en comparación con el total de residuos industriales tóxicos, el almacenamiento y la eliminación de estos materiales requieren regulaciones estrictas.

- Altos costes iniciales: La construcción de centrales nucleares requiere grandes inversiones, que a menudo solo se recuperan a largo plazo.

- Desafíos políticos y regulatorios: Cuestiones relacionadas con la proliferación nuclear y la diversidad de normativas nacionales afectan el ritmo de expansión de la energía nuclear.

Crecimiento de la Capacidad de Generación Nuclear (1950-2025)

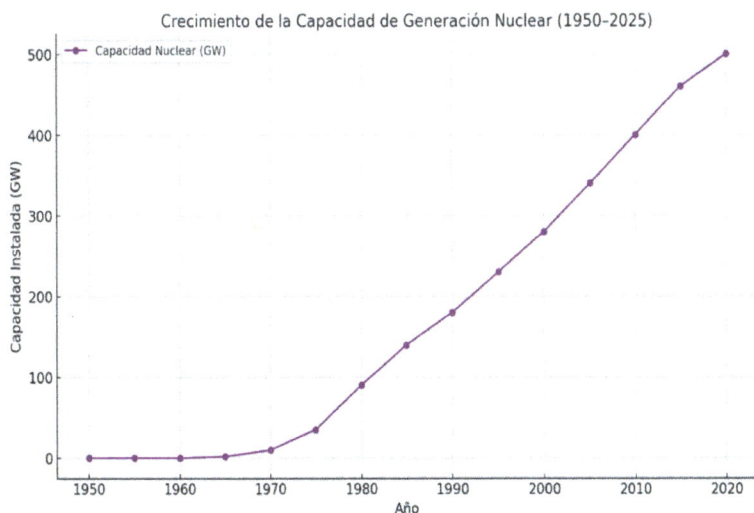

Fuente: Elaboración propia basada en los datos de la Tabla Resumen al final del capítulo.

La Necesidad de un Enfoque Equilibrado en la Transición Energética

Ante los desafíos energéticos del siglo XXI, un enfoque equilibrado que combine diferentes fuentes de energía es esencial para garantizar un suministro eléctrico sostenible, seguro y asequible.

La energía nuclear desempeña un papel fundamental en este equilibrio, ofreciendo una solución baja en carbono capaz de generar electricidad de forma continua, independientemente de las condiciones climáticas. A diferencia de las fuentes intermitentes como la solar y la eólica, la energía nuclear puede operar las 24 horas del día, asegurando estabilidad a la red eléctrica.

Además, a medida que continúan desarrollándose nuevas tecnologías nucleares — como los reactores de cuarta generación y la fusión nuclear — se espera una reducción adicional en los costes operativos y en las preocupaciones relacionadas con la seguridad.

La transición energética requiere una planificación estratégica que tenga en cuenta las ventajas y limitaciones de cada fuente. Ignorar la energía nuclear en la búsqueda de un sistema energético sostenible podría traducirse en mayores costes para los consumidores y una mayor dependencia de fuentes menos estables y predecibles.

Gráfico 11: Comparación de Costes entre Diversas Fuentes de Energía

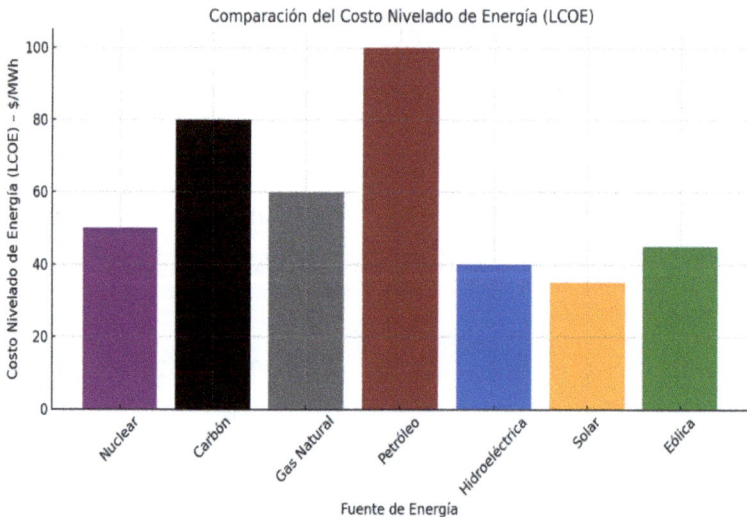

Fuente: Elaboración propia basada en los datos de la Tabla Resumen al final del capítulo.

Nota: Una descripción detallada del LCOE se presenta en el Capítulo 6.

En los próximos capítulos, exploraremos con mayor profundidad los desafíos y oportunidades asociados a la energía nuclear, incluyendo cuestiones de seguridad, gestión de residuos e innovaciones tecnológicas.

Conclusión del Presente Capítulo

Desde los albores de la civilización, la energía ha sido la fuerza impulsora del desarrollo humano. El dominio del fuego, el uso de la madera, el carbón, el petróleo y, más recientemente, la electricidad, han moldeado la evolución de las sociedades y permitido un progreso tecnológico sin precedentes. Sin un suministro de energía estable y accesible, la industrialización no habría sido posible, y el mundo moderno tal como lo conocemos no existiría.

A lo largo de la historia, las fuentes de energía han sido perfeccionadas para satisfacer las crecientes necesidades de la humanidad. Sin embargo, la elección de fuentes energéticas tiene un impacto directo en la economía, la seguridad nacional y la calidad de vida de las poblaciones. Es esencial que todo país cuente con un plan energético estratégico y diversificado para evitar una dependencia excesiva y vulnerabilidades externas.

La energía nuclear emerge como uno de los pilares fundamentales de un sistema energético equilibrado y sostenible. A pesar de las controversias y desafíos, sigue siendo una de las pocas fuentes capaces de suministrar electricidad de forma continua, independientemente de las condiciones climáticas, y con un impacto ambiental extremadamente bajo en términos de emisiones de carbono.

Excluir la energía nuclear de la matriz energética de un país es un grave error estratégico que afecta directamente los costos de la electricidad tanto para los consumidores como para las industrias. Países que han abandonado la energía nuclear, como Alemania, han experimentado aumentos sustanciales en los precios de la electricidad y una mayor dependencia de las importaciones de gas natural, quedando más expuestos a crisis geopolíticas.

Además, una dependencia excesiva de fuentes intermitentes como la solar y la eólica — sin una base firme de generación constante — obliga a los gobiernos a mantener plantas térmicas de respaldo o a importar electricidad de países vecinos, lo que puede generar inestabilidad energética y mayores costes. La energía nuclear evita este escenario al garantizar un suministro predecible y estable, reduciendo tanto los riesgos económicos como los políticos.

Matriz Energética Ideal para un País Sostenible y Seguro

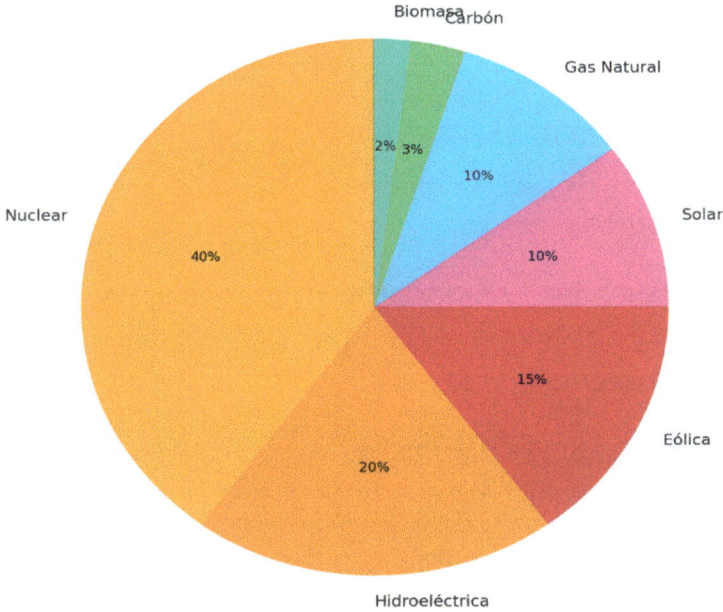

Este gráfico representa una mezcla energética ideal para un país que busca garantizar un suministro estable, minimizar el impacto ambiental y mantener precios competitivos para consumidores e industrias.

Estructura de la Mezcla Energética Ideal

- Nuclear (40%): Base sólida para una generación continua, bajas emisiones de carbono y estabilidad en la red.

- Hidroeléctrica (20%): Fuente renovable confiable, con capacidad para ajustar rápidamente el suministro eléctrico.

- Eólica (15%) y Solar (10%): Complementan la mezcla con fuentes limpias, aunque requieren respaldo debido a su intermitencia.

- Gas Natural (10%): Fuente de apoyo para la demanda en picos, menos contaminante que el carbón.

- Carbón (3%) y Biomasa (2%): Reservadas para fines estratégicos y necesidades específicas.

Tabla 1: Fuentes Consultadas en el Capítulo 1

Fuente	Descripción
Our World in Data – Producción y Consumo de Energía	Datos históricos globales sobre producción de energía.
Agencia Internacional de la Energía (IEA) – *World Energy Outlook 2023*	Análisis y proyecciones sobre los mercados energéticos globales.
Administración de Información Energética de EE. UU. (EIA) – *Energy Explained*	Explicación técnica de las fuentes de energía y su uso.
Asociación Nuclear Mundial – Datos sobre Energía Nuclear	Estadísticas y análisis sobre la energía nuclear.

IPCC – Sexto Informe de Evaluación	Impactos de los combustibles fósiles y la energía en el cambio climático.
MIT Energy Initiative – El Futuro de la Energía Nuclear	Análisis de tecnologías nucleares y escenarios futuros.
British Petroleum – Revisión Estadística de la Energía Mundial 2022	Datos energéticos globales por fuente y región.
Banco Mundial – Indicadores de Uso de Energía	Indicadores económicos y de desarrollo energético.
Agencia Internacional de Energías Renovables (IRENA) – Estadísticas de Capacidad Renovable	Crecimiento de las renovables y tendencias de inversión.
Comisión Europea – Política Energética y Climática	Estrategia europea para la transición energética.
Laboratorio Nacional de Energías Renovables (NREL) – Informes de Coste y Eficiencia	Informes sobre eficiencia y coste de las energías renovables.
Naciones Unidas – Energía Sostenible para Todos	Programa de la ONU para promover el acceso a energía limpia.

Preparación para el Próximo Capítulo: Historia y Evolución de la Energía Nuclear

El próximo capítulo explorará la evolución de la energía nuclear desde sus primeros descubrimientos hasta su desarrollo moderno. Analizaremos cómo distintos países adoptaron esta tecnología, los principales avances logrados a lo largo de los años, y cómo la innovación está dando forma al futuro de la energía nuclear.

Además, examinaremos los desafíos y soluciones orientados a hacer que la energía nuclear sea cada vez más segura y eficiente. El camino de la humanidad en busca de fuentes de energía confiables y sostenibles continúa. Cuando es utilizada y regulada adecuadamente, la energía nuclear puede ser una de las respuestas más sólidas al desafío energético del siglo XXI.

Capítulo 2 – Historia y Evolución de la Energía Nuclear: Del Descubrimiento a la Era Moderna

La energía nuclear es, sin duda, uno de los descubrimientos más impactantes de la historia moderna. Su desarrollo ha moldeado la geopolítica, impulsado avances científicos y redefinido el concepto de seguridad energética. Sin embargo, para comprender su relevancia actual y sus perspectivas futuras, es esencial volver a sus orígenes y explorar cómo se descubrió, desarrolló y aplicó esta forma de energía a lo largo del tiempo.

Desde los primeros estudios sobre radiactividad a finales del siglo XIX hasta los reactores nucleares más avanzados de hoy, el recorrido de la energía nuclear ha estado marcado por momentos decisivos. Descubrimientos científicos revolucionarios, como la fisión nuclear, dieron origen a tecnologías de enorme potencial — pero también a dilemas éticos y geopolíticos. La Segunda Guerra Mundial marcó un punto de inflexión, transformando el conocimiento nuclear en un instrumento de destrucción sin precedente.

Sin embargo, inmediatamente después de los horrores de la guerra, comenzó un nuevo capítulo: el uso de la energía nuclear con fines pacíficos. Las primeras centrales nucleares surgieron en la década de 1950, prometiendo una revolución energética basada en un combustible altamente eficiente y prácticamente libre de carbono. En los años siguientes, países de todo el mundo comenzaron a invertir en energía nuclear para satisfacer su creciente demanda eléctrica.

No obstante, la trayectoria de esta tecnología no ha sido lineal. A periodos de gran optimismo le siguieron momentos de escepticismo y temor. Accidentes como los de Three Mile Island (1979), Chernóbil (1986) y Fukushima (2011) impactaron profundamente en la opinión pública y llevaron a varias naciones a reconsiderar sus programas nucleares. Mientras algunos países optaron por eliminar progresivamente la energía nuclear, otros continuaron invirtiendo en la modernización de reactores y en seguridad tecnológica.

Hoy, la energía nuclear vuelve a estar en el centro de los debates globales sobre la transición energética y la descarbonización de la economía mundial. Ante la creciente necesidad de fuentes energéticas confiables y sostenibles, se están desarrollando nuevas tecnologías nucleares, como los reactores modulares pequeños (SMR) y los avances en la fusión nuclear, que podrían transformar por completo el sector energético en las próximas décadas.

En este capítulo, exploraremos la historia y evolución de la energía nuclear — desde sus primeros descubrimientos científicos hasta su impacto en la geopolítica y el panorama energético global. Comprender este recorrido es fundamental para evaluar los desafíos y oportunidades del presente y anticipar la trayectoria futura de esta tecnología.

El Descubrimiento de la Fisión Nuclear (1938)

El descubrimiento de la fisión nuclear fue uno de los momentos más importantes en la historia de la ciencia, ya que reveló la posibilidad de liberar enormes cantidades de energía desde el núcleo del átomo. Este avance fue resultado de experimentos realizados por Otto Hahn y Fritz Strassmann, quienes demostraron que el núcleo del uranio podía dividirse en fragmentos más pequeños.

Sin embargo, la interpretación de este fenómeno no fue inmediata. Lise Meitner y su sobrino Otto Frisch proporcionaron la explicación teórica para la fisión nuclear, demostrando que este proceso liberaba una cantidad extraordinaria de energía, tal como lo preveía la famosa ecuación de Einstein $E=mc^2$.

El impacto de este descubrimiento fue inmenso. Los científicos comprendieron rápidamente que la fisión nuclear podía utilizarse para generar energía a escala industrial, pero también para desarrollar armas de destrucción masiva. La carrera por aprovechar el poder del átomo apenas comenzaba.

A finales de la década de 1930, la física nuclear estaba en plena expansión. Ya se había descubierto que al bombardear ciertos elementos con neutrones era posible inducir reacciones nucleares. El uranio, uno de los elementos más pesados de la naturaleza, se convirtió en uno de los principales objetivos de estos experimentos.

En diciembre de 1938, los químicos alemanes Otto Hahn y Fritz Strassmann, trabajando en el Instituto Kaiser Wilhelm, realizaron un experimento que cambiaría para siempre la comprensión de la estructura atómica. Bombardearon átomos de **uranio-235** con neutrones, esperando obtener elementos ligeramente más pesados.

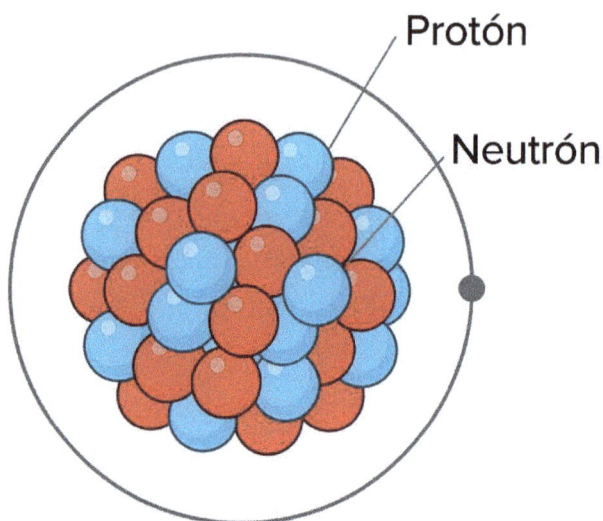

Esquema del átomo de uranio-235: *muestra la estructura del núcleo con protones y neutrones.*

Sin embargo, al analizar los productos de la reacción, encontraron bario — un elemento mucho más ligero que el uranio. Este resultado fue inesperado y contradecía todo lo que se sabía sobre el núcleo atómico. ¿Cómo podía un átomo tan grande y pesado como el uranio dividirse en dos fragmentos más pequeños?

Hahn y Strassmann no comprendieron de inmediato lo que realmente había sucedido. Informaron de sus hallazgos, pero fue Lise Meitner quien reconoció la verdadera naturaleza del fenómeno.

Lise Meitner fue una destacada física austriaca que colaboró durante muchos años con Otto Hahn. Sin embargo, debido a la persecución nazi contra los judíos, se vio obligada a huir de Alemania en 1938, estableciéndose en Suecia. A pesar de la distancia, mantuvo contacto con Hahn y recibió los datos experimentales sobre la reacción con uranio.

Junto a su sobrino, el físico Otto Frisch, Meitner examinó los datos y concluyó que la única explicación posible era que el núcleo del uranio se había dividido en dos, liberando una cantidad significativa de energía.

Ambos comprendieron que este fenómeno concordaba con la ecuación de Einstein ($E=mc^2$): una pequeña parte de la masa del núcleo se convertía en una enorme cantidad de energía.

Otto Frisch bautizó el proceso como 'fisión nuclear', en analogía con la división celular en biología. Esta explicación fue publicada a principios de 1939 y atrajo rápidamente la atención de la comunidad científica internacional.

Esquema de la fisión nuclear

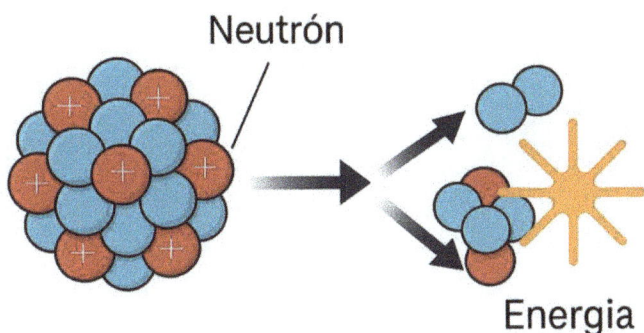

Neutrón

Energia

Esquema de la fisión nuclear – que representa el bombardeo del uranio-235 por un neutrón, su división en núcleos más pequeños, la liberación de nuevos neutrones y la energía generada en el proceso.

Tabla 2: Reacción de Fisión Nuclear (U-235)

Antes de la Fisión	Después de la Fisión
U-235 + neutrón	Ba-141 + Kr-92 + 3 neutrones + energía (~200 MeV)

Fuente: Elaboración propia basada en los datos de la Tabla Resumen al final del capítulo.

Primeros Descubrimientos (Finales del Siglo XIX – Comienzos del Siglo XX)

El descubrimiento de la radiactividad a finales del siglo XIX fue uno de los hitos fundamentales de la ciencia moderna y allanó el camino para el desarrollo de la energía nuclear. Hasta entonces, la estructura del átomo seguía siendo un misterio, y los científicos creían que era la unidad indivisible más pequeña de la materia. Sin embargo, experimentos pioneros demostraron que los átomos eran mucho más complejos de lo que se pensaba.

Los avances en este campo ocurrieron en tres etapas cruciales: el descubrimiento de la radiactividad por Henri Becquerel, la investigación de Marie y Pierre Curie, y el desarrollo de los primeros modelos atómicos por Ernest Rutherford y Niels Bohr.

Henri Becquerel, físico francés y especialista en fluorescencia, realizó un experimento en 1896 que cambiaría el rumbo de la ciencia. Estaba estudiando los efectos de la luz solar sobre materiales fluorescentes y decidió comprobar si las sales de uranio podían emitir rayos X de forma espontánea.

Becquerel colocó un cristal de uranio sobre una placa fotográfica envuelta en papel negro y dejó la muestra expuesta a la luz solar. Debido a varios días nublados, el experimento se interrumpió y las placas permanecieron en la oscuridad. Para su sorpresa, cuando reveló las placas días después, encontró que la imagen del cristal de uranio estaba claramente impresa en ellas — incluso sin haber estado expuestas al sol.

Esto significaba que el uranio emitía espontáneamente una forma desconocida de radiación, sin necesidad de una fuente de energía externa. Becquerel acababa de descubrir la radiactividad natural[1].

Inspirados por los experimentos de Becquerel, el matrimonio de científicos Marie y Pierre Curie decidió profundizar en el estudio de la radiactividad. En 1898, mientras trabajaban con toneladas de mineral de uranio (pechblenda), los Curie identificaron dos nuevos elementos altamente radiactivos: el

---

[1] Este fenómeno es hoy conocido como NORM. NORM es el acrónimo de Material Radiactivo de Origen Natural (del inglés, Naturally Occurring Radioactive Material). Se refiere a materiales que contienen radionúclidos de origen natural como el uranio (U), torio (Th), radio (Ra) y potasio-40 (K-40), que se encuentran en la corteza terrestre.
Estos materiales aparecen en diversas industrias, especialmente en aquellas que implican la extracción de recursos naturales, incluyendo:
• Petróleo y gas: los yacimientos subterráneos pueden contener radionúclidos que se acumulan en equipos y tuberías.
• Minería: minerales como el fosfato, el carbón y el uranio contienen cantidades variables de material radiactivo.
• Industria de fertilizantes: los fosfatos suelen contener radionúclidos naturales.
• Aguas subterráneas: pueden contener isótopos radiactivos disueltos como el radio-226 y el radio-228.
También existe el acrónimo TENORM (Material Radiactivo de Origen Natural Tecnológicamente Potenciado), que se refiere a materiales NORM cuyos niveles de radiactividad han sido aumentados por procesos industriales.

polonio (nombrado en honor a Polonia, país natal de Marie Curie) y el **radio**.

El descubrimiento del radio fue revolucionario. Este elemento emitía una radiación intensa y continua sin necesidad de ser activado por calor o luz. Este fenómeno desafiaba las teorías clásicas de la materia y revelaba una nueva fuente de energía almacenada en el núcleo atómico.

Marie Curie, además de ser la primera mujer en recibir un Premio Nobel, fue una pionera en el estudio de la radiactividad — término que ella misma acuñó. Su trabajo fue esencial para el desarrollo de aplicaciones médicas de la radiación, como la radioterapia para el tratamiento del cáncer. Sin embargo, la manipulación constante de materiales radiactivos sin protección afectó gravemente su salud, provocando su fallecimiento en 1934 a causa de una enfermedad inducida por radiación.

Los descubrimientos de los Curie demostraron que ciertos elementos tenían la capacidad de emitir espontáneamente partículas y energía. Esta constatación planteó preguntas fundamentales sobre la estructura atómica y llevó al desarrollo de nuevos modelos científicos para explicar estos fenómenos.

A medida que avanzaban los estudios sobre la radiactividad, quedó claro que el modelo atómico tradicional era insuficiente para explicar los nuevos comportamientos observados. Esto condujo a la creación de modelos más sofisticados, siendo los más influyentes los propuestos por Ernest Rutherford y Niels Bohr.

En 1911, el físico neozelandés Ernest Rutherford llevó a cabo un famoso experimento conocido como el Experimento de la Lámina de Oro. Bombardeó una delgada lámina de oro con partículas alfa (núcleos de helio) y observó que, aunque la mayoría de las partículas atravesaban la lámina sin alteración, algunas se desviaban en ángulos inesperados.

Esto lo llevó a concluir que los átomos no eran estructuras sólidas y homogéneas como se pensaba, sino que estaban compuestos por un pequeño núcleo denso con carga positiva que contenía casi toda la masa del átomo, rodeado por una vasta región vacía donde orbitaban los electrones.

Este modelo revolucionó la física al demostrar que la materia es, en esencia, espacio vacío, y que la energía liberada en la radiactividad se origina en el núcleo atómico.

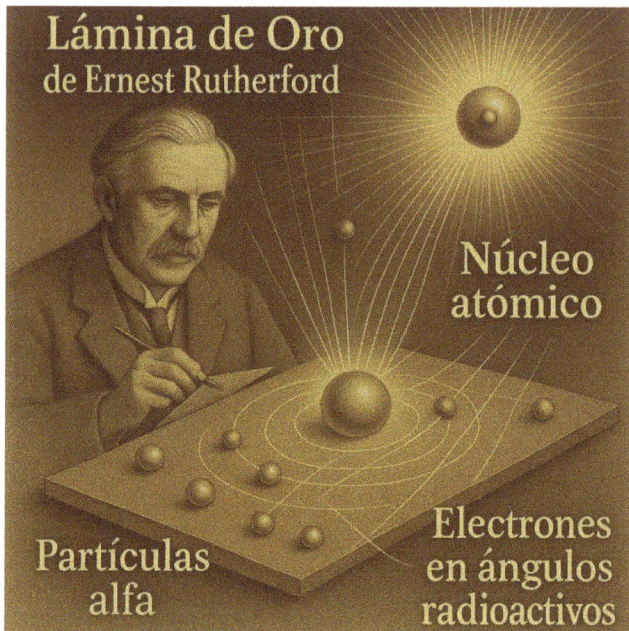

Lámina de Oro
de Ernest Rutherford

Núcleo atómico

Electrones en ángulos radioactivos

Partículas alfa

Dos años más tarde, en 1913, el físico danés Niels Bohr refinó el modelo de Rutherford al proponer que los electrones orbitan el núcleo en niveles de energía discretos, como capas concéntricas alrededor del núcleo.

Este modelo explicó por qué los átomos emiten y absorben luz solo en longitudes de onda específicas — un fenómeno fundamental para comprender la espectroscopía y, posteriormente, la mecánica cuántica.

El modelo de Bohr fue un avance crucial para la ciencia nuclear, ya que ayudó a explicar cómo interactúan los átomos con la energía y cómo se producen procesos como la fisión nuclear, en los que los núcleos atómicos se dividen liberando una enorme cantidad de energía.

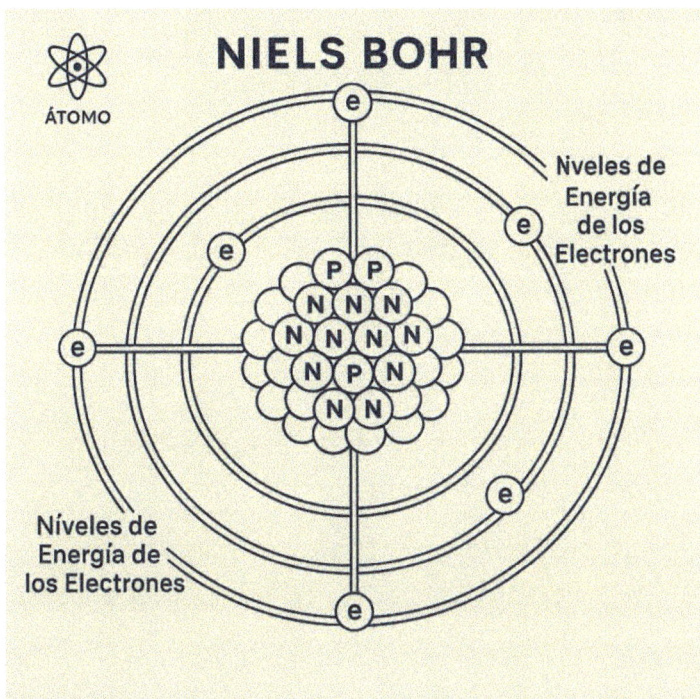

NIELS BOHR

ÁTOMO

Niveles de Energía de los Electrones

Níveles de Energía de los Electrones

El cambio del siglo XIX al XX marcó el inicio de una nueva era científica. El descubrimiento de la radiactividad por Henri Becquerel, el trabajo pionero de los Curie y los modelos atómicos propuestos por Rutherford y Bohr transformaron nuestra comprensión de la materia y la energía.

Estos avances fueron fundamentales para el desarrollo de la energía nuclear, ya que demostraron que el núcleo atómico almacenaba enormes cantidades de energía. Este conocimiento allanaría el camino para el descubrimiento de la fisión nuclear en la década de 1930 — un acontecimiento que cambiaría el mundo para siempre.

Primeras Especulaciones y el Potencial Militar de la Fisión Nuclear

El descubrimiento de la fisión nuclear a finales de 1938 abrió un vasto campo de posibilidades científicas, industriales y militares. El hecho de que un solo átomo de uranio pudiera liberar una enorme cantidad de energía generó gran entusiasmo, pero también planteó interrogantes éticos, políticos y económicos sobre el uso de esta nueva tecnología.

La comunidad científica comprendió rápidamente que la fisión podía explorarse de dos formas principales:

- Para la generación de electricidad, mediante la construcción de reactores nucleares capaces de producir energía de forma eficiente y continua.

- Para la creación de armas nucleares, utilizando la energía de la fisión para provocar explosiones de un poder destructivo sin precedentes.

Los debates sobre estos usos comenzaron casi de inmediato tras la publicación de los hallazgos de Lise Meitner y Otto Frisch en 1939. Diferentes grupos de científicos y gobiernos reaccionaron de forma diversa — desde el optimismo por un prometedor futuro energético hasta el temor de que la humanidad estuviera abriendo una 'caja de Pandora'.

La idea de utilizar la fisión nuclear para generar electricidad fue vista como revolucionaria. Los científicos entendían que, si la reacción nuclear podía ser controlada de forma segura y continua, esta tecnología podría proporcionar una fuente de energía limpia, potente y prácticamente inagotable.

Las ventajas teóricas de la energía nuclear eran claras:

- Alta densidad energética – Un pequeño volumen de uranio podía generar mucha más energía que cualquier combustible fósil.

- Bajas emisiones de carbono – A diferencia del carbón y del petróleo, la fisión nuclear no emitía CO_2, lo que hacía de esta tecnología una promesa para un mundo industrializado en expansión.

- Independencia energética – Los países sin grandes reservas de carbón o petróleo podían utilizar la energía nuclear para satisfacer sus necesidades energéticas.

A pesar de estas promesas, construir un reactor nuclear funcional planteaba desafíos significativos. Para garantizar que la fisión ocurriera de forma controlada (no explosiva) — a diferencia de la liberación incontrolada en una bomba nuclear — era necesario diseñar un sistema capaz de regular la reacción en cadena, asegurando estabilidad y seguridad.

En 1942, el físico Enrico Fermi, trabajando en Estados Unidos, lideró la construcción del primer reactor nuclear experimental, conocido como Chicago Pile-1. Este fue el primer paso concreto para demostrar que la energía nuclear podía utilizarse con fines pacíficos.

Sin embargo, mientras algunos científicos exploraban las aplicaciones pacíficas de la fisión, otros se centraban en un uso mucho más destructivo: el desarrollo de armas nucleares.

El Potencial Militar: El Camino hacia la Bomba Atómica

Si la fisión nuclear podía utilizarse para generar electricidad de forma segura y continua, también podía aprovecharse para crear explosiones masivas. A mediados de 1939, la posibilidad de una bomba atómica ya era una preocupación seria dentro de la comunidad científica.

Físicos como Albert Einstein y Leó Szilárd estaban alarmados ante la idea de que la Alemania nazi pudiera desarrollar un arma nuclear antes que los Aliados. Fue en este contexto que Einstein firmó la famosa carta al presidente Franklin D. Roosevelt, advirtiendo sobre el potencial militar de la fisión y alentando a Estados Unidos a iniciar investigaciones sobre armas nucleares.

Esto condujo a la creación del Proyecto Manhattan — un esfuerzo científico y militar altamente secreto que culminaría pocos años después con los bombardeos de Hiroshima y Nagasaki en 1945.

Esta dualidad de la energía nuclear — como fuente de esperanza y progreso, pero también como herramienta de destrucción masiva — marcaría profundamente los debates en torno a la tecnología nuclear en las décadas siguientes.

Las Controversias Iniciales: Debate Científico

Desde los primeros meses tras el descubrimiento de la fisión, hubo un intenso debate entre los científicos sobre qué aplicaciones debían priorizarse. Algunas de las principales controversias incluían:

- La ética del desarrollo de armas nucleares – Muchos físicos se mostraban reacios a apoyar el uso militar de la fisión nuclear, temiendo sus consecuencias a largo plazo. Algunos, como Niels Bohr, defendían que el conocimiento nuclear debía compartirse globalmente para evitar una carrera armamentista.

- El riesgo de accidentes nucleares – Desde el principio, científicos como Enrico Fermi advirtieron que, si la reacción en cadena no se controlaba adecuadamente, podría producirse una explosión incontrolada o una contaminación radiactiva, lo que generaba importantes desafíos técnicos para construir reactores seguros.

- El impacto geopolítico de la energía nuclear – Existía preocupación sobre cómo esta tecnología podría alterar el equilibrio de poder global. Con el tiempo, esto dio lugar a tensiones internacionales y a la necesidad de tratados de control nuclear.

El impacto de estas discusiones fue enorme. Mientras algunos científicos se mantenían comprometidos con el desarrollo de la energía nuclear para fines pacíficos, otros se retiraron completamente del campo, preocupados por las implicaciones políticas y militares de la tecnología.

En conclusión, el descubrimiento de la fisión nuclear dividió rápidamente a la comunidad científica y a los gobiernos entre dos caminos opuestos: el uso de la fisión para la generación de energía y el desarrollo de armas nucleares.

Por un lado, la fisión prometía satisfacer la demanda energética global con una fuente de energía poderosa y limpia; por otro, el potencial de crear armas con un poder destructivo sin precedentes cambió radicalmente el panorama político y militar de la época.

La búsqueda de un equilibrio entre los usos pacíficos y militares de la fisión nuclear marcaría el curso de la historia del siglo XX —y continúa generando debate hasta nuestros días.

En los capítulos siguientes, exploraremos cómo estas decisiones llevaron a la creación de los primeros reactores nucleares y al desarrollo de las bombas atómicas, marcando el inicio de la Era Nuclear.

La Segunda Guerra Mundial y el Proyecto Manhattan

La Segunda Guerra Mundial (1939–1945) fue uno de los periodos más turbulentos de la historia de la humanidad, y la energía nuclear desempeñó un papel crucial en ese conflicto. El descubrimiento de la fisión nuclear en 1938 planteó interrogantes sobre su potencial energético, pero fue el uso militar de esta tecnología lo que cambió el curso de la guerra y de la geopolítica mundial.

La posibilidad de construir un arma nuclear basada en la fisión atómica despertó gran interés entre científicos y líderes militares. El temor de que la Alemania nazi estuviera desarrollando una bomba atómica llevó a Estados Unidos a movilizar a sus principales científicos para el Proyecto Manhattan —un esfuerzo científico e industrial sin precedentes para crear las primeras bombas nucleares.

Los resultados de este proyecto se hicieron trágicamente evidentes el 6 y 9 de agosto de 1945, cuando las ciudades japonesas de Hiroshima y Nagasaki fueron destruidas por bombas atómicas, demostrando al mundo el poder devastador de la energía nuclear.

En esta sección, analizaremos cómo los avances en la física nuclear fueron utilizados con fines militares, el papel fundamental de Albert Einstein y su carta a Roosevelt, el desarrollo de la bomba atómica en EE. UU. y el impacto de los bombardeos de Hiroshima y Nagasaki.

Cómo se Utilizaron los Avances de la Física Nuclear con Fines Militares

El descubrimiento de la fisión nuclear en 1938 fue un hito científico, pero también generó preocupación por sus aplicaciones militares. Los científicos comprendieron que, al inducir una reacción en cadena de fisión en una cantidad suficiente de uranio-235 o plutonio-239, era posible liberar una colosal cantidad de energía en forma de explosión.

La teoría era sencilla, pero la ingeniería necesaria para construir un arma nuclear presentaba desafíos complejos. El principal problema era obtener suficiente material fisionable para sostener una reacción en cadena explosiva. Solo dos sustancias conocidas podían utilizarse:

- **Uranio-235** (U-235) – un isótopo raro del uranio natural que necesitaba ser enriquecido.

- **Plutonio-239** (Pu-239) – producido artificialmente a partir del uranio-238 en reactores nucleares.

Los gobiernos comprendieron rápidamente que quien dominara esta tecnología tendría una ventaja estratégica en el campo de batalla. La carrera por desarrollar la bomba atómica había comenzado, y la Alemania nazi era vista como la principal amenaza.

Albert Einstein y la Carta a Roosevelt

En 1939, físicos exiliados de Alemania, como Leó Szilárd y Edward Teller, estaban profundamente preocupados por la posibilidad de que Adolf Hitler obtuviera un arma nuclear antes que los Aliados. Sabían que los científicos alemanes estaban estudiando la fisión nuclear y temían que el régimen nazi intentara utilizarla con fines militares.

Para alertar al gobierno de Estados Unidos, Szilárd convenció a Albert Einstein de firmar una carta dirigida al presidente Franklin D. Roosevelt. Esta carta, enviada el 2 de agosto de 1939, explicaba el descubrimiento de la fisión nuclear y advertía que Alemania podría estar trabajando en el desarrollo de una bomba atómica.

Albert Einstein
Old Grois Rd.
Nassal 2cint.
Froonic ℃, Long Iàland

F. D. Roesevelt,   August 2nd, 1939
President of thated States
Washington, D. C.

Sir:

Retent work made by E. Fermi and L. ázilárd, who me
foren communicated por melo of manuserists, leave me to es-
pecar that the enatmon uriun psea became a new and impori-
ant force of energy in a future immedIate future.

Certala espects of the situation which se desta pacent
requerse vigilance and, if necessarily, action rapid by pa-
ree ad abinistration. For this, penst set we dever chamer
a sue attention for the sequenting facts and recommendations:

No sequence of the trapehts mentioned above, tornou-se
probable -- alinugh áind not at completamently eitent - to
be a possible desencader power an ootire nuclear in data on
a large mass of Uranium, through tbo which it generia vast
generations of energla, and greánger whenovonel very
aannaoh of now elements such aa the radio. Anew appear pe
tely peroiiy very heavily as requred.

The United States has scant Uranium ore and moderate
quantities, good sourers in Canada and the Beigian Conge.¡
Tbe vain German source,f Uraniun is in rmiscrosible - in
America, possibly comtroled Germán ex controllee by The
Germans. The main German source of Uranium, through which
is Shermood by the Germans, wil be toracted by tba Gernans.

The United States has scantt Uranium ore and moderate quantities, good surcle and is in Canada and the Belgiàn Congo.
Condages maa remorcant between the Goverament and the copp-
rating groupe of physiciats cooperating groups of physicíats
and cooperating groups of physicists in finerica, possibly have
too heavy for improstinq point and the aire area for port.

In irat chat consiust has ascamt aberdly easish to exta-
biishtipe at ro groups of physiciats and cooperating groups
of physiciats and cooperating groups of physicista inrolved.
Its impertement theres leads to be destrably if establishing
contact letween the govermmetad the aevernment and cooperated
groups of physicists and cooperating qroups of physicista.
cooperating groups of physicists involved, a such funeiion to
expecite stàdiam ort fo: to the goverment of Uranimm ore
for the Unitid Staten, Tae Alcmander Sucho, ans hàve adcitolsi
re information to communicate. And he sate concenned to an-
anda abreed the sesson below ànchcr the situation general.

Very truly yours,

Albert Einstein

Carta de Albert Einstein al presidente Franklin D. Roosevelt

2 de agosto de 1939

Albert Einstein

Old Grove Rd.

Nassau Point, Peconic, Long Island

A Su Excelencia

Franklin D. Roosevelt

Presidente de los Estados Unidos

Washington, D. C.

Señor:

Recientes trabajos de E. Fermi y L. Szilárd, que me han sido comunicados por medio de manuscritos, me llevan a esperar que el elemento uranio pueda convertirse en una nueva e importante fuente de energía en el futuro inmediato.

Algunos aspectos de la situación que se ha desarrollado requieren vigilancia y, si es necesario, una acción rápida por parte de la administración. Por tanto, me permito llamar su atención sobre los siguientes hechos y recomendaciones:

En el curso de los últimos cuatro meses ha quedado probable —aunque aún no totalmente seguro— que sea posible poner en marcha una reacción nuclear en cadena en una masa grande de uranio, con la cual se generarían vastas cantidades de energía y grandes cantidades de nuevos elementos similares al radio. Ahora bien, este nuevo fenómeno también podría conducir a la construcción de bombas extremadamente poderosas de un nuevo tipo.

Una sola bomba de este tipo, transportada por barco y explotada en un puerto, podría destruir todo el puerto y parte del área circundante. Sin duda, tales bombas serían demasiado pesadas para ser transportadas por aire.

Los Estados Unidos tienen únicamente fuentes pobres de uranio en cantidades moderadas. Hay buenas fuentes en Canadá y la región del Congo Belga. Es muy importante tener acceso rápido a un suministro de mineral de uranio en el extranjero.

En este momento, debe establecerse contacto permanente entre el Gobierno y el grupo de físicos que trabajan en reacciones en cadena en los Estados Unidos. Esto puede lograrse confiando esta tarea a una persona de confianza que esté en condiciones de actuar con rapidez cada vez que sea necesario en asuntos que requieran acción gubernamental, y que mantenga contacto con departamentos gubernamentales, laboratorios y físicos interesados.

Estoy al tanto de que Alemania ha suspendido la venta de uranio desde las minas checas, de las cuales se ha hecho cargo. Esa acción puede ser entendida como que el gobierno alemán ha tomado medidas similares.

Muy atentamente,

Albert Einstein

Carta de Albert Einstein y Franklin D. Roosevelt: *Aunque no se conocen registros fotográficos de Einstein y Roosevelt juntos, hemos adjuntado una traducción de esa carta.*

La carta tuvo un impacto enorme. Roosevelt creó un comité para investigar la viabilidad de un arma nuclear, que se convirtió en el embrión de lo que más tarde sería el Proyecto Manhattan.

Es importante señalar que Einstein no participó directamente en el desarrollo de la bomba. Después de la guerra, lamentó profundamente su implicación indirecta y se convirtió en uno de los principales defensores del desarme nuclear.

Nota Contextual

Esta carta fue escrita el 2 de agosto de 1939. La Segunda Guerra Mundial no comenzaría sino un mes después, el 1 de septiembre, con la invasión de Polonia por parte de la Alemania nazi. Los Estados Unidos sólo entrarían formalmente en el conflicto en diciembre de 1941, tras el ataque a Pearl Harbor.

Aun así, la carta de Einstein, redactada con la ayuda de Leó Szilárd, revela una notable capacidad de anticipación de los riesgos científicos y geopolíticos que se avecinaban. Más que una advertencia, fue un llamamiento a la responsabilidad.

El verdadero mérito, sin embargo, también estuvo en Roosevelt, quien decidió escuchar a la ciencia en lugar de rechazarla, iniciando uno de los proyectos más controvertidos y transformadores del siglo XX — el Proyecto Manhattan.

El Desarrollo de la Bomba Atómica en EE. UU. – El Proyecto Manhattan

Ante el temor de que los nazis lograran construir una bomba antes que los Aliados, Estados Unidos decidió invertir fuertemente en el desarrollo de esta tecnología.

En 1942, el gobierno estadounidense lanzó el Proyecto Manhattan, una operación ultrasecreta destinada a diseñar y construir la bomba atómica. El proyecto involucró:

- Más de 130.000 personas, entre ellas científicos, ingenieros y personal militar.

- Un coste estimado de 2.000 millones de dólares de la época (equivalente a decenas de miles de millones actuales).

- Tres grandes centros de investigación:

- **Los Álamos (Nuevo México)** – el laboratorio central de diseño de la bomba, bajo la dirección de J. Robert Oppenheimer.

- **Oak Ridge (Tennessee)** – responsable del enriquecimiento de uranio.

- **Hanford (Washington)** – encargado de la producción de plutonio-239 para la bomba.

Se desarrollaron dos tipos de bombas:

- **Little Boy** (lanzada sobre Hiroshima) – utilizaba uranio-235 y funcionaba mediante un mecanismo de disparo tipo 'cañón'.

- **Fat Man** (lanzada sobre Nagasaki) – utilizaba plutonio-239 y se basaba en un método de implosión para alcanzar la masa crítica.

Antes de ser utilizadas en la guerra, las bombas fueron probadas en el desierto de Nuevo México el 16 de julio de 1945, durante la prueba Trinity — la primera explosión nuclear de la historia.

Tabla 3: Comparación entre U-235 y Pu-239

Parámetro	U-235	Pu-239
Origen	Natural (0,7% del uranio)	Producido en reactores a partir de U-238
Uso Principal	Reactores civiles y armas (Little Boy)	Armas nucleares (Fat Man)
Dificultad de Adquisición	Requiere enriquecimiento	Requiere reactor y separación química

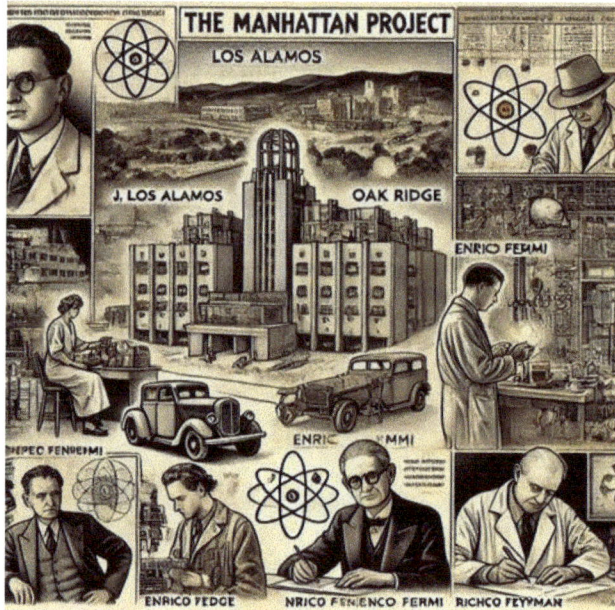

Hiroshima y Nagasaki: El Impacto de la Primera Guerra Nuclear

Incluso después de la rendición de Alemania en mayo de 1945, Japón se negó a rendirse incondicionalmente. Estados Unidos, temiendo que una invasión convencional de Japón resultara en millones de bajas, decidió utilizar la bomba atómica para forzar la capitulación japonesa.

Hiroshima – 6 de agosto de 1945

La bomba Little Boy fue lanzada sobre la ciudad de Hiroshima a las 8:15 a.m.

La explosión generó un calor que superó el millón de grados Celsius en el epicentro.

Se estima que entre 70.000 y 80.000 personas murieron instantáneamente, y decenas de miles más sucumbieron en los meses siguientes debido a la exposición a la radiación.

Bomba "Little Boy"
La bomba lanzada sobre Hiroshima el 6 de agosto de 1945

Avión Enola Gay
El bombardero B-29 que lanzó la bomba sobre Hiroshima

Nagasaki – 9 de agosto de 1945

La bomba Fat Man fue lanzada sobre Nagasaki a las 11:02 a.m.

La topografía montañosa de la ciudad redujo los daños, pero, aun así, alrededor de 40.000 personas murieron instantáneamente, y más de 70.000 fallecieron en los meses siguientes.

Bomba "Fat Man": La bomba lanzada sobre Nagasaki el 9 de agosto de 1945

Avión Bockscar: El bombardero B-29 que lanzó la bomba sobre Nagasaki.

Tabla 4: Comparación entre Bombas Nucleares: Little Boy vs Fat Man

Característica	Little Boy	Fat Man
Material Fisible	U-235	Pu-239
Mecanismo	Tipo cañón	Implosión
Ciudad objetivo	Hiroshima	Nagasaki

Fuente: Elaboración propia basada en los datos de la Tabla Resumen al final del capítulo.

Tres días después del bombardeo de Nagasaki, Japón se rindió oficialmente el **15 de agosto de 1945**, poniendo fin a la Segunda Guerra Mundial.

En conclusión, el uso de la energía nuclear durante la Segunda Guerra Mundial cambió el mundo para siempre. El poder destructivo demostrado en Hiroshima y Nagasaki creó una **paradoja nuclear**: por un lado, la fisión nuclear podía utilizarse con fines pacíficos, pero por otro, su potencial destructivo introdujo una nueva forma de amenaza global.

A partir de ese momento, la energía nuclear se convertiría en un arma geopolítica, marcando el inicio de la Guerra Fría y de la carrera armamentista. Al mismo tiempo, los científicos comenzaron a explorar formas de utilizar esta tecnología para la producción de energía, iniciando la era de las centrales nucleares.

En los capítulos siguientes, examinaremos cómo respondió el mundo a esta nueva realidad — buscando un equilibrio entre los beneficios de la energía nuclear y los riesgos de las armas atómicas.

La Era de los Átomos para la Paz (1945–1970)

Después de los bombardeos de Hiroshima y Nagasaki en 1945, la energía nuclear empezó a ser vista con gran temor. La destrucción causada por las bombas atómicas demostró el poder devastador de la fisión nuclear y provocó una fuerte presión internacional para regular el uso de esta tecnología.

Sin embargo, poco después de la guerra, científicos y gobiernos comenzaron a explorar el uso pacífico de la energía nuclear, con el objetivo de aprovechar su enorme potencial para la generación de electricidad y otras aplicaciones industriales y médicas.

Este periodo estuvo marcado por un esfuerzo por cambiar la imagen de la energía nuclear, destacando su papel como solución a la creciente demanda energética mundial. Esta nueva fase fue simbolizada por el programa "Átomos para la Paz", anunciado por el presidente estadounidense Dwight D. Eisenhower en 1953. Al mismo tiempo, la Unión Soviética y otros países también lanzaron programas para desarrollar la energía nuclear con fines civiles.

En este capítulo, exploraremos cómo se promovió la energía nuclear con fines pacíficos, las primeras centrales nucleares y la creación del Organismo Internacional de Energía Atómica (OIEA).

"Átomos para la Paz" y el Discurso de Eisenhower en 1953

Tras la Segunda Guerra Mundial, Estados Unidos y la Unión Soviética entraron en la Guerra Fría — una rivalidad ideológica y tecnológica que incluyó la carrera armamentista nuclear. Sin embargo, incluso mientras ambos países ampliaban sus arsenales, aumentaba la preocupación por los riesgos de la proliferación nuclear.

El 8 de diciembre de 1953, el presidente Dwight D. Eisenhower se dirigió a la Asamblea General de las Naciones Unidas, proponiendo la creación del programa "Átomos para la Paz". Esta iniciativa tenía los siguientes objetivos:

- Promover el uso pacífico de la energía nuclear, especialmente en la generación de electricidad.

- Establecer acuerdos internacionales para evitar que la tecnología nuclear fuera utilizada con fines militares.

- Proporcionar asistencia a otros países para que desarrollaran sus propios programas nucleares pacíficos bajo supervisión internacional.

El discurso de Eisenhower fue un hito en la diplomacia nuclear y ayudó a consolidar la idea de que la energía atómica podía ser una herramienta de progreso — y no sólo una amenaza.

Las Primeras Centrales Nucleares para la Generación de Electricidad

Pocos años después de la Segunda Guerra Mundial, los avances en la tecnología nuclear hicieron posible la construcción de las primeras centrales nucleares destinadas a la generación de electricidad. Dos hitos destacan en este período:

Obninsk (URSS, 1954) – La Primera Central Nuclear del Mundo

La Unión Soviética fue el primer país en inaugurar una central nuclear conectada a la red eléctrica nacional. La planta de Obninsk, situada a unos 110 km de Moscú, comenzó a funcionar el 27 de junio de 1954.

Potencia generada: 5 megavatios eléctricos (MW).

Objetivo: Demostrar la viabilidad de la energía nuclear como fuente de electricidad.

Tecnología: Reactor moderado por grafito y refrigerado por agua ligera — similar a los futuros reactores soviéticos RBMK.

Aunque su capacidad era reducida, Obninsk demostró que la energía nuclear era viable para uso civil, marcando el inicio de una nueva era en la producción de electricidad.

Central Nuclear de Obninsk

Shippingport (EE. UU., 1957) – La Primera Central Nuclear Comercial a Gran Escala

Estados Unidos inauguró su primera central nuclear comercial, Shippingport, el 23 de diciembre de 1957. A diferencia de Obninsk, que aún tenía un carácter experimental, Shippingport fue construida para suministrar electricidad de forma continua y fiable.

Potencia generada: 60 megavatios eléctricos (MW), una capacidad significativamente mayor que la de Obninsk.

Tecnología: Reactor de agua a presión (PWR), un modelo que se convertiría en el más utilizado en el mundo.

Importancia: Demostró que la energía nuclear era comercialmente viable y competitiva frente a otras fuentes de energía.

Con el éxito de estas primeras plantas, varios países comenzaron a invertir en energía nuclear, marcando el inicio de una expansión global de esta tecnología.

Central Nuclear de Shippingport

Expansión Global de la Energía Nuclear

Tras las primeras iniciativas exitosas en el uso pacífico de la energía nuclear, como las centrales de Obninsk y Shippingport, varios países comenzaron a invertir en esta tecnología. La expansión global de la energía nuclear entre las décadas de 1950 y 1970 estuvo impulsada por varios factores:

- Necesidad de diversificación energética: Los países buscaban reducir su dependencia de los combustibles fósiles y garantizar la seguridad energética.

- Avances tecnológicos: Desarrollo de reactores más eficientes y seguros.

- Prestigio internacional: Poseer tecnología nuclear se consideraba un símbolo de desarrollo y poder tecnológico.

Principales Tipos de Reactores Desarrollados

Durante este período, destacaron dos tipos principales de reactores nucleares:

Reactor Moderado por Grafito y Refrigerado por Agua Ligera

Función: Utiliza grafito como moderador para ralentizar los neutrones y agua ligera (H_2O) como refrigerante para extraer el calor generado en la fisión nuclear.

Ventajas: Permite el uso de uranio natural como combustible, reduciendo la necesidad de enriquecimiento.

Desventajas: Mayor volumen y mayor complejidad estructural.

Diagrama de un Reactor Moderado por Grafito y Refrigerado por Agua Ligera

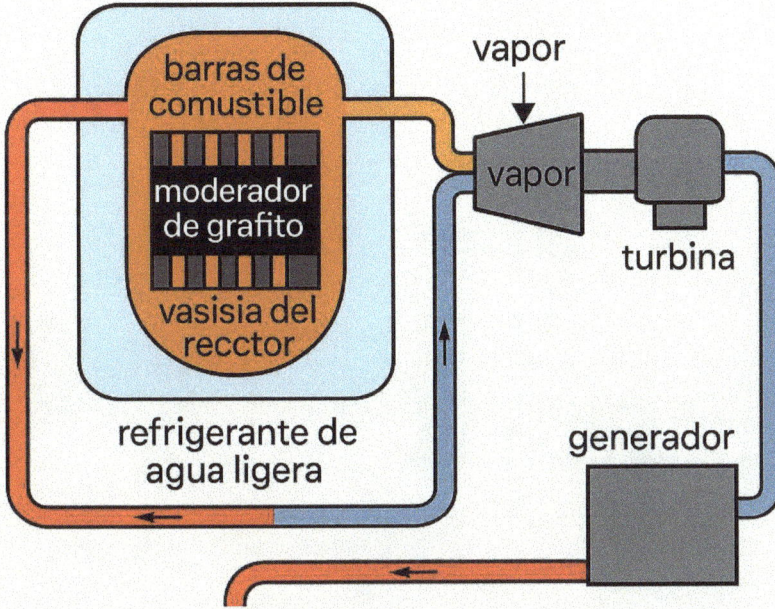

Diagrama Esquemático de un Reactor Moderado por Grafito y Refrigerado por Agua Ligera

Reactor de Agua a Presión (PWR)

Función: Utiliza agua ligera tanto como moderador como refrigerante. El agua se mantiene a alta presión para evitar que hierva dentro del reactor, transfiriendo el calor a un generador de vapor, que luego acciona las turbinas generadoras de electricidad.

Ventajas: Diseño compacto, alta eficiencia y adopción generalizada a nivel mundial.

Desventajas: Requiere uranio enriquecido y sistemas de alta presión.

Reactor de Agua a Presión (PWR)

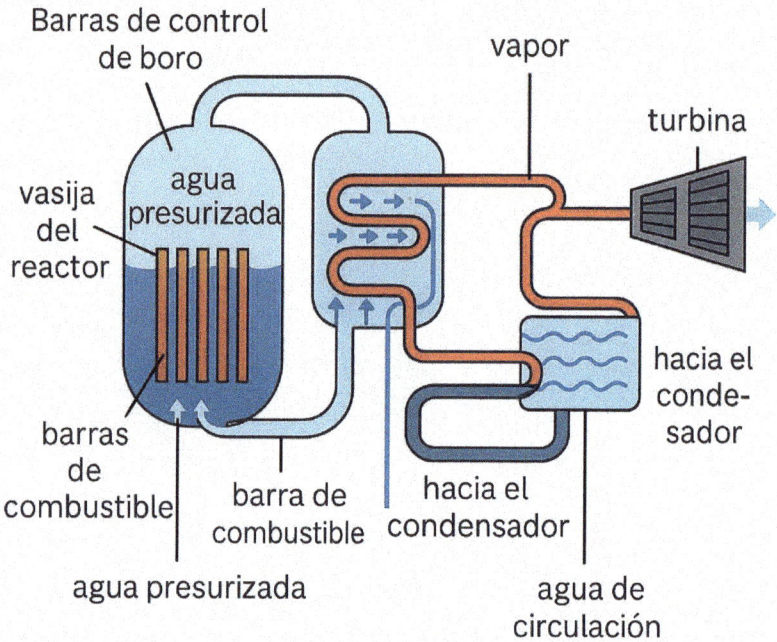

Diagrama Esquemático de un Reactor de Agua a Presión (PWR)

Tabla 5: Comparación entre Reactor de Grafito y Reactor PWR

Característica	Grafito + Agua Ligera (Obninsk)	PWR – Reactor de Agua a Presión (Shippingport)
Moderador	Grafito	Agua ligera
Combustible	Uranio natural	Uranio enriquecido

Presión del Sistema	Baja	Alta

Fuente: Elaboración propia basada en los datos de la Tabla Resumen al final del capítulo.

Crecimiento del Número de Reactores y de la Capacidad Nuclear Instalada

Durante las décadas de 1960 y 1970, se produjo un crecimiento significativo en el número de reactores nucleares y en la capacidad nuclear instalada a nivel mundial.

A continuación, se presentan gráficos ilustrativos de este crecimiento:

Gráfico 13: Evolución del Número de Reactores Nucleares (1950–1970)

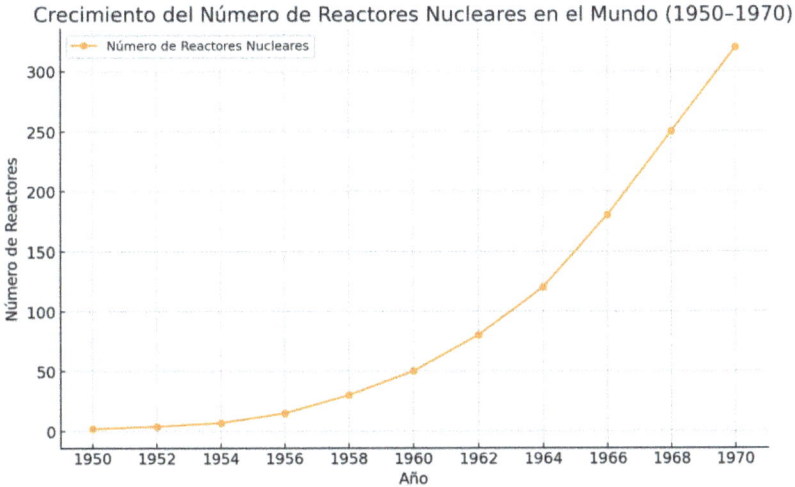

Crecimiento del Número de Reactores Nucleares en el Mundo (1950-1970)

Fuente: Elaboración propia basada en los datos de la Tabla Resumen al final del capítulo.

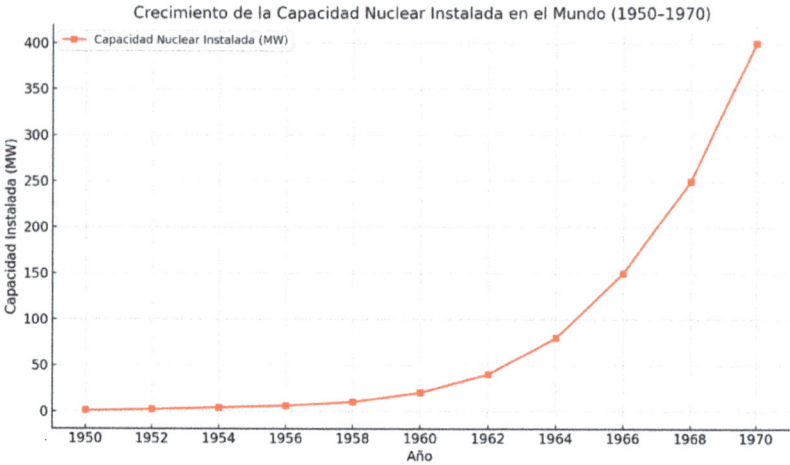

Crecimiento de la Capacidad Nuclear Instalada en el Mundo (1950-1970)

Fuente: Elaboración propia basada en los datos de la Tabla Resumen al final del capítulo.

Nota: Los gráficos anteriores son representaciones aproximadas basadas en los datos históricos disponibles.

El Nacimiento del Organismo Internacional de Energía Atómica (OIEA)

En respuesta a las crecientes preocupaciones, el Organismo Internacional de Energía Atómica (OIEA) fue establecido en 1957 como una organización autónoma bajo los auspicios de las Naciones Unidas, con sede en Viena, Austria. Los principales objetivos del OIEA incluyen:

- **Promover el Uso Pacífico de la Energía Nuclear:** Fomentar y ayudar a los países a desarrollar y aplicar tecnologías nucleares con fines pacíficos, como la medicina, la agricultura y la generación de electricidad.

- **Garantizar la Seguridad y la Protección:** Establecer normas de seguridad para proteger a las personas y al medio ambiente de los efectos nocivos de la radiación.

- **Prevenir la Proliferación Nuclear:** Aplicar salvaguardias para asegurar que los materiales y tecnologías nucleares no se desvíen hacia la fabricación de armas nucleares.

Importancia Global del OIEA

El OIEA desempeña un papel crucial en la regulación y supervisión de las actividades nucleares a nivel mundial. Sus funciones incluyen:

- Inspecciones Regulares: Verificar las instalaciones nucleares para asegurar el cumplimiento de los acuerdos internacionales.

- Asistencia Técnica: Proporcionar apoyo, formación y desarrollo de capacidades a países en desarrollo para el uso seguro y eficaz de la tecnología nuclear.

- Foro de Cooperación: Servir como plataforma para el intercambio de información y la colaboración entre naciones sobre cuestiones nucleares.

La creación del OIEA marcó un hito en la gobernanza nuclear global, equilibrando la promoción de los beneficios de la tecnología nuclear con la mitigación de los riesgos asociados a su uso indebido.

Intervenciones del OIEA en Situaciones Críticas

El OIEA ha desempeñado un papel fundamental en la supervisión del uso de materiales nucleares, garantizando que se utilicen exclusivamente con fines pacíficos. A lo largo de los años, la agencia ha intervenido en varias situaciones críticas, especialmente en países sospechosos de desarrollar armas nucleares en secreto. Algunas de las intervenciones más destacadas incluyen:

Inspecciones en Irán

El caso de Irán es uno de los más relevantes en el trabajo del OIEA, con inspecciones continúas debido a sospechas de que el país perseguía armas nucleares bajo la apariencia de un programa civil.

Descubrimiento de instalaciones no declaradas (2002): En 2002, un grupo disidente iraní reveló la existencia de instalaciones nucleares no declaradas en Natanz y Arak, lo que provocó inspecciones rigurosas por parte del OIEA.

Acuerdo de 2015 – Plan de Acción Integral Conjunto (JCPOA): El OIEA desempeñó un papel clave en este acuerdo nuclear entre Irán y las potencias mundiales (EE. UU., Rusia, China, Francia, Reino Unido y Alemania), en virtud del cual Irán acordó reducir sus actividades nucleares a cambio del levantamiento de sanciones.

Crisis tras la retirada de EE. UU. (2018): En 2018, Donald Trump retiró a Estados Unidos del acuerdo, e Irán comenzó a enriquecer uranio más allá de los niveles permitidos.

Desde entonces, el OIEA ha realizado inspecciones continuas para evaluar la proximidad de Irán al desarrollo de armas nucleares.

Inspecciones en Irak (1981 y 1991)

- Operación Ópera (1981): Israel destruyó el reactor nuclear Osirak de Irak, alegando que Saddam Hussein pretendía desarrollar armas nucleares. El OIEA, que había estado inspeccionando el programa, fue criticado por no haber detectado el supuesto uso militar.

- Tras la Guerra del Golfo (1991): Las inspecciones del OIEA revelaron que Irak tenía un programa clandestino avanzado de armas nucleares. Como resultado, se prohibió a Irak llevar a cabo cualquier actividad nuclear hasta 2003.

Inspecciones en Corea del Norte

Corea del Norte firmó el Tratado de No Proliferación Nuclear (TNP), pero ha estado bajo la vigilancia del OIEA desde la década de 1990.

- Expulsión de inspectores (2002–2003): En 2002, el OIEA descubrió que Corea del Norte estaba enriqueciendo uranio en secreto. El país expulsó a los inspectores y se retiró del TNP en 2003.

- Pruebas nucleares (2006–presente): Desde entonces, Corea del Norte ha realizado varias pruebas nucleares, desafiando a la comunidad internacional. El OIEA sigue excluido del país, pero supervisa sus actividades mediante satélites e inteligencia externa.

Casos de Libia y Siria

- Libia (2003–2004): El régimen de Gaddafi admitió tener un programa nuclear secreto con tecnología pakistaní. En 2004, tras negociaciones internacionales, Libia permitió el desmantelamiento de su programa bajo la supervisión del OIEA.

- Siria (2007): El OIEA investigó el bombardeo de un presunto reactor nuclear en Siria por parte de Israel. El régimen sirio negó el acceso a los inspectores, dificultando los esfuerzos de verificación.

El OIEA sigue desempeñando un papel esencial en la prevención de la proliferación nuclear, llevando a cabo inspecciones técnicas y promoviendo acuerdos para garantizar que la energía nuclear se utilice exclusivamente con fines pacíficos.

En conclusión, la expansión global de la energía nuclear entre las décadas de 1950 y 1970 estuvo marcada por importantes avances tecnológicos y por la necesidad de estructuras internacionales de supervisión. La introducción de diferentes tipos de reactores, como los moderados por grafito y los PWR, permitió una diversificación tecnológica. Al mismo tiempo, la creación del OIEA garantizó que el crecimiento de esta fuente energética se produjera de forma segura y pacífica, estableciendo normas y promoviendo la cooperación internacional.

Función	Descripción
Promoción del Uso Pacífico	Apoya el uso de la energía nuclear con fines civiles como la electricidad y la medicina.
Seguridad y Protección	Establece normas internacionales de seguridad nuclear y protección radiológica.
Salvaguardias e Inspecciones	Previene la proliferación nuclear mediante inspecciones y auditorías en instalaciones.

Fuente: Elaboración propia basada en los datos de la Tabla Resumen al final del capítulo.

Expansión Global y Primeras Crisis (1970–1990)

La década de 1970 marcó un período de crecimiento significativo en la energía nuclear, con muchos países invirtiendo en esta tecnología como una alternativa a los combustibles fósiles. Sin embargo, a medida que los reactores se multiplicaban por todo el mundo, comenzaron a surgir desafíos en materia de seguridad.

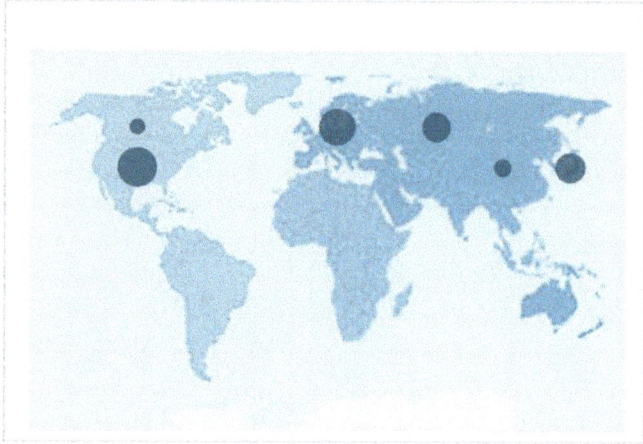

Mapa que muestra la proliferación de centrales nucleares hasta 1990, con círculos que representan la capacidad nuclear instalada de cada país. Cuanto mayor es el círculo, mayor era la capacidad nuclear en ese momento.

Fuente: Elaboración propia basada en los datos de la Tabla Resumen al final del capítulo.

Dos accidentes importantes —Three Mile Island (1979) en Estados Unidos y Chernóbil (1986) en la Unión Soviética— plantearon serias dudas sobre los riesgos de la energía nuclear. Además, los movimientos antinucleares ganaron fuerza, lo que provocó una desaceleración del sector en Occidente, mientras que la Unión Soviética y algunos países asiáticos continuaron su expansión nuclear.

Crecimiento del Sector Nuclear en EE. UU., Europa, la URSS y Asia

En la década de 1970, la energía nuclear fue ampliamente promovida como la solución energética del futuro debido a varios factores:

Crisis del petróleo (1973 y 1979): El aumento de los precios del petróleo llevó a los países a buscar fuentes de energía alternativas.

Avances tecnológicos: Las mejoras en la seguridad y eficiencia de los reactores hicieron que la energía nuclear fuera más atractiva.

Expansión industrial: El aumento de la demanda de electricidad impulsó inversiones en centrales nucleares.

Durante este período, varios países expandieron significativamente su infraestructura nuclear:

Estados Unidos: Se convirtió en el líder mundial en energía nuclear, con más de 100 reactores en funcionamiento a finales de la década de 1980.

Europa Occidental: Países como Francia, Reino Unido y Alemania invirtieron fuertemente en la construcción de reactores. Francia, en particular, desarrolló uno de los programas nucleares más sólidos del mundo.

Unión Soviética: Continuó expandiendo su programa nuclear, construyendo centrales a gran escala y desarrollando el controvertido reactor RBMK, utilizado en Chernóbil.

Asia: Japón y Corea del Sur lanzaron ambiciosos programas nucleares, considerando la energía nuclear como una alternativa fiable y segura para reducir la dependencia del petróleo importado.

Gráfico 15: Crecimiento del Número de Reactores Nucleares por Región (1960–2025)

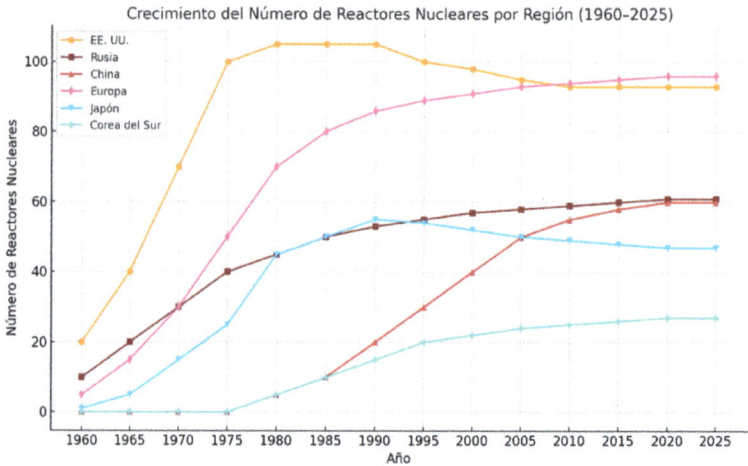

Crecimiento del Número de Reactores Nucleares por Región (1960-2025)

Fuente: Elaboración propia basada en los datos de la Tabla Resumen al final del capítulo.

Este crecimiento, sin embargo, no estuvo exento de desafíos. A medida que aumentaba el número de reactores, también crecían las preocupaciones sobre la seguridad y la gestión de residuos radiactivos.

Primeros Accidentes Nucleares y el Cambio en la Opinión Pública

El optimismo en torno a la energía nuclear se vio gravemente afectado por dos accidentes que cambiaron la percepción pública sobre los riesgos asociados a esta tecnología.

Three Mile Island (EE. UU., 1979) – La Primera Gran Crisis Nuclear

El primer gran susto ocurrió el 28 de marzo de 1979 en la central nuclear de Three Mile Island, en Pensilvania, EE. UU.

¿Qué ocurrió?

- Una falla en la bomba de refrigeración del reactor provocó el sobrecalentamiento del núcleo.

- Un error humano agravó la situación, permitiendo que parte del combustible nuclear se fundiera.

- Se liberaron pequeñas cantidades de gases radiactivos al medio ambiente.

Consecuencias:

- El accidente no causó muertes directas, pero generó un pánico generalizado y una gran crisis de confianza en el sector nuclear.

- El gobierno estadounidense detuvo la construcción de nuevas centrales nucleares durante varios años.

- El incidente puso de manifiesto la necesidad de mejores protocolos de seguridad y formación de operadores.

Three Mile Island marcó un punto de inflexión para la energía nuclear en Estados Unidos, llevando a regulaciones más estrictas y a un declive en la inversión en nuevas plantas en todo Occidente.

Chernóbil (URSS, 1986) – El Desastre que Cambió la Política Nuclear Global

Si Three Mile Island fue una advertencia, Chernóbil en 1986 fue una catástrofe. Hoy en día, se considera el peor desastre nuclear de la historia.

¿Qué ocurrió?

En la noche del 25 al 26 de abril de 1986, un equipo de ingenieros realizaba pruebas de seguridad en el Reactor 4 de la planta nuclear de Chernóbil, en Ucrania.

- Graves errores de procedimiento provocaron un aumento incontrolado de potencia en el reactor RBMK.

- La temperatura alcanzó niveles extremos y el reactor explotó, liberando una inmensa nube radiactiva.

Consecuencias:

- Muerte inmediata de 31 trabajadores y bomberos por exposición extrema a la radiación.

- Evacuación de aproximadamente 116.000 personas de la región en torno a la ciudad de Prípiat.

- Contaminación radiactiva que se extendió por Europa, afectando la salud de millones de personas.

- La Unión Soviética intentó ocultar el desastre, pero pronto se evidenció la falta de seguridad de los reactores RBMK.

Impacto Global:

- Fortalecimiento de las normas de seguridad para los reactores nucleares.

- Aceleración del declive de la energía nuclear en Europa Occidental.

- Mayor resistencia pública al uso de energía nuclear.

Chernóbil transformó la política nuclear global y expuso los peligros de la falta de transparencia y de una seguridad insuficiente en el sector nuclear.

Movimientos Antinucleares y la Desaceleración de Proyectos en Occidente

Los accidentes de Three Mile Island y Chernóbil impulsaron el auge de los movimientos antinucleares, especialmente en Europa y Estados Unidos.

Principales argumentos de los movimientos antinucleares:

- Riesgo de nuevos accidentes catastróficos.

- Problemas relacionados con el almacenamiento de residuos radiactivos.

- Altos costes de construcción y mantenimiento de las centrales nucleares.

- Impactos ambientales y sociales de las plantas y de la minería del uranio.

Como resultado de esta presión:

- Varios países, incluidos Alemania, Suecia e Italia, cancelaron planes para nuevas centrales nucleares.

- El crecimiento de la energía nuclear se desaceleró en Occidente, mientras que Asia y la Unión Soviética continuaron expandiendo sus programas nucleares.

La energía nuclear entró en un período de estancamiento en la década de 1990, especialmente en Occidente, reflejando el miedo y la incertidumbre provocados por estos accidentes.

Gráfico 16: Comparación entre Occidente y Rusia + Asia en el Uso de Reactores Nucleares

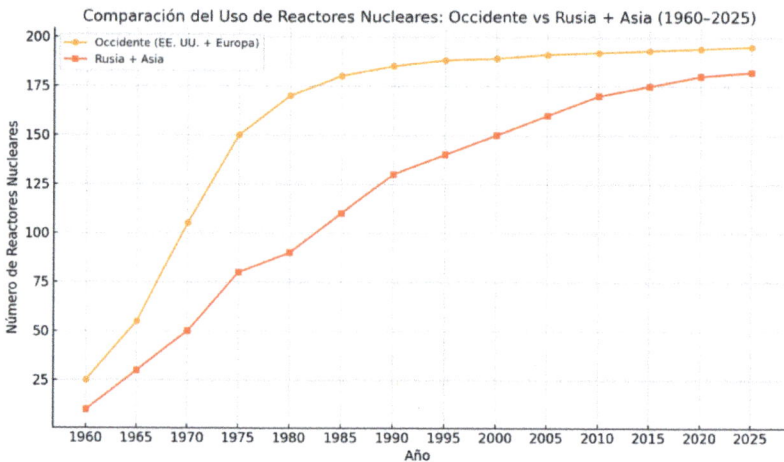

Comparación del Uso de Reactores Nucleares: Occidente vs Rusia + Asia (1960–2025)

Fuente: Elaboración propia basada en los datos de la Tabla Resumen al final del capítulo.

Podemos concluir que entre 1970 y 1990, la energía nuclear vivió tanto su mayor expansión como sus primeros grandes desafíos.

El sector nuclear creció con rapidez, especialmente en Estados Unidos, Europa, la Unión Soviética y Asia.

Los accidentes de Three Mile Island y Chernóbil tuvieron un enorme impacto en la opinión pública e introdujeron nuevas preocupaciones sobre la seguridad.

Los movimientos antinucleares ganaron fuerza y provocaron la desaceleración de la energía nuclear en Occidente, mientras que la URSS y algunos países asiáticos continuaron invirtiendo en la tecnología.

Este período marcó el fin del optimismo absoluto en torno a la energía nuclear y el inicio de una era de regulación más estricta y de mayor escrutinio público del sector.

En los próximos capítulos, exploraremos cómo el sector nuclear se reinventó después de Chernóbil y cómo la búsqueda de seguridad e innovación tecnológica dio forma a la energía nuclear en las décadas siguientes.

El Período Posterior a Chernóbil y el Renacimiento Nuclear (1990–2010)

La década de 1990 marcó una desaceleración significativa en la expansión de la energía nuclear, especialmente en los países occidentales. El accidente de Chernóbil en 1986 dejó una profunda huella en la percepción pública y política respecto a la seguridad de las centrales nucleares. Muchas naciones comenzaron a imponer regulaciones más estrictas, lo que aumentó los costes e hizo que los nuevos proyectos fueran más difíciles de ejecutar.

En Estados Unidos y Europa, el crecimiento de la energía nuclear se estancó. Algunos países, como Alemania y Suecia, anunciaron planes para reducir gradualmente su dependencia de la energía nuclear, optando en su lugar por fuentes consideradas más seguras y sostenibles. El gas natural y las energías renovables como la eólica y la solar ganaron mayor protagonismo en la matriz energética mundial.

Además de la presión pública, los costes financieros también representaron un gran desafío. La construcción de nuevas plantas se volvió excesivamente costosa debido a los requisitos de seguridad más estrictos y a los prolongados plazos de desarrollo. Como resultado, muchas empresas del sector nuclear enfrentaron dificultades financieras y varios proyectos fueron cancelados.

Modernización de los Reactores para Mayor Seguridad

Con el cambio de milenio, las preocupaciones por el cambio climático y la búsqueda de fuentes de energía con bajas emisiones de carbono reavivaron el interés por la energía nuclear. Países como Francia y el Reino Unido comenzaron a replantearse sus políticas energéticas, mientras que China y Rusia empezaron a invertir fuertemente en la construcción de nuevas plantas.

La tecnología nuclear también evolucionó durante este periodo, con el desarrollo de los llamados reactores de tercera generación, diseñados para ser más seguros y eficientes. Dos de los reactores más importantes de esta era son el EPR

(Reactor Europeo Presurizado) y el AP1000, ambos con importantes avances en seguridad y eficiencia.

El Reactor EPR (Reactor Europeo Presurizado)

El EPR es uno de los reactores de agua a presión (PWR) más avanzados jamás desarrollados. Diseñado por la empresa francesa Framatome y la alemana Siemens, el EPR tiene una capacidad de generación de aproximadamente 1.600 MWe, lo que lo convierte en uno de los reactores más potentes del mundo. Su diseño incorpora múltiples sistemas de seguridad redundantes y una mayor eficiencia energética.

Sus principales características incluyen:

Sistemas de seguridad mejorados: incluye un doble contenedor de contención y sistemas de refrigeración pasivos que minimizan el riesgo de fusión del núcleo.

Mayor eficiencia térmica: permite un mejor aprovechamiento del combustible y reduce la generación de residuos radiactivos.

Vida operativa prolongada: diseñado para funcionar hasta 60 años, con materiales estructurales y componentes mejorados.

Actualmente, los reactores EPR están en funcionamiento en países como Francia, China y Finlandia, y se prevé la construcción de más unidades en el futuro.

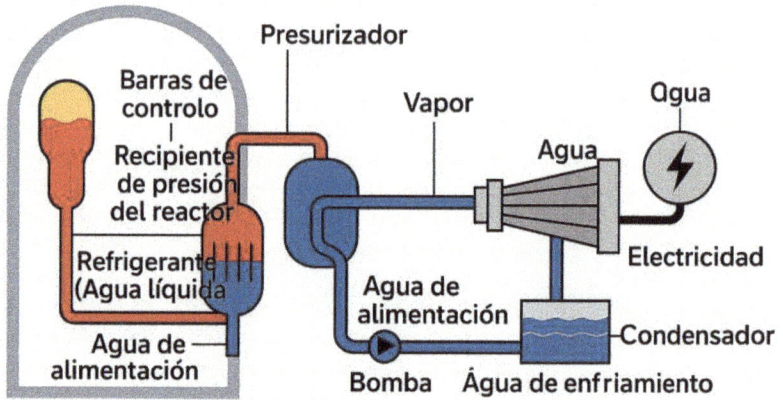

Esquema del reactor europeo de presión (EPR)

El EPR es un reactor de agua a presión de tercera generación desarrollado para ofrecer una mayor seguridad y eficiencia. Sus componentes principales incluyen:

Vasija del reactor: contiene el núcleo donde se produce la fisión nuclear.

Generadores de vapor: transfieren el calor del circuito primario al secundario, produciendo vapor que impulsa las turbinas.

Presurizador: mantiene la presión en el circuito primario, evitando la formación de burbujas de vapor.

Sistemas de seguridad: incluyen múltiples barreras de contención y sistemas redundantes para garantizar la integridad del reactor en situaciones de emergencia.

El Reactor AP1000

El AP1000, desarrollado por la empresa estadounidense Westinghouse, también es un reactor de agua a presión, pero con un diseño innovador centrado en la simplicidad y la seguridad pasiva. Su capacidad de generación es de aproximadamente 1.100 MWe.

Sus principales características son:

Seguridad pasiva: utiliza sistemas de seguridad que funcionan sin energía eléctrica ni intervención humana, garantizando la refrigeración continua del reactor en caso de fallo grave.

Menor número de componentes: menor complejidad en la construcción y el mantenimiento, lo que reduce los costes operativos.

Construcción más rápida: diseñado para ser modular, lo que permite una construcción e instalación más rápidas en comparación con reactores anteriores.

El AP1000 ha sido adoptado principalmente en China, donde varias unidades están en funcionamiento. En Estados Unidos, su implementación ha enfrentado retrasos y desafíos financieros, pero sigue siendo un referente en innovación del sector nuclear.

Reactor AP1000

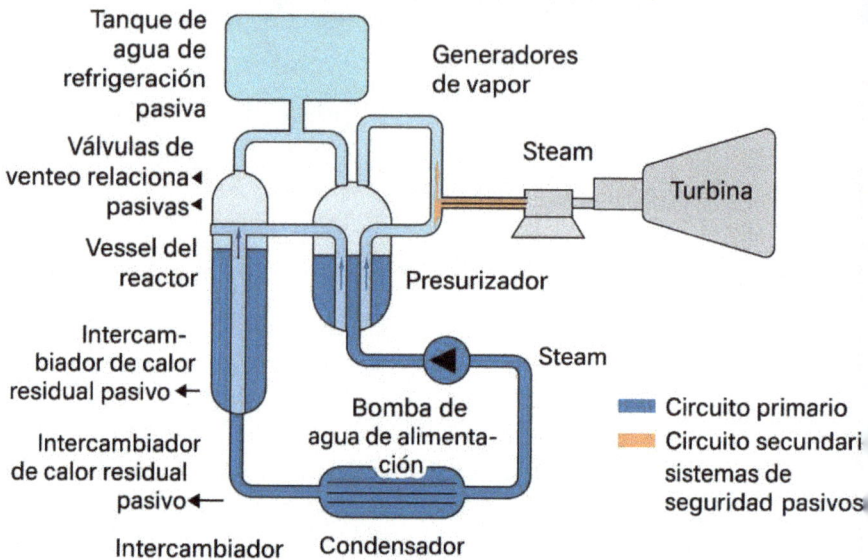

Tanque de agua de refrigeración pasiva
Generadores de vapor
Válvulas de venteo relaciona pasivas
Steam
Turbina
Vessel del reactor
Presurizador
Intercambiador de calor residual pasivo
Steam
Intercambiador de calor residual pasivo
Bomba de agua de alimentación
Circuito primario
Circuito secundario sistemas de seguridad pasivos
Intercambiador
Condensador

El AP1000, desarrollado por Westinghouse, es un reactor de agua a presión que incorpora sistemas de seguridad pasiva. Sus componentes principales incluyen:

Vasija del reactor: alberga el núcleo y está diseñada para facilitar la circulación natural del refrigerante.

Generadores de vapor: fundamentales para la transferencia de calor, con un diseño simplificado para aumentar la eficiencia.

Sistemas de seguridad pasiva: se basan en fuerzas naturales como la gravedad y la convección para enfriar el reactor sin intervención humana ni energía externa durante un máximo de 72 horas.

Nuevos Países y la Expansión de los Reactores Modulares Pequeños (SMR)

A pesar de la vacilación de Occidente, Asia surgió como el nuevo epicentro de la energía nuclear. China e India invirtieron fuertemente en tecnología nuclear, con decenas de reactores en construcción para satisfacer la creciente demanda eléctrica. Además, estos países comenzaron a desarrollar reactores más avanzados, incluidos los Reactores Modulares Pequeños (SMR) y la investigación en fusión nuclear.

Reactores Modulares Pequeños (SMR)

Los Reactores Modulares Pequeños (SMR) representan una innovación reciente en la tecnología nuclear, diseñados para ofrecer flexibilidad, mayor seguridad y menores costes de implementación en comparación con los reactores convencionales. Son de menor escala, con una capacidad típica de entre 50 y 300 MWe, y presentan ventajas significativas:

Construcción modular: permite la fabricación en fábrica y el transporte al lugar de operación, reduciendo el tiempo y coste de construcción.

Mayor seguridad: muchos SMR utilizan sistemas de seguridad pasiva, minimizando el riesgo de accidentes.

Versatilidad: pueden desplegarse en ubicaciones remotas o utilizarse para abastecer redes pequeñas e industrias específicas.

Aplicaciones diversas: además de la producción de electricidad, pueden utilizarse para la desalinización de agua, producción de hidrógeno y generación de calor industrial.

Los principales proyectos de SMR incluyen:

NuScale (EUA): uno de los proyectos más avanzados, con aprobación regulatoria y planes de despliegue en marcha.

BWRX-300 (GE Hitachi, EUA /Canadá): basado en la tecnología de reactores de agua en ebullición, promete menores costes.

SMR-160 (Holtec, EUA): enfocado en la seguridad y la facilidad de implementación.

Reactor CAREM (Argentina): uno de los primeros SMR desarrollados en América Latina.

Ilustración Esquemática

Para comprender mejor el funcionamiento de los SMR, se presenta a continuación un diagrama esquemático que destaca sus características principales, incluyendo el diseño modular del sistema, la configuración del reactor y los sistemas de seguridad pasiva.

Reactor Modular Pequeño

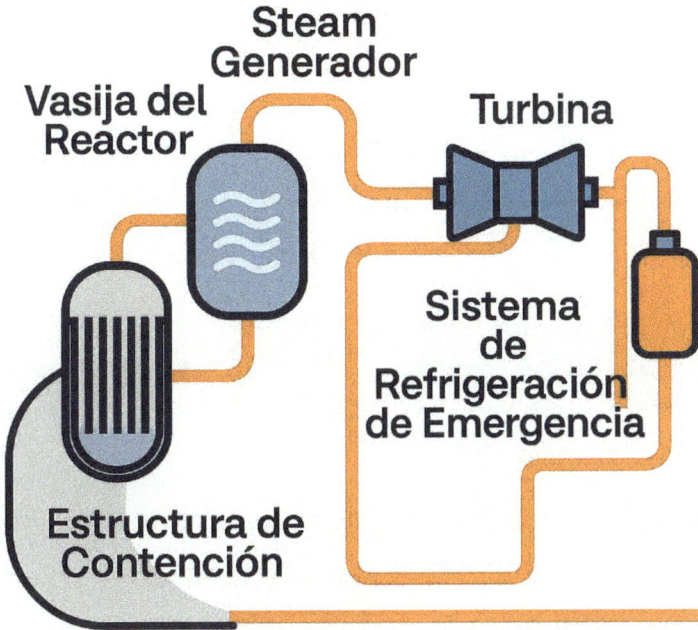

Steam Generador

Vasija del Reactor

Turbina

Sistema de Refrigeración de Emergencia

Estructura de Contención

Emergencia

Componentes Principales de un Reactor Modular Pequeño (SMR)

- Núcleo del Reactor: Contiene el combustible nuclear donde ocurre la fisión.

- Sistema Primario de Refrigeración: Circula el refrigerante (agua, gas o sal fundida) para extraer el calor generado en el núcleo.

- Generador de Vapor: Transfiere el calor del sistema primario al sistema secundario, produciendo vapor que impulsa las turbinas eléctricas.

- Sistemas de Seguridad Pasiva: Utilizan principios físicos naturales, como la convección y la gravedad, para garantizar la seguridad sin intervención humana ni energía externa.

El Ascenso de Francia como Potencia Nuclear Mundial

Francia se ha consolidado como una de las principales potencias nucleares del mundo, con una trayectoria marcada por la inversión continua y una política energética centrada en la energía nuclear.

Evolución Histórica del Número de Reactores en Francia

La expansión nuclear de Francia comenzó en la década de 1970 con la construcción de múltiples centrales nucleares destinadas a reducir la dependencia de los combustibles fósiles importados. Hoy en día, Francia opera 56 reactores nucleares, que suministran alrededor del 70% de la electricidad del país.

Planes Futuros y Expansión Prevista

En 2022, el gobierno francés anunció un ambicioso plan de expansión nuclear:

- Construcción de seis nuevos reactores EPR2, con el primero previsto para entrar en funcionamiento en 2035.

- Desarrollo del proyecto NUWARD, un reactor modular pequeño (SMR) con una capacidad de 340 MWe, cuyo despliegue está previsto para 2035.

A continuación, se presenta un gráfico que ilustra la evolución del número de reactores nucleares en Francia desde los años 70 y las proyecciones para los próximos años.

Gráfico 17: Evolución del Número de Reactores Nucleares en Francia

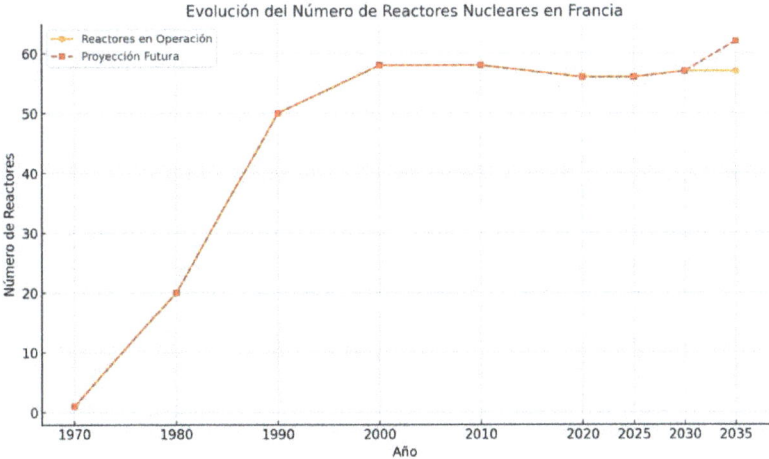

Evolución del Número de Reactores Nucleares en Francia

Fuente: Elaboración propia basada en los datos de la Tabla Resumen al final del capítulo.

El Papel de Rusia en la Exportación de Tecnología Nuclear

Rusia ha desempeñado un papel crucial en la expansión global de la energía nuclear al proporcionar financiación y tecnología a varios países. Rosatom ha establecido asociaciones estratégicas para la construcción de reactores en regiones que buscan diversificar sus fuentes de energía, como Oriente Medio, África y el sudeste asiático.

La estrategia de Rusia ha consistido en ofrecer financiación a largo plazo y contratos de suministro de combustible nuclear, garantizando un modelo sostenible para los países interesados en adoptar la energía nuclear. Este enfoque ha fortalecido la posición de Rusia como una de las principales potencias globales en el sector nuclear.

Análisis de los Principales Exportadores:

- **Rusia:** Rosatom, la corporación estatal rusa de energía nuclear lidera el mercado global, representando el 76% de las exportaciones mundiales de tecnología nuclear. En diciembre de 2020, la empresa estaba involucrada en la construcción de 35 unidades de energía nuclear en 12 países diferentes.

- **Corea del Sur:** Corea del Sur se ha consolidado como un importante exportador de reactores nucleares, con acuerdos firmados con Emiratos Árabes Unidos, Jordania y Argentina. En 2024, Korea Hydro & Nuclear Power (KHNP) ganó un proyecto de 17 mil millones de dólares en la República Checa, superando a competidores de EE. UU. y Francia.

- **China:** China ha invertido fuertemente en energía nuclear tanto a nivel nacional como internacional. El país participa en la construcción de reactores en diversas naciones, buscando ampliar su influencia en el mercado global de tecnología nuclear.

- **Francia:** Francia, a través de empresas como Orano y EDF, mantiene una presencia significativa en el mercado de tecnología nuclear. En 2024, Orano anunció la ampliación de su capacidad de enriquecimiento de uranio en Francia y Estados Unidos para reducir la dependencia de proveedores rusos.

Este gráfico y análisis destacan la concentración del mercado de exportación de tecnología nuclear en unos pocos países, con Rusia manteniendo una posición dominante, seguida de actores clave como Corea del Sur, China y Francia.

Gráfico 18: Principales Países Exportadores de Tecnología Nuclear

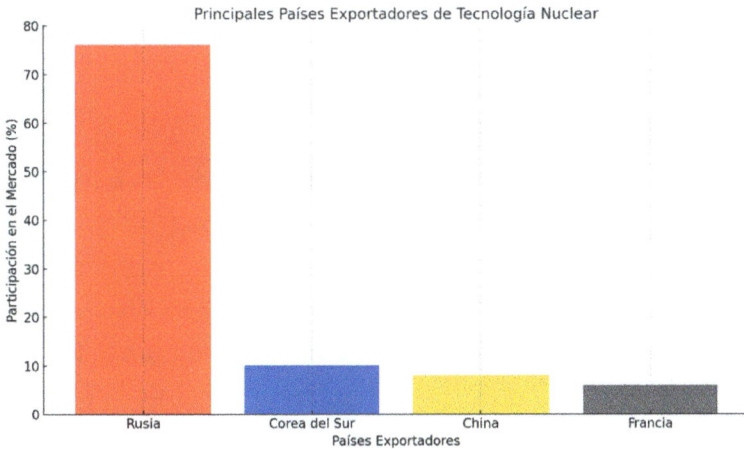

Fuente: Elaboración propia basada en los datos de la Tabla Resumen al final del capítulo.

Entre 1990 y 2010, la energía nuclear enfrentó desafíos significativos, desde desastres y desinversión hasta un resurgimiento estratégico. Mientras Occidente dudaba, Asia y Rusia impulsaban el sector, reforzando su relevancia en el panorama energético global. La seguridad, los costes y la aceptación pública siguieron siendo cuestiones centrales, pero la energía nuclear continuó siendo una opción viable para la producción de energía baja en carbono de cara al futuro.

Además, desde una perspectiva económica, aunque la construcción inicial de centrales nucleares implica elevados costes iniciales, su operación y mantenimiento son significativamente más económicos en comparación con otras fuentes de energía. El potencial energético de la energía nuclear es vasto y prácticamente inagotable, lo que garantiza un suministro eléctrico continuo y fiable a largo plazo. Esto convierte a la energía nuclear en una de las opciones más rentables y sostenibles para la producción energética a nivel global.

El Efecto Fukushima y el Futuro de la Energía Nuclear (2011–Presente)

El 11 de marzo de 2011, un terremoto de magnitud 9,0 seguido de un devastador tsunami sacudió Japón, causando uno de los peores desastres nucleares de la historia: el accidente en la central nuclear de Fukushima Daiichi. El tsunami, con olas que superaron los 14 metros, inundó la planta, inutilizando sus sistemas de refrigeración y provocando la fusión parcial de tres núcleos de reactor.

Las consecuencias del accidente fueron graves:

Liberación de material radiactivo: se liberaron grandes cantidades de radiación a la atmósfera y al océano.

Evacuación masiva: más de 160.000 personas fueron desplazadas debido al riesgo de contaminación.

Impacto global en la opinión pública: reavivó las preocupaciones sobre la seguridad nuclear y llevó a los gobiernos a reevaluar sus programas nucleares.

Costes elevados: los gastos de limpieza, compensación y desmantelamiento de la planta se estimaron en cientos de miles de millones de dólares.

El accidente de Fukushima dio lugar a nuevas regulaciones globales destinadas a mejorar la seguridad de las centrales nucleares, incluyendo requisitos más estrictos para los sistemas de refrigeración y protección frente a desastres naturales.

Países que Redujeron o Abandonaron sus Programas Nucleares

El accidente de Fukushima llevó a varios países a reconsiderar el uso de la energía nuclear. Entre los que redujeron significativamente o abandonaron por completo sus programas nucleares se encuentran:

- **Alemania:** anunció un plan de abandono total de la energía nuclear, cerrando progresivamente sus reactores. En abril de 2023, el país desmanteló sus últimos reactores nucleares.

- **Italia:** ya había detenido su programa nuclear tras un referéndum en 1987, pero descartó por completo cualquier reactivación después de Fukushima.

- **Suiza y Bélgica:** decidieron no construir nuevos reactores y establecieron planes para reducir su dependencia de la energía nuclear.

Las decisiones de estos países se basaron en una combinación de factores, entre ellos la presión pública, los riesgos percibidos y la creciente viabilidad de las fuentes de energía renovable.

Gráfico 19: Desmantelamiento de Reactores Nucleares en Alemania

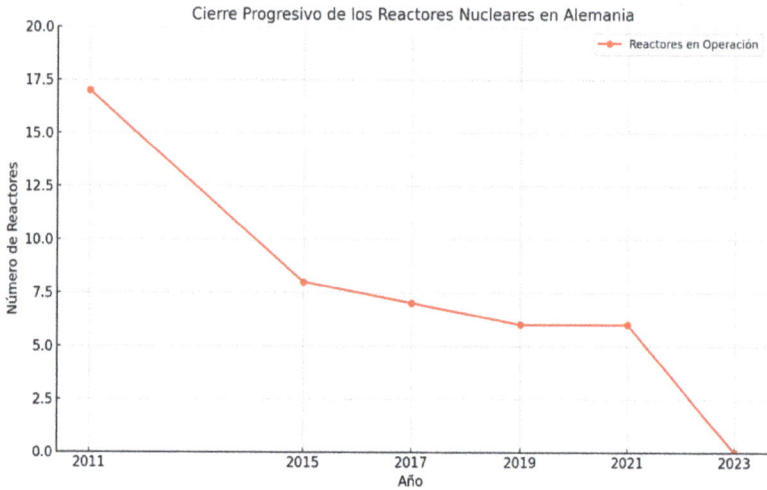

Fuente: Elaboración propia basada en los datos de la Tabla Resumen al final del capítulo.

En 1987, Italia celebró tres referéndums nacionales relacionados con la energía nuclear, que resultaron en una decisión significativa sobre el futuro del sector en el país. Estos referéndums se realizaron el 8 de noviembre de 1987, con una participación del 65,1%.

Temas del Referéndum y Resultados:

Ubicación de Plantas Nucleares:

Pregunta: ¿Debe eliminarse el poder del Estado de imponer la construcción de plantas nucleares en municipios que no estuvieran de acuerdo?

Resultado: El 80,6% votó 'Sí' para eliminar ese poder estatal.

Incentivos Financieros para Municipios:

Pregunta: ¿Eliminar los incentivos económicos ofrecidos a los municipios que aceptaran la construcción de plantas nucleares o de carbón?

Resultado: El 79,7% votó 'Sí' para eliminar estos incentivos.

Participación de ENEL en Proyectos Nucleares Internacionales:

Pregunta: ¿Prohibir que ENEL (Empresa Nacional de Electricidad) participara en la construcción y gestión de plantas nucleares en el extranjero?

Resultado: El 71,9% votó 'Sí' para prohibir esta participación.

Consecuencias del Referéndum:

Aunque las preguntas eran técnicas y no prohibían explícitamente la energía nuclear, los resultados reflejaron una fuerte oposición pública tras el desastre de Chernóbil en 1986. Como resultado, el gobierno italiano comenzó a cerrar las plantas existentes:

- Se detuvo la construcción de la planta nuclear de Montalto di Castro, que estaba casi terminada.

- Las plantas de Caorso y Enrico Fermi fueron desmanteladas en 1990.

- La planta de Latina ya había sido cerrada en diciembre de 1987.

Estas acciones marcaron el fin de la producción de energía nuclear en Italia, una decisión que se mantiene hasta hoy.

Estado Actual de Suiza y Bélgica:

Suiza:

- Número de reactores en funcionamiento: 4

- Número de plantas nucleares: 3

Bélgica:

- Número de reactores en funcionamiento: 5

- Número de plantas nucleares: 2

En términos de generación eléctrica, los reactores nucleares representaron el 36,4% de la producción total de electricidad en Suiza en 2022, y el 46,4% en Bélgica en el mismo año.

Cabe destacar que ambos países tienen planes para reducir gradualmente su dependencia de la energía nuclear. En Suiza, un referéndum de 2017 aprobó la prohibición de construir nuevas plantas nucleares, con el objetivo de una eliminación total para 2050. En Bélgica, una ley de 2003 estableció un abandono progresivo para 2025; sin embargo, debido a factores como la guerra en Ucrania y el aumento de los precios del gas, el gobierno decidió extender el funcionamiento de dos de los siete reactores nucleares del país hasta 2035.

Países que Continuaron Invirtiendo en Energía Nuclear

A pesar del impacto de Fukushima, algunos países reafirmaron o incluso ampliaron sus programas nucleares, reconociendo su papel en la seguridad energética y la descarbonización:

- **Francia:** Mantuvo su fuerte dependencia de la energía nuclear, que representa alrededor del 70% de la electricidad del país. El gobierno francés anunció planes para construir nuevos reactores EPR2 y ampliar la investigación en fusión nuclear.

- **China:** Intensificó su programa nuclear, con decenas de nuevos reactores en construcción. El país considera la energía nuclear como una parte esencial de su estrategia energética limpia.

- **Rusia:** Siguió invirtiendo en la construcción y exportación de reactores nucleares, incluidos reactores flotantes para abastecer regiones remotas.

- **Estados Unidos:** Aunque algunas plantas fueron desmanteladas, el país aprobó nuevos proyectos, incluidos reactores de nueva generación e inversiones en SMR.

Análisis por País:

- **Estados Unidos:** En 2010, había 104 reactores nucleares en operación. Para 2023, este número se redujo a 93, reflejando una tendencia al cierre de unidades antiguas sin una construcción proporcional de nuevas.

- **Francia:** Mantuvo una política estable hacia la energía nuclear, con una ligera reducción de 58 reactores en 2010 a 56 en 2023. La energía nuclear sigue siendo la principal fuente de electricidad, con aproximadamente el 70% de la producción total.

- **China:** Mostró un crecimiento significativo en el sector nuclear, pasando de 13 reactores en 2010 a 54 en 2023. Este crecimiento refleja la estrategia del país para diversificar sus fuentes de energía y reducir la dependencia de los combustibles fósiles.

- **Rusia:** Registró un crecimiento moderado, aumentando de 32 reactores en 2010 a 37 en 2023. Además, Rusia se ha convertido en un importante exportador de tecnología nuclear, con 26 unidades en construcción: seis en territorio nacional y 20 en siete países diferentes.

Este gráfico ilustra cómo cada país ajustó sus inversiones en energía nuclear tras el incidente de Fukushima, destacando especialmente el crecimiento del sector en China.

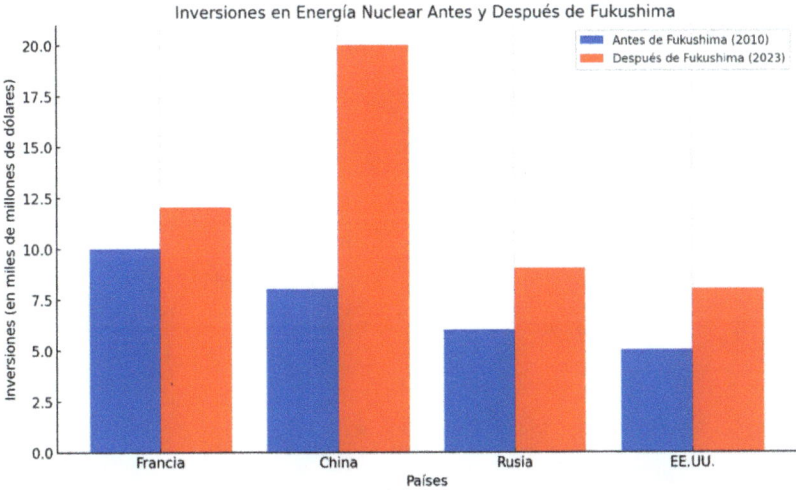

Fuente: Elaboración propia basada en los datos de la Tabla Resumen al final del capítulo.

Gráfico 21: Número de Reactores Nucleares Construidos Después de Fukushima

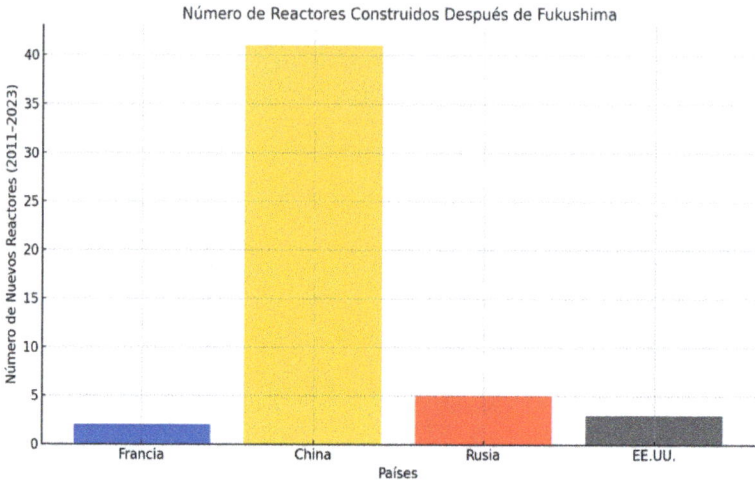

Número de Reactores Construidos Después de Fukushima

Fuente: Elaboración propia basada en los datos de la Tabla Resumen al final del capítulo.

Desarrollo de Reactores Modulares Pequeños (SMR)

Actualmente, existen pocos Reactores Modulares Pequeños (SMR) en operación en el mundo. Rusia y China son pioneros en esta tecnología, cada uno con proyectos distintos:

- **Rusia**: Opera el 'Akademik Lomonosov', una central nuclear flotante equipada con dos unidades SMR de 35 MW cada una, sumando un total de 70 MW.

- **China**: En 2021, conectó a la red eléctrica el reactor HTR-PM —un reactor modular de gas de alta temperatura.

Hasta la fecha, hay tres SMR en operación en el mundo: dos en Rusia y uno en China.

A continuación, se presenta un gráfico ilustrativo:

Gráfico 22: Número de Reactores SMR en Operación por País

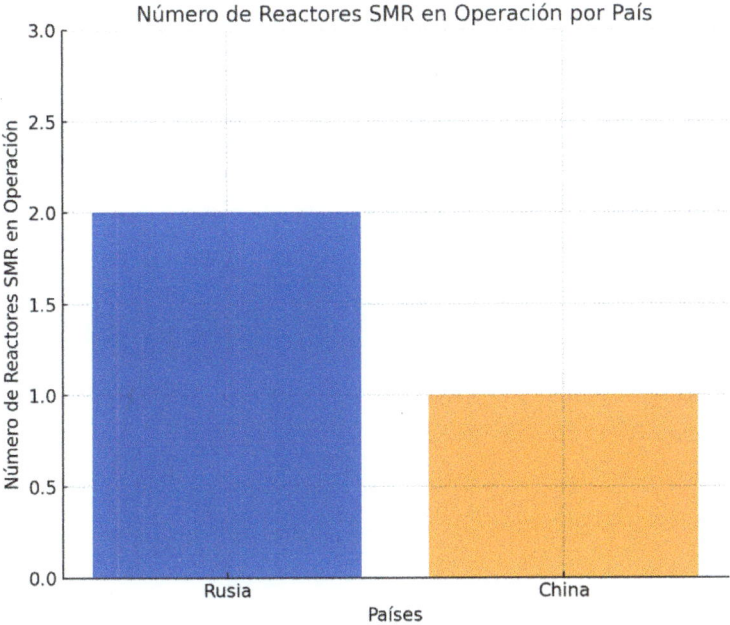

Número de Reactores SMR en Operación por País

Fuente: Elaboración propia basada en los datos de la Tabla Resumen al final del capítulo.

Actualmente, varios países están invirtiendo significativamente en la investigación y desarrollo de Reactores Modulares Pequeños (SMR). A continuación, se presenta un gráfico que ilustra los principales inversores en esta tecnología:

Gráfico 23: Proyectos por País en Tecnología SMR

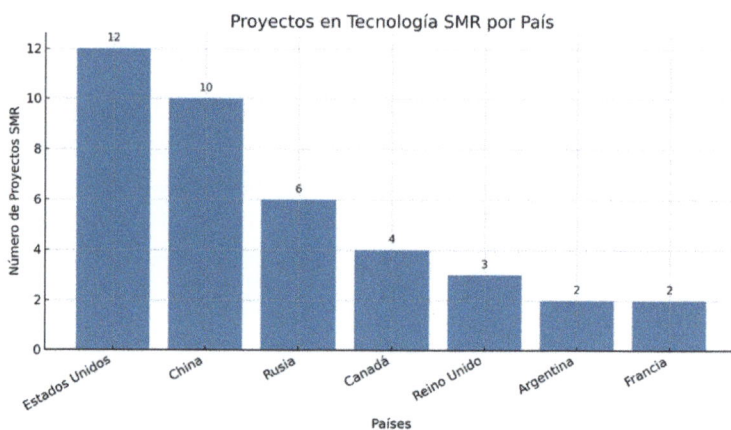

Proyectos en Tecnología SMR por País

Fuente: Elaboración propia basada en los datos de la Tabla Resumen al final del capítulo.

Gráfico 24: Inversión por País en Tecnología SMR

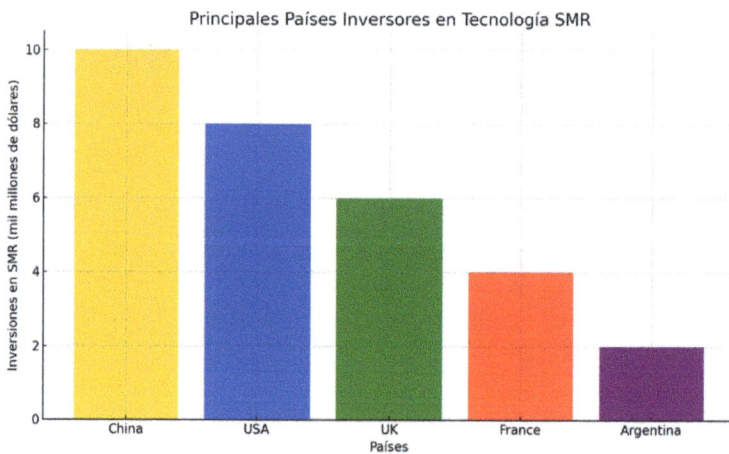

Principales Países Inversores en Tecnología SMR

Fuente: Elaboración propia basada en los datos de la Tabla Resumen al final del capítulo.

Análisis de la Inversión:

- **China:** Lidera las inversiones en SMR, con aproximadamente 10 mil millones de dólares asignados al desarrollo e implementación de esta tecnología.

- **Estados Unidos:** Ha invertido cerca de 8 mil millones de dólares en investigación y desarrollo de SMR, con empresas como NuScale Power liderando proyectos para construir reactores operativos en 2029.

- **Reino Unido:** Ha comprometido unos 6 mil millones de dólares en la construcción de SMR, con el objetivo de impulsar el crecimiento económico y proporcionar energía limpia y asequible.

- **Francia:** Ha asignado alrededor de 4 mil millones de dólares al desarrollo de SMR, con EDF liderando el proyecto Nuward, que busca construir reactores modulares de 340 MWe.

- **Argentina:** Ha invertido aproximadamente 2 mil millones de dólares en el proyecto CAREM-25, un prototipo SMR de 25 MWe completamente diseñado y desarrollado en el país.

En resumen, podemos concluir que el accidente de Fukushima marcó un punto de inflexión en la historia de la energía nuclear, impulsando a algunas naciones a reducir o abandonar sus programas nucleares. Sin embargo, otros países continuaron invirtiendo en esta tecnología, reconociendo su papel en la seguridad energética y la reducción de emisiones de carbono. El desarrollo de los SMR y la búsqueda de la fusión nuclear sugieren que el sector nuclear podría tener un futuro prometedor, combinando mayor seguridad y nuevas aplicaciones energéticas.

Conclusión del Presente Capítulo

La energía nuclear ha experimentado múltiples transformaciones desde su descubrimiento, evolucionando de una tecnología experimental a una de las principales fuentes de electricidad del mundo. Desde los primeros reactores comerciales en la década de 1950 hasta los avances modernos en seguridad y eficiencia, la tecnología nuclear ha demostrado resiliencia y capacidad de adaptación frente a desafíos históricos como accidentes, crisis políticas y cambios en las políticas energéticas globales.

Ante la creciente necesidad de reducir las emisiones de carbono y garantizar la seguridad energética, la energía nuclear se posiciona como una de las principales soluciones para la transición energética global. Su capacidad para generar electricidad de forma continua, independientemente de las condiciones climáticas, la convierte en un complemento sólido para las fuentes renovables intermitentes como la solar y la eólica.

Las inversiones en reactores de tercera generación, SMR y la fusión nuclear apuntan hacia un futuro en el que la energía nuclear desempeñará un papel aún más relevante, proporcionando energía confiable y de bajo impacto ambiental.

La historia de la energía nuclear muestra cómo eventos del pasado —como Chernóbil y Fukushima— han influido en la percepción pública y en las políticas gubernamentales. Sin embargo, estos eventos también han impulsado mejoras significativas en seguridad y tecnología, permitiendo el desarrollo de reactores más eficientes y seguros.

Aunque la construcción de plantas nucleares requiere inversiones iniciales elevadas, sus costes operativos y de mantenimiento son significativamente inferiores en comparación con otras fuentes de energía. Además, la alta densidad energética del uranio y la larga vida útil de los reactores garantizan un suministro energético económico y fiable durante décadas.

Los beneficios económicos de la energía nuclear se reflejan en una reducción del coste de la electricidad para consumidores e industrias, lo que la convierte en una alternativa competitiva para garantizar un suministro energético estable. Con el avance de tecnologías como los SMR, se espera que los costes de construcción disminuyan, ampliando el acceso a la energía nuclear en distintas regiones del mundo.

La energía nuclear sigue siendo un elemento clave en la matriz energética global. Su impacto económico, su capacidad para proporcionar electricidad limpia y fiable, y los avances tecnológicos en curso refuerzan su importancia en la transición hacia un futuro energético más sostenible y seguro.

Tabla 7: Fuentes Consultadas en el Capítulo 2

Libros sobre la historia de la ciencia – Evolución de la física y descubrimientos nucleares.
Obras de Marie Curie y Ernest Rutherford – Estudios sobre la radiactividad.

Informes de la Asociación Nuclear Mundial – Historia del desarrollo nuclear.
Documentos del Proyecto Manhattan – Desarrollo de la bomba atómica.
Archivos Nacionales de EE. UU. – Cartas de Einstein a Roosevelt.
Publicaciones del OIEA – Historia de la energía nuclear civil.
Libros de historia militar – Segunda Guerra Mundial y energía nuclear.
Obras de divulgación científica (Brian Cox, Richard Rhodes, etc.) – Energía nuclear y sociedad.
BBC History y History Channel – Documentales sobre el Proyecto Manhattan y la Segunda Guerra Mundial.
Scientific American y Nature – Artículos sobre los inicios de la fisión nuclear.
Revistas científicas y periódicos históricos – Cobertura de la era nuclear entre 1930 y 1950.

Próximo Capítulo: Energía Nuclear y Armas Nucleares – Mitos y Realidades

En el próximo capítulo, exploraremos la relación entre la energía y las armas nucleares, desmontando conceptos erróneos y analizando el impacto de esta tecnología en la geopolítica y la seguridad global.

Capítulo 3: Energía Nuclear y Armas Nucleares – Mitos y Realidades

La energía nuclear suele asociarse con las armas nucleares, lo que lleva a la percepción errónea de que la generación de electricidad mediante medios nucleares es un camino directo hacia la construcción de bombas atómicas. Esta visión generalizada proviene, en gran parte, del impacto histórico de la Segunda Guerra Mundial y de la carrera armamentista de la Guerra Fría, que popularizaron la idea de que cualquier programa nuclear podría representar una amenaza.

Sin embargo, la realidad es muy distinta. La tecnología nuclear puede utilizarse con fines pacíficos, contribuyendo a la generación de electricidad limpia y eficiente, además de impulsar avances en la medicina, la industria e incluso la exploración espacial. El desarrollo de armas nucleares, por otro lado, requiere procesos técnicos altamente especializados y niveles de enriquecimiento de uranio muy superiores a los utilizados en los reactores comerciales.

Además, existe una distinción clara entre los países que persiguen programas nucleares pacíficos —bajo la estricta supervisión del Organismo Internacional de Energía Atómica (OIEA)— y aquellos que optan por desarrollar armas nucleares, generalmente en secreto y bajo fuertes restricciones internacionales.

Este capítulo aclarará las diferencias fundamentales entre estos dos usos de la tecnología nuclear y desmentirá ideas equivocadas comunes, explicando de forma objetiva y basada en hechos por qué la energía nuclear para la generación de electricidad no representa, en sí misma, un riesgo de proliferación de armas atómicas.

Diferencias entre la Energía Nuclear para Generación Eléctrica y las Armas Nucleares

Aunque ambas aplicaciones se basan en principios similares de la física nuclear, sus propósitos, procesos y materiales implicados son fundamentalmente diferentes:

- **Propósito**: La energía nuclear civil tiene como objetivo generar electricidad de forma sostenible, mientras que las armas nucleares están diseñadas para causar destrucción a gran escala.

- **Materiales utilizados**: La principal diferencia entre los reactores nucleares y las bombas atómicas radica en la composición del combustible nuclear.

    - **Uranio en reactores nucleares**: El uranio utilizado para la generación eléctrica (U-235) se enriquece solo entre un 3 y un 5%.

    - **Uranio para armas nucleares**: El Uranio Altamente Enriquecido (HEU) usado en bombas contiene más del 90% de U-235.

    - **Plutonio**: El Plutonio-239, utilizado en armas nucleares, se produce en reactores especializados y requiere técnicas avanzadas de reprocesamiento.

Extracción y Enriquecimiento del Uranio:

El uranio natural se extrae de minas a cielo abierto o subterráneas y, tras su extracción, pasa por un proceso de beneficio para eliminar impurezas. El uranio que se encuentra en la naturaleza contiene solo alrededor del **0,7% de U-235**, el isótopo fisible necesario tanto para la generación de energía como para la construcción de armas.

El enriquecimiento del uranio se logra mediante separación isotópica, siendo la centrifugación gaseosa la técnica más utilizada hoy en día. El proceso incluye:

1. **Conversión a hexafluoruro de uranio (UF_6)**: El uranio natural se convierte en gas para facilitar la separación isotópica.
2. **Centrifugación**: El gas UF_6 se introduce en centrifugadoras de alta velocidad. Como el U-238 es más pesado que el U-235, se concentra en el borde exterior, mientras que el U-235, más ligero, se acumula hacia el centro.
3. **Repetición del proceso**: El procedimiento se repite en miles de centrifugadoras interconectadas (una cascada de centrifugación) hasta alcanzar el nivel de enriquecimiento deseado.

Para los reactores nucleares, el uranio se enriquece entre un **3 y un 5%**, mientras que para las armas nucleares el enriquecimiento supera el **90%**.

CICLO DEL COMBUSTIBLEL NUCLEAR

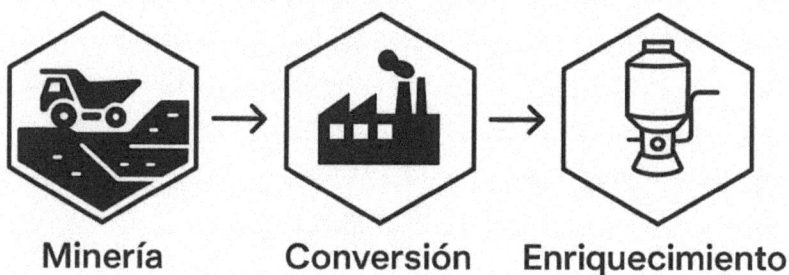

Minería   Conversión   Enriquecimiento

Esquema ilustrativo del ciclo del combustible nuclear, desde la minería hasta el enriquecimiento del uranio.

Producción de Plutonio

El Plutonio-239 se produce en los reactores nucleares a partir del uranio-238. Durante el funcionamiento del reactor, algunos átomos de U-238 capturan neutrones y se transforman en plutonio-239, un isótopo altamente fisible.

Para uso militar, este plutonio debe extraerse de los elementos combustibles irradiados mediante un proceso químico conocido como reprocesamiento, que implica:

1. Retirada del combustible irradiado del reactor

2. Disolución del combustible en ácido nítrico

3. Separación química del plutonio-239 de los productos de fisión restantes

Este proceso está estrictamente supervisado por organismos internacionales, ya que la extracción de plutonio puede indicar posibles intentos de desarrollar armas nucleares.

Reprocesamiento del Combustible Nuclear Gastado

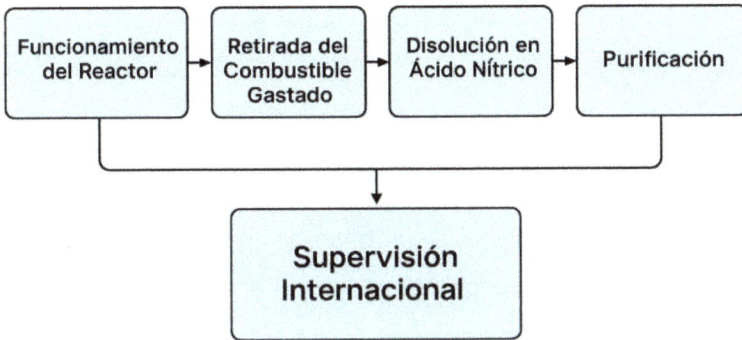

Tabla 8: Métodos de Obtención de Material Fisible

Método	Material Producido	Descripción
Enriquecimiento de uranio (centrifugación)	U-235	Separación isotópica para aumentar la proporción de U-235.
Reactores nucleares + reprocesamiento	Pu-239	Plutonio obtenido a partir de U-238 irradiado en reactores.

Fuente: Elaboración propia basada en los datos de la Tabla Resumen al final del capítulo.

CICLO DE PRODUCIÓN DE PLUTÓNIO

1 EXPLORACIÓN Y PROCESAMIENTO
Extracción de uranio y produccion de los yellowcake (U₃O₃)

CONVERSIÓN Y ENRIQUECIMIENTO
Conversión em gas UF₆: la separación de isotopos aumenta la tasa de U-238

FABRICACIÓN DEL COMBUSTIBl
Las pastilias de combustible de uranio.se producen y ensambian en varillas de combustible

REFRIGERAICNin DEL COMBUSTIBLE
El combustible irradjado se almacena para eliminar de calor y radiacion

4 IRRADIAÇIÓN EN REACTOR
El combustible producré a eliminación en dexuta y radiación

REPROCESsAMIENTO QUIMICO
Disolución del combustible irradiado y separación de la plutonio por extrocción con solventes

7 PuO₂ PLUTÓNIO
Produto final de oxido de plutonio

El Mito de la Puerta de Entrada a las Armas Nucleares

Muchos argumentan que cualquier programa nuclear civil puede servir como tapadera para el desarrollo de armas nucleares, pero la realidad es mucho más compleja.

Monitoreo Internacional: Cualquier país que desarrolle tecnología nuclear con fines pacíficos está sujeto a rigurosas inspecciones por parte del Organismo Internacional de Energía

Atómica (OIEA), que asegura que los materiales nucleares se utilicen únicamente para aplicaciones civiles.

Desafíos Técnicos: Convertir un programa civil en un programa de armas requiere infraestructuras especializadas, como centrifugadoras avanzadas o reactores dedicados a la producción de plutonio, así como una alta competencia técnica.

Tipos de Reactores: Los reactores comerciales de agua ligera (PWR y BWR) no son ideales para la producción de plutonio de grado armamentista, ya que el combustible nuclear debe ser retirado temprano para evitar la contaminación con isótopos indeseables.

Tratados Internacionales: El Tratado de No Proliferación Nuclear (TNP) establece límites y regulaciones para prevenir la propagación de armas nucleares, exigiendo que los países firmantes se sometan a auditorías y controles.

Tabla 9: Comparación de Tratados Nucleares Internacionales

Tratado	Objetivo	Signatarios	Estado Actual
TNP	Prevenir la proliferación nuclear	191 países	En vigor
CTBT	Prohibir ensayos nucleares	185 países (no todos lo han ratificado)	No está en vigor
TPNW	Prohibir las armas nucleares	92 países signatarios	En vigor desde 2021

La creencia de que cualquier país que desarrolle energía nuclear inevitablemente desarrollará armas atómicas pasa por alto estos factores y contribuye a una narrativa alarmista y mal informada. La existencia de países como **Japón y Alemania**, que poseen tecnología nuclear avanzada sin desarrollar armas, refuerza la clara distinción entre los usos pacíficos y militares de la energía nuclear.

Además, países como **Canadá, Brasil, Argentina y Corea del Sur** poseen tecnología nuclear avanzada y operan reactores de energía sin buscar armas nucleares. Todas estas naciones son signatarias del Tratado de No Proliferación Nuclear y mantienen programas nucleares que están fuertemente supervisados por el OIEA.

Sin embargo, algunos países están sujetos a sospechas internacionales debido a sus posibles ambiciones nucleares militares bajo el pretexto de desarrollo pacífico. **Irán y Arabia Saudita**, por ejemplo, se mencionan frecuentemente en los debates sobre proliferación debido a su interés en el enriquecimiento de uranio y la falta de transparencia en ciertas áreas de sus programas nucleares.

Otro caso bien conocido es el de **Corea del Norte**, que inicialmente desarrolló un programa nuclear bajo el pretexto de la generación de electricidad, pero luego se retiró del Tratado de No Proliferación Nuclear y probó dispositivos nucleares, convirtiéndose en un estado declarado con armas nucleares.

Esto demuestra que la energía nuclear puede utilizarse completamente de manera pacífica y no conduce inherentemente al desarrollo de armas. El verdadero factor diferenciador radica en la gobernanza, los compromisos internacionales y la supervisión activa de organismos como el OIEA, que garantizan que los materiales nucleares se utilicen exclusivamente para fines civiles.

Países con Capacidades Nucleares Militares

Los países con capacidades nucleares militares son aquellos que han desarrollado, probado y actualmente poseen arsenales operativos de armas nucleares. Estas naciones se pueden dividir en dos grupos principales: aquellos oficialmente reconocidos bajo el Tratado de No Proliferación Nuclear (TNP) y aquellos que desarrollaron armas fuera de él.

Estados Nucleares Reconocidos por el TNP:

Los cinco países oficialmente reconocidos como potencias nucleares por el TNP son:

- **Estados Unidos**
- **Rusia**
- **China**
- **Francia**
- **Reino Unido**

Estos países han establecido y declarado arsenales y son miembros permanentes del Consejo de Seguridad de las Naciones Unidas.

Estados con Armas Nucleares Fuera del TNP:

Otros países que desarrollaron armas nucleares sin el reconocimiento oficial del TNP incluyen:

- **India** – Realizó pruebas nucleares en 1974 y 1998, estableciéndose como potencia nuclear.

- **Pakistán** – Desarrolló armas en respuesta a India, realizando pruebas en 1998.

- **Corea del Norte** – Se retiró del TNP y ha realizado múltiples pruebas desde 2006.

- **Israel (presunto)** – No confirma ni desmiente poseer armas nucleares, pero se cree ampliamente que tiene un arsenal significativo.

Tabla 10: Casos Geopolíticos Seleccionados

País	Estatus en el TNP	Programa Nuclear	Inspecciones / Alegaciones
Israel	No firmante	No declarado, pero sospechado	Sin inspecciones del OIEA
Irán	Firmante	Civil con sospechas	Inspecciones regulares y sanciones
India	No firmante	Militar y civil	Reactores civiles bajo inspección
Pakistán	No firmante	Armas nucleares	Sin inspecciones del OIEA
Corea del Norte	Se retiró del TNP	Armas nucleares	Acceso limitado y pruebas declaradas

Fuente: Elaboración propia basada en los datos de la Tabla Resumen al final del capítulo.

Capacidad Nuclear Latente:

Existen países sin arsenales declarados, pero con la capacidad técnica para desarrollar rápidamente armas nucleares si deciden hacerlo. Estos incluyen **Alemania, Japón, Corea del Sur e Irán**. Estas naciones tienen programas nucleares avanzados y, teóricamente, podrían producir armas si así lo decidieran.

Cantidad y Poder Destructivo:

Los arsenales varían enormemente, siendo los **EE. UU. y Rusia** los que poseen las mayores reservas, consistentes en miles de ojivas activas y almacenadas. China, Francia y el Reino Unido mantienen arsenales más pequeños, pero altamente modernizados.

El impacto destructivo de estas armas depende del tipo de ojiva, con algunas bombas siendo cientos de veces más poderosas que las lanzadas sobre Hiroshima y Nagasaki.

Esta distribución desigual de armas nucleares refleja la geopolítica global y los desafíos continuos de la no proliferación. Los acuerdos de control de armas y desarme siguen siendo temas clave en la diplomacia internacional.

Tabla 11: Estados con Armas Nucleares y Estatus en el TNP

País	Firmante del TNP	Armas nucleares declaradas
Estados Unidos	Sí	Sí
Rusia	Sí	Sí

China	Sí	Sí
Francia	Sí	Sí
Reino Unido	Sí	Sí
India	No	Sí
Pakistán	No	Sí
Israel	No	No declarado
Corea del Norte	Se retiró	Sí

Fuente: Elaboración propia basada en los datos de la Tabla Resumen al final del capítulo.

Relación entre los Programas Nucleares Civiles y Militares:

No todos los países con armas nucleares utilizan esta tecnología para fines pacíficos. Existe una distinción importante entre aquellos con programas nucleares de doble uso—civil y militar—y aquellos con solo uno de los dos.

- **Países con capacidad militar y programas civiles robustos:** Estados Unidos, Rusia, Francia y China poseen tanto arsenales militares como programas extensos para la generación de energía nuclear, investigación médica y desarrollo tecnológico pacífico.

- **Países con armas nucleares, pero infraestructura civil limitada:** Israel y Corea del Norte tienen armas nucleares, pero no operan programas nucleares civiles significativos.

- **Países con programas civiles avanzados, pero sin armas nucleares:** Japón, Alemania y Canadá son ejemplos de naciones con alta capacidad tecnológica nuclear que han optado por no desarrollar arsenales militares.

Gráfico 25: Comparación entre Inversiones en Programas Nucleares Pacíficos vs. Militares

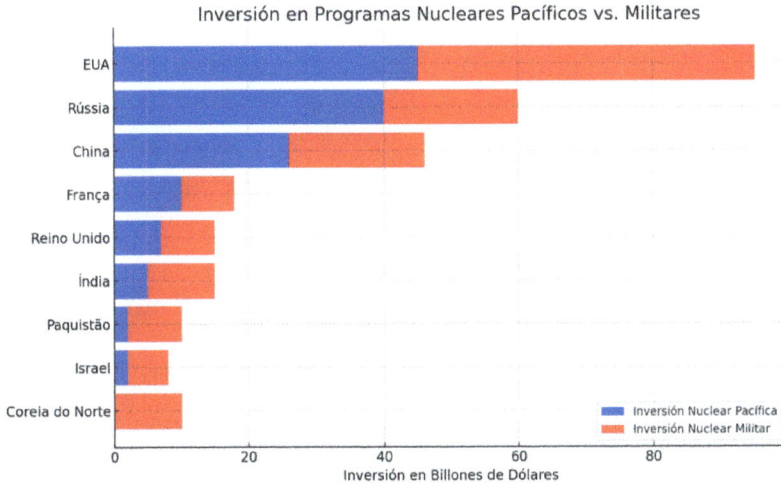

Inversión en Programas Nucleares Pacíficos vs. Militares

Fuente: Elaboración propia basada en los datos de la Tabla Resumen al final del capítulo.

Gráfico comparativo de inversión en programas nucleares pacíficos vs. militares por país. Muestra la diferencia en los presupuestos asignados a la energía nuclear civil y al desarrollo de armas nucleares.

Tabla 12: Tecnologías Nucleares de Doble Uso

Tecnología	Uso Civil	Uso Militar / Potencial
Enriquecimiento de uranio	Combustible para reactores	Materia prima para bombas nucleares
Reactores nucleares	Generación de electricidad, medicina	Producción de plutonio
Láseres y aceleradores	Investigación científica	Desarrollo de armas avanzadas

118

Este escenario demuestra que la posesión de armas nucleares no está directamente vinculada al uso pacífico de la energía nuclear, y viceversa. Muchos países desarrollan tecnología nuclear para fines pacíficos sin intención de militarizarla, mientras que otros mantienen arsenales sin invertir en la generación de electricidad nuclear.

Ojivas Nucleares y Su Poder Destructivo

Las Ojivas nucleares representan el tipo de arma más destructiva jamás creada por la humanidad. Estos dispositivos explosivos utilizan reacciones nucleares para liberar cantidades colosales de energía en un periodo muy corto de tiempo. Las Ojivas pueden montarse en varios tipos de misiles, como misiles balísticos intercontinentales (ICBM), misiles balísticos lanzados desde submarinos (SLBM) y bombas aéreas.

Estructura y Función de las Ojivas Nucleares:

Las Ojivas nucleares se pueden dividir en dos tipos principales:

Bombas de fisión (bombas atómicas): Estas se basan en la división de los núcleos atómicos de elementos como el uranio-235 o el plutonio-239, liberando una gran cantidad de energía. Ejemplos históricos incluyen las bombas lanzadas sobre Hiroshima y Nagasaki.

Bombas termonucleares (bombas de hidrógeno): Estas armas más avanzadas utilizan la fusión de isótopos de hidrógeno (deuterio y tritio), liberando significativamente más energía que las bombas de fisión.

Una ojiva nuclear moderna contiene:

1. **Carga primaria (Fisión nuclear):** Un explosivo convencional detona una masa subcrítica de material fisible, iniciando una reacción en cadena.

2. **Carga secundaria (Fusión nuclear, en bombas termonucleares):** La energía de la explosión inicial se utiliza para comprimir y calentar el combustible de fusión, aumentando enormemente la salida de energía.

3. **Sistema de detonación**: Mecanismos de disparo de precisión aseguran que la detonación ocurra solo bajo comando autorizado.

4. **Blindaje y protección:** Capas de materiales duraderos proporcionan un transporte y almacenamiento seguro.

Poder Destructivo de las Ojivas Nucleares:

El poder destructivo de una ojiva nuclear se mide en kilotones (kt) o megatones (Mt) de equivalente TNT. A modo de referencia:

- **Bomba de Hiroshima (Little Boy):** 15 kt – Destruyó una ciudad completa y causó aproximadamente 140,000 muertes directas.

- **Bomba de Nagasaki (Fat Man):** 21 kt – Causó una masiva destrucción de la ciudad y 80,000 muertes.

- **Tsar Bomba (la más grande jamás probada, Rusia, 1961):** 50 Mt – Una explosión mil veces más poderosa que la de Hiroshima.

Las bombas modernas pueden tener un rendimiento ajustable, lo que permite variar el poder explosivo según las necesidades tácticas.

Países con el Mayor Número de Ojivas Nucleares:

Los arsenales nucleares varían significativamente entre las potencias globales. Los países con las mayores reservas de Ojivas activas y almacenadas incluyen:

- **Rusia** – Alrededor de 6,000 Ojivas.

- **Estados Unidos** – Aproximadamente 5,500 Ojivas.

- **China** – Alrededor de 500 Ojivas, en rápida expansión.

- **Francia** – Aproximadamente 290 Ojivas.

- **Reino Unido** – Aproximadamente 225 Ojivas.

- **Pakistán** – Alrededor de 165 Ojivas.

- **India** – Estimado entre 160 a 170 Ojivas.

- **Israel** – Aunque no confirmado oficialmente, se cree que posee entre 80 y 100 Ojivas.

- **Corea del Norte** – Estimado entre 40 a 50 Ojivas.

Estas cifras representan tanto Ojivas activas como almacenadas, pero cada país tiene su propia doctrina de uso, lo que influye en sus estrategias militares y políticas de defensa.

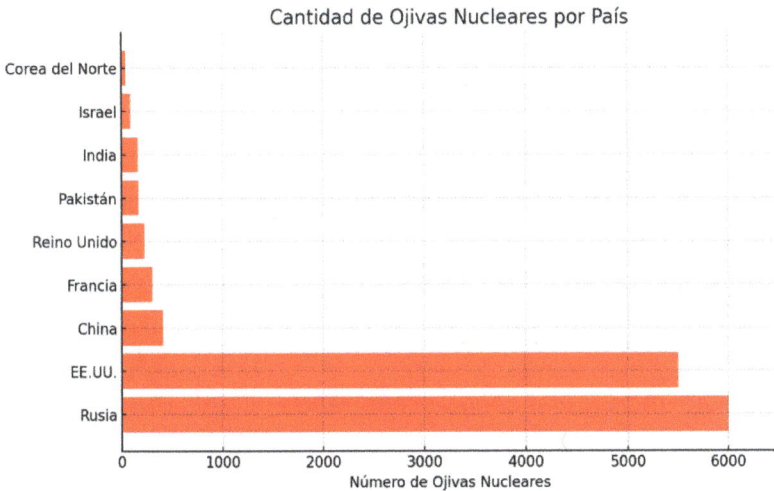

Cantidad de Ojivas Nucleares por País

Fuente: Elaboración propia basada en los datos de la Tabla Resumen al final del capítulo.

Consecuencias Humanitarias y Ambientales

El impacto de una explosión nuclear va mucho más allá de la explosión inicial:

- **Onda de choque:** La presión extrema destruye edificios e infraestructuras a varios kilómetros de distancia.

- **Calor intenso:** Puede incinerar ciudades enteras y desencadenar incendios masivos.

- **Radiación inicial y caída radiactiva:** La radiación puede causar muertes inmediatas y enfermedades a largo plazo, así como contaminar el medio ambiente durante décadas.

Así, las Ojivas nucleares representan un riesgo existencial para la humanidad, razón por la cual acuerdos internacionales como el Tratado de No Proliferación Nuclear (TNP) y el Tratado sobre la Prohibición de las Armas Nucleares (TPNW) tienen como objetivo limitar su uso y desarrollo.

Para ilustrar la sección sobre misiles que transportan Ojivas nucleares, he seleccionado algunas imágenes representativas de diferentes sistemas de lanzamiento utilizados por diversas naciones.

RS-24 Yars, misil balístico intercontinental (ICBM), Rusia: Este misil es capaz de llevar múltiples Ojivas nucleares y tiene un alcance de hasta 12,000 km.

Misil balístico lanzado desde submarino Trident II (SLBM), EE. UU.:
Utilizado por la Armada de los Estados Unidos, el Trident II es un misil
capaz de portar ojivas nucleares, lanzado desde submarinos.

Misil balístico Hwasong-15, Corea del Norte: Este misil intercontinental fue
probado por Corea del Norte y es capaz de portar Ojivas nucleares.

Estas imágenes ilustran la variedad y sofisticación de los sistemas de misiles desarrollados por diferentes países para portar Ojivas nucleares, destacando la importancia de comprender las capacidades y los riesgos asociados con estas armas.

Conclusión del Capítulo Actual

La distinción entre los usos pacíficos y militares de la energía nuclear es una de las cuestiones más cruciales en la geopolítica moderna. Mientras que la energía nuclear pacífica ha servido como un pilar vital para el desarrollo de muchas naciones—asegurando el suministro estable de electricidad, avances en medicina y nuevas aplicaciones tecnológicas—su uso militar representa uno de los mayores riesgos existenciales para la humanidad.

Los países responsables comprometidos con el bienestar global utilizan la tecnología nuclear para fines pacíficos, cumpliendo con tratados internacionales como el **Tratado de No Proliferación Nuclear (TNP)** y manteniendo una inversión equilibrada entre programas civiles y militares. Estas naciones reconocen que, cuando se usa adecuadamente, la energía nuclear puede traer enormes beneficios a sus poblaciones, contribuyendo a la seguridad energética, la modernización industrial y la investigación científica.

Por otro lado, algunos países utilizan el desarrollo nuclear como una herramienta de poder e intimidación, desviando recursos a la construcción de arsenales a expensas de las inversiones en infraestructura, educación y atención sanitaria. Estos países a menudo operan bajo agendas secretas, ocultando su progreso nuclear y desafiando a los organismos internacionales de supervisión como el **Organismo Internacional de Energía Atómica (OIEA)**.

La relación entre las inversiones en programas nucleares civiles y militares es un indicador claro del compromiso de un país con el progreso y la estabilidad global. Las potencias nucleares más influyentes del mundo—como **Estados Unidos, Rusia, China, Francia y el Reino Unido**—asignan recursos significativos tanto a los sectores civiles como militares, manteniendo un equilibrio entre seguridad y desarrollo. En contraste, los países considerados parias en el ámbito internacional—como **Corea del Norte y otros regímenes autoritarios**—priorizan la militarización nuclear a expensas del crecimiento económico y el bienestar de sus poblaciones.

Otro punto crucial es que los países que invierten fuertemente en energía nuclear pacífica generalmente mantienen altos estándares de transparencia y regulación, colaborando activamente con organismos internacionales para asegurar que sus actividades sean seguras y bien supervisadas. En cambio, los regímenes que buscan desarrollar armas nucleares clandestinamente recurren a la falta de transparencia, al ocultamiento de instalaciones y a la violación de acuerdos internacionales.

Por lo tanto, está claro que la energía nuclear, en sí misma, no representa una amenaza para la humanidad. El verdadero peligro radica en cómo se usa esta tecnología y las intenciones de los gobiernos que la controlan. El futuro de la seguridad global depende de mantener un equilibrio saludable entre el uso pacífico de la energía nuclear y la contención de la proliferación de armas nucleares. La comunidad internacional debe seguir fortaleciendo los mecanismos de supervisión, promover el desarme progresivo y fomentar el desarrollo responsable de la energía nuclear para el beneficio de toda la humanidad.

Tabla 13: Fuentes Consultadas en el Capítulo 3

Fuente	Descripción
Organismo Internacional de Energía Atómica (OIEA)	Informes sobre aplicaciones médicas e industriales de la energía nuclear.
World Nuclear Association	Información sobre reactores de investigación y aplicaciones nucleares no energéticas.
Instituto Nacional de Cáncer (Brasil)	Aplicaciones de la medicina nuclear en el diagnóstico y tratamiento del cáncer.
Organización Mundial de la Salud (OMS)	Datos sobre radioterapia e imagenología diagnóstica.
NASA	Aplicaciones de la energía nuclear en sondas y misiones espaciales.
Organismo Internacional de Energía Atómica (OIEA)	Publicaciones sobre técnicas nucleares en agricultura y conservación de alimentos.
EURATOM	Iniciativas de investigación europeas sobre aplicaciones nucleares pacíficas.
Publicaciones Científicas	Lancet, Journal of Nuclear Medicine, Physics Today – Estudios sobre el uso civil de la energía nuclear.
CNEN – Comisión Nacional de Energía Nuclear (Brasil)	Datos sobre medicina nuclear y radioisótopos.
Libros de divulgación científica y técnica	Sobre los usos pacíficos de la energía nuclear.

Siguiente Capítulo: Aplicaciones Pacíficas de la Energía Nuclear – Electricidad, Medicina y Exploración Espacial

Después de haber analizado el sector militar, volvemos ahora a las aplicaciones pacíficas de la energía nuclear. En el próximo capítulo, exploraremos en profundidad cómo la tecnología nuclear se aplica a la vida cotidiana y cómo puede apoyar el desarrollo económico y el bienestar humano de manera significativa y sostenible.

Capítulo 4 – Aplicaciones Pacíficas de la Energía Nuclear: Electricidad, Medicina y Exploración Espacial

La energía nuclear ha jugado un papel esencial en el desarrollo de la sociedad moderna, ofreciendo soluciones innovadoras a los desafíos energéticos, médicos y tecnológicos. A pesar de su asociación con las armas nucleares, la aplicación pacífica de la tecnología nuclear ha proporcionado beneficios significativos a millones de personas en todo el mundo.

En este capítulo, exploraremos las principales áreas donde se aplica la energía nuclear con fines pacíficos: generación de electricidad, medicina nuclear, exploración espacial y otros usos industriales y científicos. Estas aplicaciones demuestran que la energía nuclear puede ser una herramienta poderosa para el progreso humano cuando se utiliza de manera responsable y bajo una regulación adecuada.

Energía Nuclear para la Generación de Electricidad

La generación de electricidad mediante energía nuclear es una de sus aplicaciones más conocidas y extendidas. Hoy en día, decenas de países operan plantas nucleares para producir electricidad confiable y de bajas emisiones de carbono.

La demanda global de electricidad ha crecido exponencialmente debido al aumento de la población, el desarrollo económico y la digitalización de las sociedades modernas. En este contexto, la energía nuclear ha jugado un papel crucial en la matriz energética de muchas naciones, asegurando un suministro estable de electricidad con emisiones mínimas de carbono.

La energía nuclear se ha convertido en una de las principales fuentes de electricidad del mundo, ofreciendo una alternativa estable y de bajas emisiones para satisfacer la creciente demanda energética global. Basadas en el principio de la fisión nuclear, las plantas nucleares generan calor para producir electricidad con alta eficiencia y fiabilidad.

Cómo Funcionan las Plantas Nucleares:

Las plantas nucleares operan basándose en la fisión controlada de átomos pesados, principalmente **uranio-235** y, en menor medida, **plutonio-239**. Este proceso ocurre dentro del reactor nuclear, donde los núcleos atómicos se dividen y liberan una gran cantidad de energía en forma de calor. Este calor se utiliza para generar vapor, que impulsa turbinas conectadas a generadores eléctricos.

El funcionamiento de una planta nuclear se puede resumir en los siguientes pasos:

1. **Fisión nuclear en el núcleo del reactor:** Los neutrones bombardean átomos de uranio-235, haciendo que se dividan y liberen más neutrones, manteniendo una reacción en cadena controlada.

2. **Transferencia de calor:** El calor generado por la fisión calienta un fluido refrigerante (generalmente agua a alta presión), evitando el sobrecalentamiento del reactor.

3. **Generación de vapor:** El fluido refrigerante transfiere el calor a un circuito secundario, donde el agua se convierte en vapor.

4. **Movimiento de la turbina:** El vapor presurizado hace girar las turbinas conectadas a generadores eléctricos.

5. **Condensación y recirculación:** El vapor se enfría y se convierte nuevamente en agua, que se recircula en el sistema.

Los tipos más comunes de reactores utilizados para la generación de electricidad incluyen:

- **Reactor de Agua a Presión (PWR):** El más utilizado a nivel mundial, operando con agua a presión para enfriar el núcleo y transferir el calor.

- **Reactor de Agua en Ebullición (BWR):** Utiliza agua que hierve directamente en el núcleo para producir vapor e impulsar turbinas.

- **Reactor de Gas a Alta Temperatura (HTGR):** Utiliza gas helio como refrigerante, operando a temperaturas más altas con mayor eficiencia.

- **Reactor de Sal Fundida (MSR):** Una tecnología emergente que utiliza sales líquidas para mejorar la seguridad y la eficiencia.

Las plantas nucleares se destacan por su alta densidad energética, lo que significa que una pequeña cantidad de combustible nuclear genera grandes cantidades de electricidad, permitiendo una operación continua durante meses o incluso años sin necesidad de recarga. Esto se traduce en costos operativos muy bajos (OPEX), lo que les permite producir electricidad a precios competitivos.

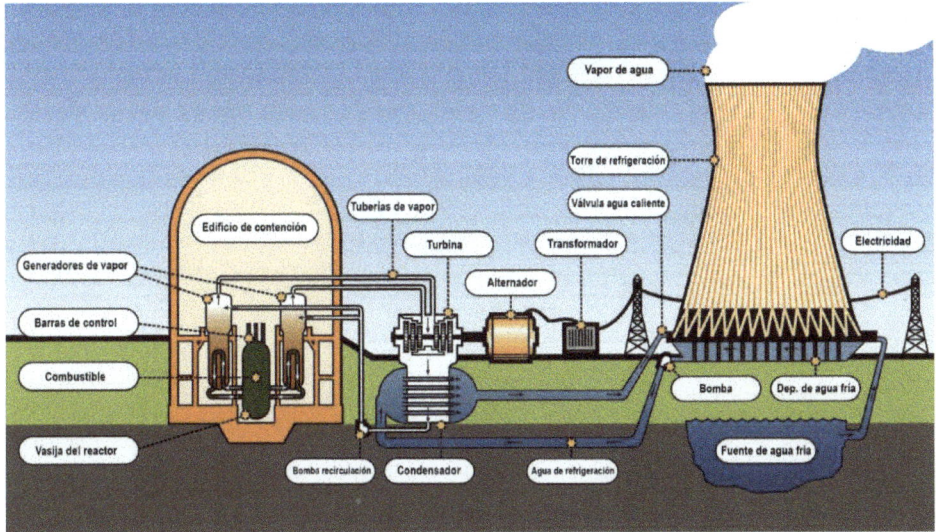

Diagrama detallado de un reactor nuclear en funcionamiento, mostrando los componentes principales y el flujo de calor y vapor en el proceso de generación de electricidad.

Ilustración de una central nuclear en funcionamiento.

Comparación con Otras Fuentes de Energía

La energía nuclear tiene tanto ventajas como desventajas en comparación con otras formas de generación de electricidad.

Tabla 14: Comparación de Fuentes de Energía

Fuente de Energía	Emisiones de CO_2	Confiabilidad	Densidad Energética	Costo a Largo Plazo
Nuclear	Bajísima	Muy Alta	Muy Alta	Medio
Carbón	Altísima	Alta	Media	Bajo
Gas Natural	Media	Alta	Media	Medio
Hidráulica	Bajísima	Media	Alta	Alto
Eólica	Ninguna	Baja	Baja	Medio
Solar	Ninguna	Baja	Baja	Alto

133

Beneficios, Desafíos y Ejemplos Globales de la Energía Nuclear en la Generación de Electricidad:

La energía nuclear destaca por su fiabilidad (no depende de las variaciones climáticas), bajas emisiones de gases de efecto invernadero, alta densidad energética y muy bajos costos operativos. Sin embargo, requiere altas inversiones iniciales, un estricto control regulatorio y una gestión cuidadosa de los residuos nucleares.

Las fuentes renovables como la solar y la eólica ofrecen ventajas en sostenibilidad, pero enfrentan problemas con la intermitencia (dependen del sol y el viento) y requieren soluciones de almacenamiento.

Los combustibles fósiles (carbón y gas natural) siguen siendo ampliamente utilizados debido a sus bajos costos iniciales, pero tienen graves impactos ambientales, incluidos las emisiones de CO_2 y la contaminación del aire.

Beneficios Ambientales y Desafíos de la Energía Nuclear

Beneficios:

- **Impacto ambiental directo muy bajo:** No hay emisiones de CO_2 durante la generación de electricidad.

- **Alta fiabilidad:** Las plantas operan 24/7, garantizando un suministro estable.

- **Bajos costos operativos:** Debido a la pequeña cantidad de "combustible nuclear" necesario, los principales gastos están relacionados con el personal altamente especializado: ingenieros, operadores y personal de seguridad y calidad.

- **Bajo uso de tierra:** Requiere menos espacio que los parques solares y eólicos para una producción equivalente de energía.

- **Menor impacto en la biodiversidad:** A diferencia de las plantas hidroeléctricas, no altera los ecosistemas acuáticos.

Desafíos:

- **Gestión de residuos radiactivos:** Los residuos deben ser almacenados de forma segura durante largos períodos.

- **Altos costos iniciales:** La construcción de nuevas plantas es costosa y lleva mucho tiempo debido a los requisitos regulatorios. Una porción sustancial de estos costos está relacionada con la educación y formación del personal técnico, una inversión que fortalece el capital humano nacional.

- **Riesgo de accidentes:** Aunque son extremadamente raros, incidentes como Chernobyl y Fukushima han afectado la percepción pública.

- **Problemas políticos y sociales:** El miedo popular y la falta de consenso dificultan una mayor aceptación en algunos países.

A pesar de estos desafíos, nuevas tecnologías como los Reactores Modulares Pequeños (SMRs) y los sistemas de seguridad pasiva están haciendo que la energía nuclear sea más viable y segura para el futuro.

Ejemplos de Países con Alta Dependencia de la Energía Nuclear

Varios países dependen de la energía nuclear como su principal fuente de electricidad. El ejemplo más destacado es Francia, donde aproximadamente el 70% de la electricidad proviene de reactores nucleares.

Francia

- Opera 56 reactores nucleares.

- Produce electricidad a un costo relativamente bajo.

- Exporta energía a los países vecinos.

Otros países con alta dependencia nuclear incluyen:

- **Eslovaquia** → 53% de electricidad proveniente de reactores nucleares.

- **Ucrania** → 51% de electricidad generada nuclearmente.

- **Hungría** → 49% de electricidad proveniente de la energía nuclear.

- **Bélgica** → 47% de electricidad proveniente de energía nuclear.

En Estados Unidos, Japón y Rusia, la energía nuclear representa entre el 20% y el 30% de la mezcla energética, mientras que países como Alemania e Italia han estado reduciendo su uso por razones políticas.

Tabla 15: Tabla de Países con Reactores Nucleares

País	Número de Reactores	Capacidad Instalada (MW)
Estados Unidos	93	95523
Francia	56	61370
China	54	52200
Rusia	37	27727
Japón	33	31679
Corea del Sur	25	24429
Canadá	19	13624
Ucrania	15	13107
Reino Unido	9	5923
Suecia	6	6927
India	22	6885
Alemania	6	8113
Bélgica	7	5942
España	7	7121
República Checa	6	3932
Finlandia	5	4400
Suiza	4	2960
Hungría	4	1902
Eslovaquia	4	1814
Bulgaria	2	1926
Brasil	2	1884
Sudáfrica	2	1860

México	2	1552
Rumanía	2	1300
Argentina	3	1641
Irán	1	1020
Armenia	1	375
Países Bajos	1	482
Pakistán	6	2332
Emiratos Árabes Unidos	4	5600

Fuente: Elaboración propia basada en los datos de la Tabla Resumen al final del capítulo.

Nota: Los datos anteriores han sido recopilados de diversas fuentes, incluyendo la Agencia Internacional de Energía Atómica y la World Nuclear Association. Las cifras pueden variar con las actualizaciones y la puesta en marcha de nuevos reactores.

La energía nuclear es una tecnología esencial para un suministro energético estable, sostenible y rentable, especialmente en un mundo que busca reducir las emisiones de carbono. A pesar de los desafíos técnicos y sociales, los avances tecnológicos y la creciente necesidad de fuentes de energía limpia siguen impulsando su creciente importancia global.

Sus bajas emisiones de carbono juegan un papel decisivo en la mitigación del cambio climático. La capacidad operativa 24/7 de las plantas nucleares asegura la estabilidad y una capacidad inigualable para gestionar las redes eléctricas de manera eficiente.

Otro aspecto clave es la independencia energética: los países con reactores nucleares reducen significativamente su exposición a los choques en el suministro de combustibles fósiles. Finalmente, las plantas nucleares ofrecen eficiencia y longevidad a largo plazo—operando entre 40 y 60 años—lo que asegura la viabilidad de las inversiones a largo plazo.

Tabla 16: Tipos de Reactores Nucleares para Generación de Energía

Tipo de Reactor	Combustible Utilizado	Características Principales
PWR (Reactor de Agua a Presión)	Uranio enriquecido	El más común en el mundo; agua a alta presión.
BWR (Reactor de Agua en Ebullición)	Uranio enriquecido	El agua hierve directamente en el núcleo del reactor.
MSR (Reactor de Sal Fundida)	Torio o combustible disuelto en sal	Alta eficiencia y seguridad; tecnología emergente.

Fuente: Elaboración propia basada en los datos de la Tabla Resumen al final del capítulo.

Medicina Nuclear y Radioterapia

La medicina nuclear es una de las aplicaciones más revolucionarias de la energía nuclear, permitiendo diagnósticos precisos y tratamientos efectivos para una amplia gama de enfermedades, incluido el cáncer. Se basa en el uso de radioisótopos—elementos que emiten radiación y pueden ser utilizados con fines terapéuticos o diagnósticos.

La capacidad de visualizar órganos internos en tiempo real y tratar tumores con alta precisión ha hecho que la medicina nuclear sea esencial en la práctica médica moderna. Los avances en este campo han llevado no solo a una mejor comprensión de las enfermedades, sino también a terapias más efectivas y menos invasivas.

Uso de Radioisótopos para Diagnóstico y Tratamiento:

Los radioisótopos son átomos inestables que emiten radiación mientras se descomponen en formas más estables. Esta radiación puede ser utilizada para detectar anomalías en el cuerpo o destruir con precisión células enfermas.

Tabla 17: Radioisótopos Médicos

Radioisótopo	Aplicación	Vida media
Tecnecio-99m (^{99m}Tc)	Diagnóstico por imagen (corazón, huesos, riñones)	6 horas
Yodo-131 (^{131}I)	Tratamiento del cáncer de tiroides e hipertiroidismo	8 días
Flúor-18 (^{18}F)	PET scan para oncología y neurología	110 minutos
Cobalto-60 (^{60}Co)	Radioterapia contra el cáncer	5,3 años
Galio-67 (^{67}Ga)	Diagnóstico de infecciones	79 horas
Talio-201 (^{201}Tl)	Estudios cardíacos	73 horas

Fuente: Elaboración propia basada en los datos de la Tabla Resumen al final del capítulo.

Cada uno de estos radioisótopos tiene características específicas que los hacen adecuados para diferentes tipos de exploraciones o tratamientos.

La columna **'Vida Media'** representa el tiempo que tarda la **mitad de los átomos de un radioisótopo en descomponerse** en un elemento más estable, emitiendo radiación en el proceso.

Radionúclido	Uso Médico	Tipo de Radiación
Tecnecio-99m	Imagen diagnóstica (cámara gamma)	Gamma
Yodo-131	Tratamiento del cáncer de tiroides	Beta y gamma
Flúor-18	PET scan – imagen funcional	Positrón
Cobalto-60	Radioterapia para tumores	Gamma

Fuente: Elaboración propia basada en los datos de la Tabla Resumen al final del capítulo.

¿Por qué es importante la vida media en la medicina nuclear?

- **Determina la duración del efecto del radioisótopo:**

  - Los radioisótopos con una vida media corta (como el flúor-18, utilizado en las exploraciones PET) desaparecen rápidamente del cuerpo, reduciendo la exposición a la radiación.

  - Los radioisótopos con una vida media larga (como el cobalto-60, utilizado en radioterapia) pueden ser almacenados y utilizados durante años.

- **Ayuda a ajustar la dosis para diagnósticos y tratamientos:**

  - Si un radioisótopo se descompone demasiado rápido, es posible que se necesiten dosis más altas.

- o Si la vida media es demasiado larga, el material puede permanecer en el cuerpo más tiempo del necesario.

- **Impacta el almacenamiento y la eliminación de desechos:**

  - o Los radioisótopos con vidas medias muy largas requieren almacenamiento seguro durante décadas o incluso siglos, dependiendo de la aplicación.

Ejemplos:

- **Tecnecio-99m (^{99m}Tc)**, con una vida media de solo **6 horas**, es ideal para imágenes médicas porque se elimina rápidamente del cuerpo.

- **Yodo-131 (^{131}I)**, con una vida media de **8 días**, se usa en el tratamiento de tiroides porque permanece activo el tiempo suficiente para destruir células enfermas.

- **Cobalto-60 (^{60}Co)**, con una vida media de **5,3 años**, es excelente para radioterapia porque se puede almacenar durante largos períodos sin perder efectividad.

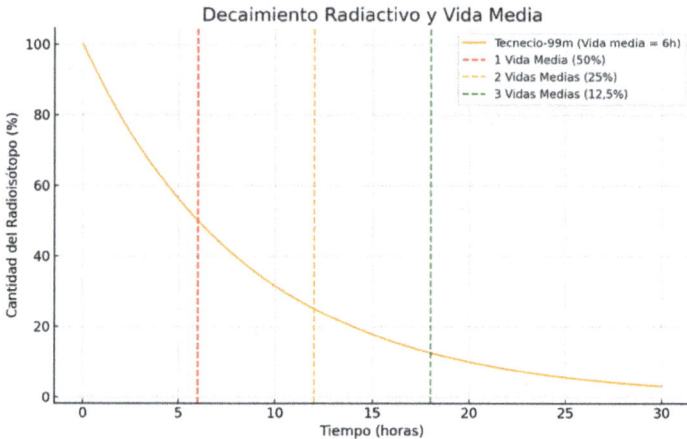

Gráfico 27: Ciclo de Vida Radiactivo y Vida Media

Decaimiento Radiactivo y Vida Media

Leyenda:
- Tecnecio-99m (Vida media = 6h)
- 1 Vida Media (50%)
- 2 Vidas Medias (25%)
- 3 Vidas Medias (12,5%)

Eje Y: Cantidad del Radioisótopo (%)
Eje X: Tiempo (horas)

Fuente: Elaboración propia utilizando datos de la tabla resumen al final de este capítulo.

*Gráfico explicativo sobre la **vida media**, ilustrando cómo la cantidad de un radioisótopo (por ejemplo, **Tecnecio-99m**) disminuye con el tiempo:*

- Después de **1 vida media (6 horas)** → **50%** del material permanece.
- Después de **2 vidas medias (12 horas)** → **25%** permanece.
- Después de **3 vidas medias (18 horas)** → **12.5%** permanece.
- Y así sucesivamente, siguiendo una curva de **descomposición exponencial.**

Este concepto es esencial en la medicina nuclear, ya que determina el momento ideal para las exploraciones y los tratamientos.

143

Exploraciones PET, Radioterapia contra el Cáncer y Esterilización de Equipos Médicos

La medicina nuclear tiene tres áreas principales de aplicación:

1. Imágenes Diagnósticas: Exploraciones PET y Gammagrafía

Las imágenes nucleares permiten la visualización en tiempo real de la función de los órganos, algo imposible con las radiografías convencionales.

- **Exploración PET (Tomografía por Emisión de Positrones)**

    o Utiliza **Flúor-18** vinculado a una molécula de glucosa **(FDG)**. Dado que las células cancerosas consumen más glucosa, el trazador se acumula en esas áreas, lo que permite detectar tumores de forma temprana.

    o También se usa para evaluar enfermedades neurológicas como el Alzheimer y la epilepsia.

- **Gammagrafía**

    o Utiliza **Tecnecio-99m** y otros isótopos para examinar órganos como el corazón, los huesos, los riñones y los pulmones.

    o Ayuda a evaluar el flujo sanguíneo, la función renal y detectar fracturas óseas ocultas.

Estos métodos son menos invasivos que las biopsias y permiten diagnósticos tempranos, lo que aumenta las tasas de éxito de los tratamientos.

2. Radioterapia contra el Cáncer

La radioterapia es una de las formas más efectivas de tratar el cáncer, utilizando radiación para destruir las células tumorales.

Principales modalidades de radioterapia:

- **Radioterapia Externa**
  - Equipos como aceleradores lineales dirigen haces de radiación hacia el tumor.
  - **El Cobalto-60** y los aceleradores de partículas son ampliamente utilizados.

- **Braquiterapia**
  - Se insertan radioisótopos dentro o cerca del tumor, liberando radiación directamente en las células cancerosas.
  - Se utiliza para cáncer de próstata, útero y mama.

- **Terapia con Radionúclidos**
  - **Yodo-131** para el cáncer de tiroides.
  - **Lutecio-177** para tumores neuroendocrinos.

La gran ventaja de la radioterapia es su alta precisión, minimizando el daño a los tejidos sanos alrededor del tumor.

3. Esterilización de Equipos Médicos y Transfusiones de Sangre

La radiación también se usa para esterilizar materiales médicos y garantizar la seguridad de los suministros hospitalarios.

- **El Cobalto-60** se usa para esterilizar jeringas, guantes, catéteres y prótesis, eliminando virus y bacterias.

- La irradiación de sangre previene la enfermedad injerto contra huésped, común en pacientes inmunosuprimidos después de transfusiones.

Esta técnica permite la esterilización sin calor ni productos químicos, preservando la integridad de los materiales.

Seguridad y Regulación en el Campo Médico

El uso de radioisótopos en medicina requiere protocolos estrictos de seguridad para proteger tanto a los pacientes como a los profesionales de la salud.

Regulación Internacional

La seguridad en la medicina nuclear está gobernada por organizaciones como:

- **Agencia Internacional de Energía Atómica (IAEA)** – Establece normas de seguridad globales.

- **Comisión Internacional de Protección Radiológica (ICRP)** – Establece límites de dosis para profesionales y pacientes.

- **Autoridades nacionales** como la FDA (EE. UU.), CNEN (Brasil) y ASN (Francia) regulan el uso clínico de los radioisótopos.

Protección de Pacientes y Profesionales

- **Monitoreo de dosis:** Los pacientes reciben la dosis más baja posible para minimizar el riesgo.

- **Protección del trabajador:** Equipos como dosímetros y blindaje reducen la exposición.

- **Almacenamiento seguro:** Los radioisótopos se manejan en salas blindadas con protocolos rigurosos.

La radiación utilizada en medicina nuclear es segura cuando se aplica correctamente, y sus beneficios superan los riesgos cuando se comparan con los exámenes y tratamientos convencionales.

Gráfico 28: Relación entre la Esperanza de Vida y la Medicina Nuclear

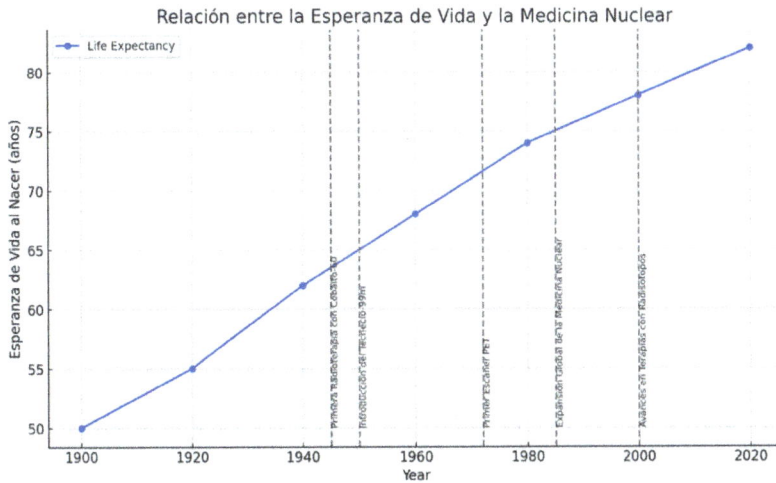

Fuente: Elaboración propia basada en los datos de la Tabla Resumen al final del capítulo.

Gráfico mostrando la relación entre el aumento de la esperanza de vida en los países desarrollados y los avances de la medicina nuclear.

¿Qué muestra?

- La línea azul representa el aumento de la esperanza de vida a lo largo de los siglos XX y XXI.

- Las líneas verticales grises marcan los eventos clave en la medicina nuclear, como el descubrimiento de los rayos X, la introducción del Tecnecio-99m y los avances en las exploraciones PET y la radioterapia.

- El gráfico resalta un aumento constante en la esperanza de vida después de la implementación de tecnologías médicas basadas en la energía nuclear.

148

La importancia de ilustrar la relación entre la esperanza de vida y la medicina nuclear:

Si bien es un desafío establecer una correlación directa debido a la influencia de múltiples factores en la longevidad, podemos presentar datos que contextualizan esta relación.

Tendencias de la Esperanza de Vida en los Países Desarrollados:

La esperanza de vida en los países desarrollados aumentó significativamente a lo largo del siglo XX. Por ejemplo:

- **Década de 1950:** La esperanza de vida al nacer era de aproximadamente 68 años.

- **Década de 1980:** Esto aumentó a unos 74 años.

- **Década de 2020:** La esperanza de vida alcanzó aproximadamente 80 años.

Desarrollo de la Medicina Nuclear:

• La **medicina nuclear** alcanzó hitos importantes que contribuyeron a los avances en el diagnóstico y tratamiento de enfermedades:

- **1895:** Descubrimiento de los rayos X por Wilhelm Röntgen, marcando el inicio de la radiología.

- **Década de 1950:** Desarrollo del generador de Tecnecio-99m, permitiendo la producción de radioisótopos para diagnósticos médicos.

- **Década de 1970:** Avances en la resonancia magnética (RM), con contribuciones de investigadores como Peter Mansfield.

Para ilustrar la relación entre la esperanza de vida y los avances de la medicina nuclear, se creó un gráfico de líneas con los siguientes elementos:

- Eje X: Cronología (años), de 1900 a 2020.

- Eje Y: Esperanza de vida al nacer (en años).

- Línea: Tendencia de la esperanza de vida en los países desarrollados.

- Marcadores históricos: Puntos clave en la línea del tiempo que indican descubrimientos e implementaciones significativas en la medicina nuclear.

Es importante señalar que los aumentos en la esperanza de vida son el resultado de una combinación de factores, como mejoras en la nutrición, la sanidad, las vacunaciones, los tratamientos médicos y los avances tecnológicos. La medicina nuclear ha jugado un papel crucial, especialmente en el diagnóstico temprano y tratamiento efectivo de enfermedades graves, contribuyendo a la reducción de la mortalidad y mejorando la calidad de vida.

Nota metodológica y limitaciones del análisis:

Es importante aclarar que la relación presentada en este capítulo entre el aumento de la esperanza de vida y la medicina nuclear no implica necesariamente una correlación directa de causa-efecto. El crecimiento de la longevidad en los países desarrollados durante los siglos XX y XXI ha sido impulsado por una serie de factores interrelacionados, como la mejora de la nutrición, la vacunación masiva, el desarrollo de antibióticos, avances quirúrgicos, mayor acceso a la salud pública y progreso en la sanidad básica.

No obstante, la medicina nuclear ha jugado un papel innegable en la revolución del diagnóstico y tratamiento de enfermedades graves como el cáncer, trastornos cardiovasculares y neurológicos. Ha permitido una detección temprana, terapias más efectivas y mayor precisión en los procedimientos médicos. Estas tecnologías han contribuido a una mejor calidad de vida y reducción de la mortalidad, haciendo que la medicina nuclear sea una herramienta esencial en la atención médica moderna.

El gráfico debe interpretarse como un **análisis especulativo** basado en eventos históricos y tendencias generales, y no está destinado a establecer una correlación estadística rígida. Su propósito es demostrar cómo las innovaciones médicas, incluida la medicina nuclear, son parte de un conjunto más amplio de avances que han contribuido a la extensión de la longevidad humana.

La medicina nuclear ha transformado la forma en que se diagnostican y tratan las enfermedades. Desde la imagen avanzada hasta las terapias efectivas contra el cáncer, su impacto en la atención médica es profundo. El continuo avance de las tecnologías médicas nucleares promete diagnósticos más rápidos, tratamientos más efectivos y mayor seguridad tanto para los pacientes como para los profesionales.

Exploración Espacial y Energía Nuclear

La exploración espacial siempre ha estado vinculada a la búsqueda de fuentes de energía confiables y eficientes. En el vacío del espacio, donde no hay oxígeno para la combustión y la luz solar es limitada, la energía nuclear ha surgido como una solución viable para alimentar naves espaciales, sondas e incluso futuras bases lunares y marcianas.

Desde los primeros experimentos en la década de 1960 hasta los proyectos más ambiciosos de hoy en día—como los de la NASA y SpaceX—los reactores nucleares y los Generadores Termoeléctricos de Radioisótopos (RTGs) se han convertido en esenciales para misiones espaciales de larga duración.

Actualmente, con el renovado interés en la exploración interplanetaria—especialmente la colonización de Marte, uno de los principales objetivos de Elon Musk y SpaceX—la energía nuclear vuelve a ser un tema central para habilitar viajes espaciales más rápidos y la creación de infraestructura sostenible más allá de la Tierra.

Reactores Nucleares en el Espacio

A diferencia de la energía solar, que pierde eficiencia cuanto más nos alejamos del Sol, la energía nuclear puede proporcionar energía constante y confiable, lo que la convierte en esencial para misiones de larga duración. Se han desarrollado reactores nucleares espaciales para generar electricidad y calor en entornos extremos.

El Primer Reactor Nuclear en el Espacio: SNAP-10a

El SNAP-10A fue el primer reactor nuclear lanzado al espacio, desplegado por Estados Unidos en 1965.

- Desarrollado por la Comisión de Energía Atómica (AEC) y el Mando de Sistemas de la Fuerza Aérea.

- Generó 500 vatios de electricidad utilizando uranio enriquecido como combustible.

- Operó durante 43 días antes de apagarse debido a una falla eléctrica.

El SNAP-10A demostró que la energía nuclear era viable en el espacio, aunque nunca fue seguido por una nueva generación de reactores operacionales.

SNAP-10A (Reactor Nuclear Espacial)

El SNAP-10A fue el primer reactor nuclear de EE. UU. lanzado al espacio en 1965. Las imágenes y detalles técnicos se pueden encontrar en el artículo de la World Nuclear Association.

El Renacimiento de los Reactores Espaciales: El Proyecto Kilopower

En los últimos años, la NASA y otras agencias han reanudado las inversiones en reactores nucleares espaciales. Uno de los proyectos más prometedores es Kilopower, desarrollado por la NASA en asociación con el Departamento de Energía de EE. UU.

Características clave de Kilopower:

- Genera entre 1 y 10 kW de electricidad.

- Alimentado por Uranio-235 y utiliza convertidores Stirling para producir energía.

- Puede operar continuamente durante más de 10 años sin mantenimiento.

- Diseñado para su uso en bases lunares y marcianas, proporcionando electricidad para hábitats y equipos científicos.

La NASA probó con éxito un prototipo de Kilopower, llamado KRUSTY, en 2018. El objetivo es utilizar este tipo de tecnología para permitir que los astronautas vivan y trabajen en Marte, donde la energía solar puede ser insuficiente durante las tormentas de polvo.

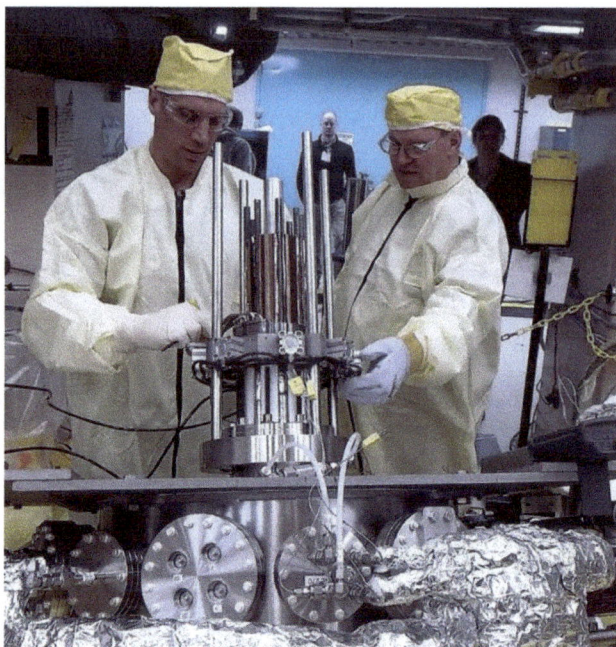

Kilopower (Proyecto de Reactor Nuclear de la NASA)

Kilopower es un proyecto reciente de la NASA diseñado para proporcionar energía para misiones espaciales de larga duración.

Tabla 19: Fuentes de Energía Nuclear para la Exploración Espacial

Tecnología	Aplicaciones Espaciales	Misión de Ejemplo
RTG (Generador Termoeléctrico de Radioisótopos)	Energía continua para sondas y rovers	Voyager, Cassini, Curiosity
SNAP-10A	Reactor espacial experimental (1965)	Prueba en satélite de EE. UU.

| Kilopower (KRUSTY) | Reactor compacto para bases lunares/marcianas | Prototipo probado con éxito en 2018 |

Fuente: Elaboración propia basada en los datos de la Tabla Resumen al final del capítulo.

Conexión con SpaceX y Marte:

Elon Musk enfatiza frecuentemente la importancia de una fuente de energía confiable para la colonización de Marte. Aunque SpaceX se centra en el desarrollo de cohetes, la empresa ha colaborado con la NASA en estudios relacionados con la infraestructura para bases marcianas, donde Kilopower podría desempeñar un papel clave en el suministro de energía.

Uso de RTGs (Generadores Termoeléctricos de Radioisótopos) en Sondas y Rovers:

Además de los reactores nucleares, otro gran avance en la energía espacial ha sido el desarrollo de los Generadores Termoeléctricos de Radioisótopos (RTGs).

¿Cómo funcionan los RTGs?

Los RTGs utilizan la descomposición radiactiva del Plutonio-238 para generar calor, que luego se convierte en electricidad a través de un proceso termoeléctrico.

Ventajas:

- Extremadamente confiables, capaces de operar durante décadas sin mantenimiento.

- Resistentes a condiciones extremas, como el frío intenso y la radiación cósmica.

- Esenciales para misiones en regiones donde la energía solar no es viable (por ejemplo, Júpiter y más allá).

Misiones famosas que utilizaron RTGs:

Tabla 20: Misiones Espaciales Alimentadas por Energía Nuclear

Misión	Año de Lanzamiento	Destino	Tiempo Operativo
Voyager 1 y 2	1977	Espacio Interestelar	Aún en operación
Cassini-Huygens	1997	Saturno	20 años
Curiosity Rover	2011	Marte	Aún en operación
Perseverance Rover	2020	Marte	Aún en operación

Fuente: Elaboración propia basada en los datos de la Tabla Resumen al final del capítulo.

Los RTGs permitieron que sondas como Voyager 1 y 2, lanzadas en la década de 1970, continúen transmitiendo datos desde el espacio interestelar más de 45 años después.

Curiosity Rover (Exploración de Marte)

El rover Curiosity ha estado explorando Marte desde 2012. Las imágenes y actualizaciones de la misión se pueden encontrar en el sitio web oficial de la NASA.

Conexión con SpaceX y Futuras Misiones a Marte:

Los rovers Perseverance y Curiosity, que actualmente exploran Marte, dependen de RTGs para su energía. Si Elon Musk y SpaceX logran establecer una colonia humana en Marte, los RTGs y los reactores nucleares serán esenciales para proporcionar energía a los primeros asentamientos humanos.

Aplicaciones Futuras: Propulsión Nuclear para Viajes Interplanetarios

La futura exploración espacial exige soluciones de viaje más rápidas y eficientes. La propulsión nuclear emerge como una de las alternativas más prometedoras.

Tipos de Propulsión Nuclear para el Espacio:

- **Propulsión Nuclear Térmica (NTP)**

    - Utiliza un reactor nuclear para calentar hidrógeno líquido, que luego se expulsa para generar empuje.

    - Puede reducir a la mitad el tiempo de viaje a Marte en comparación con los cohetes químicos tradicionales.

    - NASA probó conceptos como NERVA en la década de 1960 y ha reanudado la investigación a través del proyecto DRACO en colaboración con DARPA.

- **Propulsión Nuclear Eléctrica (NEP)**

    - Utiliza un reactor para generar electricidad que alimenta los motores iónicos.

    - Más eficiente en términos de combustible, ideal para misiones de larga duración.

    - Probada con éxito en misiones como la sonda Deep Space 1.

SpaceX y los Planes para Marte:

Mientras que SpaceX actualmente utiliza cohetes químicos como el Starship, la propulsión nuclear podría ser una tecnología clave para reducir el tiempo de viaje y hacer que las misiones interplanetarias sean más seguras. La empresa ha expresado interés en colaborar con la NASA en futuras investigaciones sobre esta tecnología.

La energía nuclear en el espacio ha sido vital para explorar planetas distantes, alimentar sondas y rovers, y ahora podría convertirse en una piedra angular de la colonización humana en Marte.

Con la creciente ambición de empresas como SpaceX y Blue Origin—junto con la NASA y otras agencias espaciales—la energía nuclear vuelve a estar en el centro de las discusiones sobre viajes interplanetarios y colonización espacial.

La pregunta ya no es 'si', sino 'cuándo' veremos reactores nucleares operando en Marte y cohetes propulsados por energía nuclear llevando a los humanos más allá de nuestro Sistema solar.

Otras Aplicaciones Industriales y Científicas

Mientras que la energía nuclear es ampliamente reconocida por su papel en la generación de electricidad y la medicina, su impacto se extiende a muchas otras áreas. La agricultura, la industria, la arqueología y la geología son campos donde la aplicación de técnicas nucleares ha llevado a avances significativos, mejorando la productividad, la seguridad y nuestra comprensión del pasado de la Tierra.

Gracias al uso de radioisótopos y técnicas nucleares, procesos que antes eran imposibles o altamente imprecisos se han vuelto eficientes y confiables, impulsando el desarrollo tecnológico y la sostenibilidad en múltiples sectores.

Aplicaciones Nucleares en la Agricultura

La energía nuclear juega un papel crucial en la seguridad alimentaria, aumentando la productividad agrícola y reduciendo las pérdidas postcosecha. Las principales aplicaciones incluyen la irradiación de alimentos y la mutación inducida para la mejora genética.

Irradiación de Alimentos:

La irradiación de alimentos es una técnica que utiliza radiación ionizante para eliminar bacterias, hongos y parásitos, extendiendo la vida útil sin comprometer el valor nutricional.

¿Cómo funciona?

Los alimentos se exponen a haces de rayos gamma **(Cobalto-60 o Cesio-137)**, rayos X o haces de electrones. Esta exposición destruye microorganismos dañinos sin hacer que los alimentos sean radiactivos.

Ventajas:

- Elimina microorganismos causantes de enfermedades (por ejemplo, Salmonella, E. coli).

- Aumenta la vida útil de los alimentos sin necesidad de conservantes químicos.

- Reduce el uso de pesticidas, minimizando el impacto ambiental.

Productos comúnmente irradiados:

- Frutas y verduras (para prevenir plagas y retrasar la maduración).

- Carne y mariscos (para eliminar bacterias).

- Granos y especias (para eliminar insectos y hongos).

La Organización Mundial de la Salud (OMS) y la Agencia Internacional de Energía Atómica (IAEA) reconocen la irradiación de alimentos como un proceso seguro y beneficioso para la salud pública.

Mutación Inducida para la Mejora Genética:

Los radioisótopos también se utilizan para inducir mutaciones genéticas beneficiosas en las plantas, acelerando el desarrollo de variedades más productivas y resistentes a plagas.

¿Cómo funciona?

Las semillas o tejidos vegetales se exponen a rayos gamma o neutrones, induciendo mutaciones en el ADN. Las mutaciones beneficiosas se seleccionan y propagan para desarrollar nuevas variedades de cultivos.

Beneficios:

- Desarrollo de plantas resistentes a enfermedades y plagas.

- Reducción en el uso de productos agroquímicos.

- Aumento de la producción agrícola para combatir el hambre global.

Ejemplo de Éxito:

El *"International Rice Research Institute"* (Instituto Internacional de Investigación del Arroz) (IRRI) utilizó esta técnica para desarrollar variedades de arroz resistentes a inundaciones y sequías, contribuyendo a la seguridad alimentaria en Asia.

El Instituto Internacional de Investigación del Arroz (IRRI) es una organización independiente y sin fines de lucro centrada en la investigación agrícola y la formación en el cultivo de arroz. Fundado en 1960 por las Fundaciones Ford y Rockefeller en colaboración con el gobierno de Filipinas, la misión de IRRI es reducir la pobreza y el hambre, mejorar la salud de los agricultores de arroz y consumidores, y promover la sostenibilidad ambiental en la producción de arroz.

Con sede en Los Baños, Filipinas, IRRI opera en 17 países y es reconocido por su papel en la Revolución Verde de las décadas de 1960 y 1970—particularmente a través del desarrollo de variedades de arroz de alto rendimiento como el IR8, que ayudó a prevenir crisis alimentarias en varias regiones asiáticas.

El IRRI ha utilizado técnicas nucleares, como la inducción de mutaciones mediante radiación, para desarrollar nuevas variedades de arroz que son más productivas y resistentes a condiciones adversas. Estas técnicas han permitido la creación de cultivos que contribuyen al aumento de la productividad agrícola y a la seguridad alimentaria.

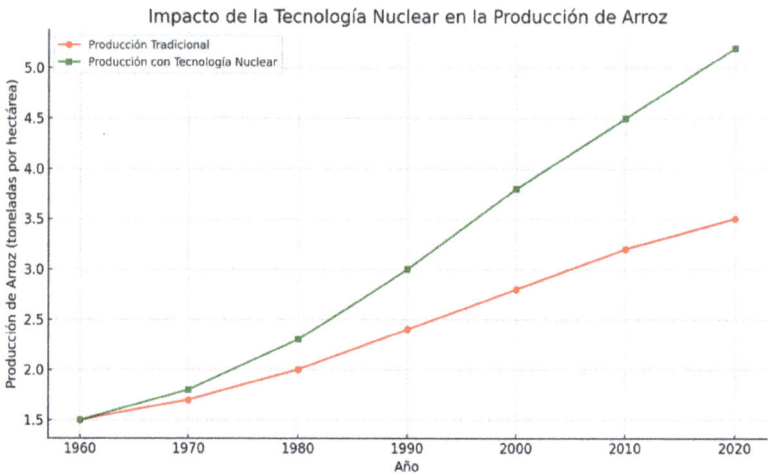

Impacto de la Tecnología Nuclear en la Producción de Arroz

Fuente: Elaboración propia basada en los datos de la Tabla Resumen al final del capítulo.

Gráfico ilustrativo comparando la producción de arroz antes y después de la aplicación de la tecnología nuclear.

¿Qué muestra?

- La línea roja representa la producción tradicional de arroz a lo largo de las décadas.

- La línea verde muestra el impacto de la mejora genética inducida por radiación (tecnología nuclear), lo que llevó a un aumento significativo en la productividad.

A partir de la década de 1970–1980, cuando las variedades de arroz mejoradas comenzaron a cultivarse ampliamente (gracias a proyectos como el IRRI), hubo un gran salto en el rendimiento por hectárea.

Hoy en día, se han desarrollado más de 3,000 variedades de plantas utilizando esta técnica, contribuyendo a la agricultura sostenible en varios países.

Aplicaciones en la Industria

La industria moderna depende en gran medida de la energía nuclear para garantizar la calidad, la seguridad y la eficiencia en diversos procesos. Técnicas como la radiografía industrial, la medición de espesores y el control de calidad utilizan radioisótopos para detectar fallas que son invisibles al ojo humano.

Detección de Defectos en Materiales:

La radiografía industrial es un método no destructivo utilizado para inspeccionar la integridad de estructuras metálicas, soldaduras y componentes mecánicos.

¿Cómo funciona?

- Los rayos gamma (Cobalto-60 o Iridio-192) se dirigen al objeto a inspeccionar.

- Un detector o película radiográfica captura la imagen interna, revelando grietas, bolsas de aire e imperfecciones estructurales.

Aplicaciones:

- **Aeroespacial** → Inspección de turbinas y fuselajes de aeronaves.

- **Petróleo y Gas** → Verificación de la integridad de tuberías y soldaduras.

- **Construcción Civil** → Inspección de estructuras de puentes y edificios.

La ventaja de la radiografía nuclear es su capacidad para detectar fallas estructurales a tiempo, ayudando a prevenir accidentes y garantizar la seguridad de operaciones industriales críticas.

Sistema de Radiografía Industrial Ometto

Ometto proporciona equipos fijos de radiografía industrial utilizados para la inspección de soldaduras, piezas fundidas y estructuras metálicas, garantizando la calidad e integridad de los materiales.

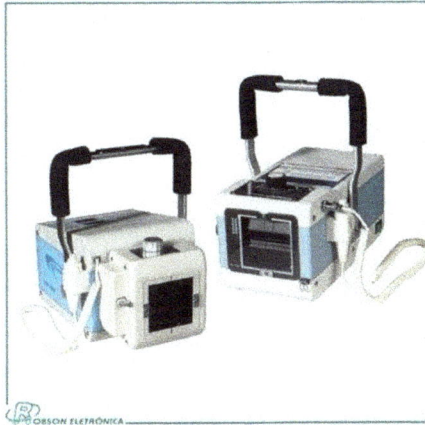

Sistema de Radiografía Industrial Portátil Julio Verne

Un equipo portátil que emite radiación ionizante (rayos X o rayos gamma) a través de la pieza que se está inspeccionando, permitiendo la detección de defectos o grietas en el material de las piezas.

Consideraciones Importantes:

- **Seguridad:** El uso de equipos de radiografía industrial requiere formación especializada, certificación y estrictas medidas de seguridad para proteger a los operadores y al medio ambiente de la posible exposición a la radiación.

- **Aplicaciones:** Estos equipos se utilizan ampliamente para la inspección de soldaduras, detección de defectos en materiales, control de calidad en procesos de fabricación y mantenimiento preventivo en varios sectores industriales.

Medición de Espesor y Control de Calidad:

La medición de espesor mediante radioisótopos se utiliza ampliamente para asegurar la calidad en los procesos de fabricación.

¿Cómo funciona?

- Se emiten haces de radiación beta (Estroncio-90) o rayos gamma a través del material.

- Los sensores detectan la cantidad de radiación absorbida, determinando el espesor exacto del producto.

Usos Industriales:

- **Fabricación de Papel** → Control de espesor de las hojas.

- **Producción de Acero** → Medición de chapas de metal.

- **Industria Automotriz** → Control de calidad en neumáticos y piezas metálicas.

Esta tecnología ayuda a reducir desperdicios, mejorar la precisión en la fabricación y garantizar el cumplimiento de los estándares internacionales.

Aplicaciones en Arqueología y Geología

Las técnicas nucleares desempeñan un papel crucial en la comprensión de la historia de la Tierra y las civilizaciones humanas, permitiendo un análisis preciso de materiales antiguos y procesos geológicos.

Datación por Carbono-14:

La datación por Carbono-14 es una técnica fundamental en arqueología para determinar la edad de materiales orgánicos como madera, huesos y tejidos, hasta aproximadamente 50,000 años.

Principio del Método:

- **Incorporación de Carbono-14:** Durante la vida, los organismos absorben carbono, incluyendo el isótopo radiactivo Carbono-14 (^{14}C), que está presente en la atmósfera.

- **Descomposición después de la Muerte:** Después de la muerte, la absorción de ^{14}C cesa, y el isótopo comienza a descomponerse con una vida media de aproximadamente 5,730 años.

- **Cálculo de la Edad:** Al medir la cantidad restante de ^{14}C en el material, es posible estimar el tiempo transcurrido desde la muerte del organismo.

Proceso de Datación:

1. **Recolección de Muestra:** Extracción cuidadosa de una porción del material a datar.

2. **Preparación de la Muestra:** Limpieza y tratamiento químico para eliminar contaminantes.

3. **Medición de la Radiactividad:** Uso de espectrometría de masas o contadores de radiación para determinar la cantidad de ^{14}C presente.

4. **Cálculo de la Edad:** Aplicación de fórmulas matemáticas que relacionan la cantidad restante de ^{14}C con el tiempo transcurrido desde la muerte del organismo.

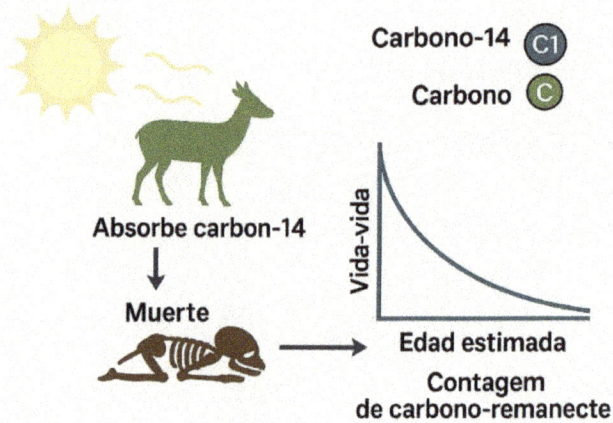

Esquema simplificado del proceso de datación por carbono-14

En geología, las técnicas nucleares se emplean para analizar la composición y la edad de las rocas, contribuyendo al entendimiento de la formación y evolución del planeta.

Principales Técnicas:

- **Datación Uranio-Plomo:** Utiliza la descomposición del Uranio-238 a Plomo-206 para determinar la edad de minerales como el circón, permitiendo estimaciones de hasta miles de millones de años.

- **Datación Potasio-Argón:** Basada en la descomposición del Potasio-40 a Argón-40, es útil para datar rocas volcánicas.

Proceso de Datación Uranio-Plomo:

1. **Recolección de Muestras:** Extracción de minerales específicos, como el circón, de las rocas.

2. **Preparación y Análisis:** Medición de las relaciones isotópicas de uranio y plomo utilizando espectrometría de masas.

3. **Interpretación de Datos:** Cálculo de la edad basado en las relaciones isotópicas y las tasas de descomposición conocidas.

PROCESO DE DATACAÓN
URANIO-PLOMO

U238   Pb06

Disolución
de la roca

Aislamiento
de los elementos

Espectrometría
de masas

Espectrómetro de masas utilizado en la datación de uranio-plomo.

Radiografía por Muones

La radiografía por muones es una técnica innovadora que utiliza partículas subatómicas llamadas muones para investigar la estructura interna de grandes objetos geológicos y arqueológicos.

Principio del Método:

- **Penetración de Muones:** Los muones, producidos por la interacción de los rayos cósmicos con la atmósfera, tienen una alta capacidad de penetración a través de materiales densos.

- **Detección de Variaciones de Densidad:** Al pasar a través de los objetos, los muones pierden energía dependiendo de la densidad del material, lo que permite la creación de imágenes internas.

Aplicaciones:

- **Arqueología:** Detección de cámaras ocultas en pirámides y otras estructuras antiguas.

- **Geología:** Monitoreo de actividad volcánica y detección de cavidades subterráneas.

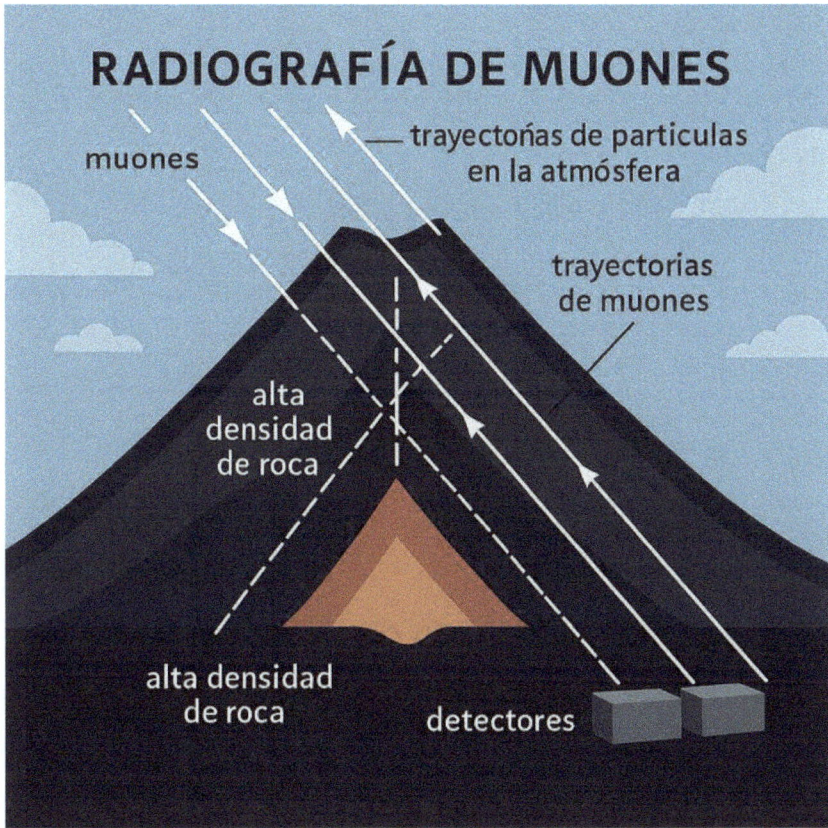

RADIOGRAFÍA DE MUONES

muones

— trayectoñas de particulas
en la atmósfera

trayectorias
de muones

alta
densidad
de roca

alta densidad
de roca

detectores

Rastreadores Isotópicos

Esta técnica implica la sustitución de átomos en moléculas por sus isótopos, permitiendo el seguimiento de procesos geológicos y bioquímicos.

Aplicaciones:

- **Estudio de los Ciclos Biogeoquímicos:** Seguimiento de elementos como carbono y nitrógeno a través de diferentes compartimentos ambientales.

- **Datación de Aguas Subterráneas:** Uso de isótopos de hidrógeno y oxígeno para determinar la edad y el origen del agua subterránea.

ESQUEMA DE RASTREO ISOTÓPICO PARA ESTUDIOS AMBIENTALES

Vulnerabilidad hídrica
Identificación de 2 años o VTA mediante fuentes de H_2O

Biomasa vegetal
Rastreo de absorción de carbono o nitrógeno

Almacenamiento e incineración de depósitos
Estudio de emisiones de gases invernadero desde vertederos o instalaciones

Reciclaje y minería
Evaluación de impactos del ciclo de vida de metales

Análisis atmosférico
Captura de carbono o emisiones

Volcenismo
Determinación de condiciones pasadas de la temperatura

Capítulo 4: Conclusión

La energía nuclear, a menudo asociada con usos militares o con la generación de electricidad, desempeña un papel crucial en diversos sectores de la sociedad. Sus aplicaciones pacíficas han transformado la forma en que diagnosticamos y tratamos enfermedades, exploramos el espacio, garantizamos la seguridad alimentaria e industrial, y estudiamos la historia de la Tierra y de la humanidad.

La medicina nuclear ha revolucionado el diagnóstico y tratamiento de enfermedades graves, especialmente el cáncer y las enfermedades cardiovasculares. El uso de radioisótopos en tomografías por emisión de positrones (PET), en radioterapia y en la esterilización de equipos médicos ha permitido avances significativos en la longevidad y calidad de vida de las poblaciones.

La exploración espacial se ha hecho posible en gran medida gracias a la energía nuclear. Los generadores termoeléctricos de radioisótopos (RTG) y los reactores espaciales como Kilopower hacen viables las misiones de larga duración, mientras que la propulsión nuclear puede ser clave para los futuros viajes interplanetarios y la colonización de Marte.

En la agricultura, la irradiación de alimentos ayuda a reducir el desperdicio y garantiza la seguridad alimentaria, mientras que la mutación inducida permite desarrollar cultivos más resistentes y productivos. En la industria, las técnicas nucleares son esenciales para la inspección de materiales, el control de calidad y la detección de defectos, asegurando seguridad y eficiencia en múltiples sectores.

Métodos como la datación por Carbono-14 y por Uranio-Plomo permiten estudiar la historia de la Tierra y de la humanidad con precisión, mientras que la radiografía por muones y los trazadores isotópicos ayudan a explorar el subsuelo y comprender los procesos ambientales.

Con el avance de la tecnología, la energía nuclear seguirá desempeñando un papel fundamental en el progreso humano. Las innovaciones en reactores modulares, propulsión espacial, terapias médicas y monitoreo ambiental prometen nuevas fronteras para esta tecnología, haciéndola cada vez más segura y eficiente.

Cuando se utiliza de forma responsable, la energía nuclear tiene el potencial de mejorar la vida de las personas, ampliar nuestros horizontes y fomentar el desarrollo sostenible. El desafío del futuro será maximizar sus beneficios, minimizando los riesgos y garantizando un uso ético y seguro de esta poderosa herramienta científica.

Tabla 21: Otras Aplicaciones Nucleares No Energéticas

Área de Aplicación	Uso Nuclear	Beneficios
Agricultura	Irradiación de alimentos y control de plagas	Conservación, reducción de pérdidas, seguridad alimentaria
Geología	Datación y trazadores isotópicos	Comprensión de los procesos geológicos y ciclos naturales
Arqueología	Radiografía con muones y datación	Exploración sin dañar estructuras

Industria	Control de calidad, espesor, densidad	Mayor precisión y eficiencia en los procesos

Fuente: Elaboración propia basada en los datos de la Tabla Resumen al final del capítulo.

Tabla 22: Fuentes Consultadas en el Capítulo 4

Descripción
International Atomic Energy Agency (IAEA) – Informes sobre aplicaciones médicas e industriales de la energía nuclear.
World Nuclear Association – Información sobre reactores de investigación y usos no energéticos de la energía nuclear.
Instituto Nacional del Cáncer (INCA) – Aplicaciones de la medicina nuclear en el diagnóstico y tratamiento del cáncer.
Organización Mundial de la Salud (OMS) – Datos sobre radioterapia y diagnóstico por imagen.
NASA – Aplicaciones de la energía nuclear en sondas y misiones espaciales.
International Atomic Energy Agency – Publicaciones sobre técnicas nucleares en agricultura y conservación de alimentos.
EURATOM – Iniciativas europeas para la investigación en aplicaciones nucleares pacíficas.
Publicaciones científicas (Lancet, Journal of Nuclear Medicine, Physics Today) – Estudios sobre el uso civil de la energía nuclear.
CNEN – Comisión Nacional de Energía Nuclear (Brasil) – Datos sobre medicina nuclear y radioisótopos.
Libros de divulgación científica y literatura técnica sobre usos pacíficos de la energía nuclear.

Preparación para el Próximo Capítulo: Seguridad y Gestión de los Residuos Nucleares – Mitos y Soluciones

En el próximo capítulo, profundizaremos en algunos de los temas más debatidos y, a menudo, malinterpretados sobre la energía nuclear:

- La seguridad de las centrales nucleares es un asunto cargado de percepciones, muchas veces basadas en temores históricos e información incompleta. ¿Qué dice la realidad técnica y científica?

- Los residuos nucleares suelen presentarse como un problema sin solución. ¿Pero es esto cierto?

- También abordaremos los mitos más comunes, tales como:

- "Los residuos nucleares siguen siendo peligrosos durante millones de años."

- "No existe una solución segura para almacenar residuos nucleares."

- "Es imposible evitar nuevos accidentes como Chernóbil o Fukushima."

Por otro lado, exploraremos soluciones reales y tecnologías emergentes que están revolucionando la forma en que la industria aborda estas cuestiones, incluyendo:

- Sistemas de seguridad pasiva;

- Reactores de nueva generación (como los SMR y los reactores rápidos);

- Soluciones definitivas para residuos de alta actividad, como el repositorio de Onkalo (Finlandia);

- Y estrategias eficaces de comunicación pública.

"Más que una cuestión técnica, la seguridad nuclear es también una cuestión de confianza, transparencia y responsabilidad hacia las generaciones futuras."

Capítulo 5 – Seguridad Nuclear y Gestión de Residuos: Mitos y Soluciones

La seguridad siempre ha sido uno de los pilares centrales del desarrollo de la energía nuclear. Desde los primeros reactores experimentales de la década de 1940 hasta las modernas centrales nucleares avanzadas de Generación III+ y IV, la tecnología nuclear ha evolucionado para minimizar los riesgos y garantizar la protección tanto de las poblaciones como del medio ambiente. No obstante, a pesar de los significativos avances tecnológicos, la energía nuclear sigue generando una fuerte percepción de riesgo, impulsada por tres factores principales:

1. **Su asociación con las armas nucleares y los accidentes históricos**, como Chernóbil (1986) y Fukushima (2011).

2. **El temor a la radiactividad**, a menudo exacerbado por la desinformación y la mala interpretación científica.

3. **La cuestión de los residuos nucleares**, considerada por algunos como una amenaza persistente e irresoluble.

Miedo público y percepción de la energía nuclear

Encuestas recientes indican que la energía nuclear es percibida con frecuencia como una de las formas más peligrosas de generación eléctrica, a pesar de que los datos empíricos sugieren lo contrario. Según la Agencia Internacional de Energía (IEA) y la Organización Mundial de la Salud (OMS), la energía nuclear presenta una de las tasas de mortalidad más bajas por TWh generado — inferior al carbón, el petróleo e incluso la biomasa.

Un estudio de *"Our World in Data"* muestra que entre 1965 y 2020, la tasa de mortalidad por TWh generado fue:

- **Carbón:** 24,6 muertes/TWh

- **Petróleo:** 18,4 muertes/TWh

- **Gas natural:** 2,8 muertes/TWh

- **Hidroeléctrica:** 1,3 muertes/TWh

- **Solar:** 0,02 muertes/TWh

- **Nuclear:** 0,007 muertes/TWh

Gráfico 30: Tasa de mortalidad por fuente de energía

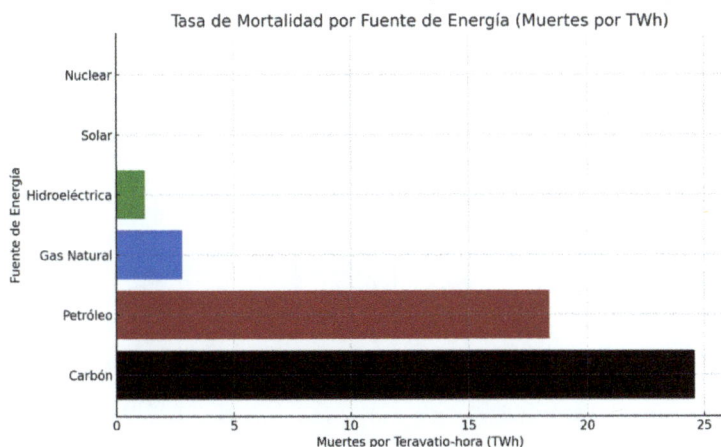

Tasa de Mortalidad por Fuente de Energía (Muertes por TWh)

Fuente: Elaboración propia basada en los datos de la Tabla Resumen al final del capítulo.

Estas cifras demuestran que, en realidad, la energía nuclear es una de las formas más seguras de generación de electricidad. Sin embargo, sucesos importantes como los accidentes de Chernóbil y Fukushima han reforzado en el imaginario colectivo la idea de que la energía nuclear es inherentemente peligrosa.

Otro factor que intensifica la preocupación pública es la radiactividad. Muchas personas confunden el concepto de exposición controlada a la radiación con los efectos devastadores de una exposición de alto nivel, como en las explosiones nucleares. Sin embargo, los reactores modernos están equipados con múltiples barreras de seguridad para evitar fugas de radiación, junto con estrictos protocolos operativos.

Tabla 23: Principales Accidentes Nucleares

Accidente	Año	Ubicación	Principales Consecuencias
Three Mile Island	1979	EE. UU.	Fusión parcial del núcleo, sin muertes directas
Chernóbil	1986	URSS	Explosión del reactor, muertes inmediatas y evacuación masiva
Fukushima Daiichi	2011	Japón	Daños por tsunami, evacuación, contaminación regional

El desafío de los residuos nucleares

Además de las preocupaciones sobre accidentes, la gestión de los residuos nucleares es una de las cuestiones más debatidas en la sociedad. El argumento más común contra la energía nuclear es que sus residuos permanecen peligrosos durante miles de años y que no existe una solución definitiva para su eliminación.

Sin embargo, esta percepción pasa por alto varios hechos esenciales:

- Más del 90 % del combustible nuclear usado puede reutilizarse en ciclos de combustible cerrados, como se hace en países como Francia y Rusia.

- Existen soluciones de almacenamiento eficaces y seguras, como los depósitos geológicos profundos.

- El volumen de residuos nucleares generados es significativamente menor que el de otras industrias. A modo de comparación:

  o Una central nuclear de 1.000 MW que opera durante un año completo genera solo 30 toneladas de residuos radiactivos de alta actividad.

  o En cambio, una central térmica de carbón de la misma capacidad produce más de 300.000 toneladas de cenizas tóxicas por año.

Contenido de este capítulo

Este capítulo tiene como objetivo desmitificar los riesgos asociados con la seguridad nuclear y la gestión de residuos. Abordaremos:

- Los avances tecnológicos que han hecho que los reactores nucleares sean cada vez más seguros.

- Las diferentes estrategias de gestión de residuos y las soluciones viables para su eliminación.

- Mitos y verdades sobre los peligros de los residuos nucleares.

- El futuro de la seguridad nuclear y las nuevas tecnologías para minimizar riesgos y mejorar la sostenibilidad de la energía nuclear.

De este modo, el lector obtendrá una perspectiva basada en datos científicos y en la ingeniería moderna, libre de las distorsiones comúnmente promovidas por el alarmismo mediático y la desinformación pública.

Seguridad en las centrales nucleares – Evolución y tecnología

La seguridad nuclear es una de las áreas tecnológicamente más avanzadas dentro del sector energético. Desde los primeros reactores experimentales hasta los actuales sistemas de Generación III+ y IV, se han logrado avances significativos para minimizar los riesgos operativos y proteger tanto el medio ambiente como a la población.

Los sistemas de seguridad de una central nuclear pueden clasificarse en tres pilares principales:

1. **Barreras físicas de contención para evitar fugas de radiación**.

2. **Sistemas de refrigeración redundantes** para evitar el sobrecalentamiento del reactor.

3. **Procedimientos de parada automática** (apagado seguro) para mitigar fallos operativos.

Además, las nuevas generaciones de reactores cuentan con diseños intrínsecamente seguros que eliminan muchas de las vulnerabilidades presentes en los modelos más antiguos.

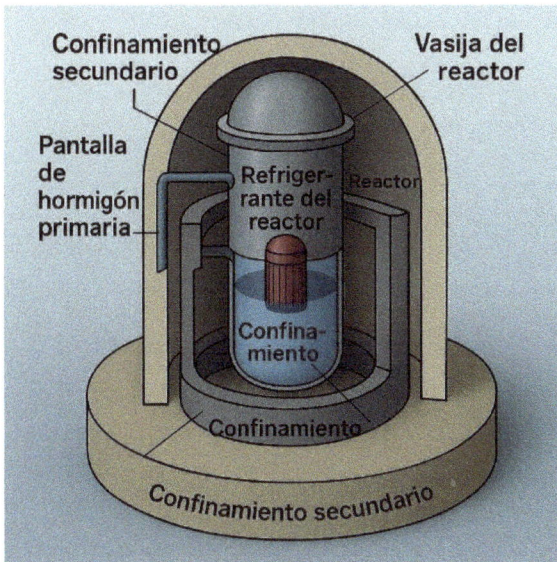

Ilustración que muestra la disposición detallada de las barreras de confinamiento en un reactor nuclear moderno.

Cómo ha mejorado la seguridad nuclear a lo largo de las décadas:

En los inicios de la era nuclear, las preocupaciones por la seguridad eran limitadas debido a la falta de incidentes que revelaran los verdaderos desafíos de esta tecnología. Sin embargo, a medida que los reactores comenzaron a utilizarse para la generación comercial de electricidad, surgieron los primeros eventos que pusieron de relieve la necesidad de mejoras.

Evolución de la seguridad nuclear:

- **Décadas de 1950–1960:** Primeros reactores comerciales, basados en tecnología militar, con poco énfasis en la seguridad pasiva.

- **Décadas de 1970–1980:** Introducción de sistemas de contención robustos y protocolos de emergencia tras el accidente de Three Mile Island (1979).

- **Décadas de 1990–2000:** Mejoras en los sistemas de refrigeración y apagado automático después de Chernóbil (1986).

- **Desde los años 2000 hasta hoy:** Reactores de Generación III+ con seguridad pasiva, eliminando la necesidad de intervención humana para evitar la fusión del núcleo.

Hoy en día, las centrales nucleares cuentan con múltiples capas de seguridad, haciendo que los accidentes catastróficos como los de décadas pasadas sean altamente improbables.

Principales sistemas de seguridad en un reactor nuclear:

Los reactores nucleares modernos emplean tres capas de seguridad primarias para evitar fugas de radiación y garantizar la integridad de la planta.

1. Barreras de contención

Los reactores nucleares modernos incluyen tres niveles de barreras para evitar que los materiales radiactivos escapen:

- **Revestimiento del combustible nuclear:** una capa cerámica altamente resistente de óxido de uranio.

- **Vasija a presión del reactor:** una carcasa metálica de acero de alta resistencia.

- **Edificio de contención:** una estructura de hormigón armado que encierra toda la instalación.

2. Sistemas de refrigeración

Refrigerar el núcleo del reactor es fundamental para la prevención de accidentes. Los sistemas actuales incluyen:

- **Circuitos primarios y secundarios** para la transferencia de calor.

- **Generadores diésel de emergencia** en caso de fallo de alimentación externa.

- **Sistemas de refrigeración pasiva** en reactores modernos, que operan por convección natural sin intervención humana.

3. Procedimientos de apagado automático

Si se detecta alguna anomalía, un reactor nuclear puede apagarse automáticamente en fracciones de segundo. Los sistemas de apagado incluyen:

- **Inserción automática de barras de control** para detener la reacción en cadena.

- **Ventilación de emergencia** para evitar acumulación de presión en el sistema.

- **Monitoreo continuo mediante inteligencia artificial**, que previene fallos antes de que ocurran.

Comparación entre generaciones de reactores: ¿qué ha cambiado?

La evolución de la seguridad nuclear no solo se ha producido en los diseños y tecnologías de los reactores, sino también en la forma en que se operan. A lo largo de las décadas, ha habido una inversión sustancial en la formación de operadores, ingenieros y técnicos, lo que ha dado lugar a un sector altamente cualificado con normas de seguridad cada vez más estrictas.

Los reactores nucleares se clasifican en Generaciones I, II, III, III+ y IV, cada una representando avances significativos en seguridad, eficiencia y capacidad de respuesta ante emergencias. A continuación, se examina la evolución técnica y su impacto en la formación de los operadores.

Tabla 24: Tabla Comparativa de las Generaciones de Reactores

Generación	Período	Características Técnicas	Capacitación de Operadores y

			Normas de Seguridad
Generación I	1950–1970	Primeros reactores comerciales, baja eficiencia, sin sistemas de apagado automático.	Operación manual, poca regulación, capacitación rudimentaria.
Generación II	1970–2000	PWR y BWR se convierten en estándar, primeros sistemas de apagado automático, contención reforzada.	Aparecen las primeras certificaciones obligatorias para operadores, creación de organismos como el OIEA.
Generación III	2000–2020	Mayor eficiencia, sistemas de enfriamiento más robustos, medidas de seguridad activas.	Simulaciones avanzadas, formación rigurosa y simuladores para emergencias nucleares.
Generación III+	2020–presente	Sistemas de seguridad pasivos, la fusión del núcleo se vuelve casi imposible.	Certificaciones internacionales más exigentes, estandarización global de las mejores prácticas operativas.
Generación IV	Futuro	Reactores de sales fundidas, torio, conceptos	Operación basada en inteligencia

		autosuficientes y ciclo de combustible cerrado.	artificial, mínima intervención humana en el control de seguridad.

Tabla comparativa entre los residuos nucleares y los residuos de combustibles fósiles. Esto ayuda a contextualizar el volumen de residuos generados, su impacto ambiental y las soluciones de almacenamiento disponibles.

Evolución del conocimiento técnico y la formación profesional:

En los primeros años de la energía nuclear, la operación de los reactores era mucho más manual, requiriendo acciones directas por parte de los operadores para controlar la potencia y las condiciones de seguridad. No existía una regulación internacional unificada, y muchos de los primeros reactores eran operados por equipos poco formados, compuestos a menudo por profesionales procedentes de campos como la ingeniería eléctrica o mecánica, sin formación específica en física nuclear.

Con el tiempo, se produjo un cambio radical en la cualificación de los operadores de las centrales nucleares, acompañado por la implementación de normas estrictas de formación, educación y certificación, lo que redujo drásticamente el riesgo de error humano.

Principales cambios en la formación de operadores nucleares a lo largo de las generaciones:

1. Aparición de programas de certificación obligatoria (décadas de 1970–1980)

Tras el accidente de Three Mile Island (1979), quedó claro que los errores humanos fueron un factor decisivo en la gravedad del incidente.

En respuesta, se introdujeron programas de certificación obligatoria para los operadores de reactores, que incluían exámenes periódicos y sesiones de formación intensiva.

La ilustración muestra la línea de tiempo de la evolución de la formación, educación y certificación de los operadores nucleares

Surgimiento de programas de certificación obligatorios

Desarrollo de estándares educativos avanzados

CERTIFICADO

Décadas de 1970-1980

Década de 1990

Décadas de 1970-1980

Década de 2000 y en adelante

La ilustración muestra la línea de tiempo de la evolución de la formación, educación y certificación de los operadores nucleares.

2. Introducción de simuladores nucleares (décadas de 1990–2000):

Inspirados en la industria de la aviación, se comenzaron a utilizar simuladores de centrales nucleares para entrenar a los operadores en escenarios de fallos graves.

Esto permitió a los equipos responder rápidamente a eventos inesperados sin poner en peligro instalaciones nucleares reales.

Ilustración que muestra cómo los operadores nucleares son entrenados con un simulador de emergencia

Instructor

Operadores

Ilustración que muestra cómo se entrenan los operadores nucleares utilizando simuladores de emergencia.

3. Regulación internacional y estandarización global (desde los años 2000 hasta hoy)

Con el crecimiento de la energía nuclear, los organismos reguladores nacionales e internacionales comenzaron a definir normas estandarizadas para la formación profesional.

La Agencia Internacional de Energía Atómica (OIEA), la Comisión Reguladora Nuclear de los Estados Unidos (NRC) y otras entidades hicieron obligatorio el cumplimiento de una formación continua y certificaciones actualizadas.

4. Simulaciones avanzadas e inteligencia artificial en la operación de reactores (futuro cercano)

Con la llegada de los reactores de Generación IV, la formación y educación incluirán realidad virtual, inteligencia artificial y simulaciones avanzadas.

El papel del operador humano será minimizado, ya que los sistemas autónomos monitorizarán continuamente los parámetros del reactor y harán ajustes automáticos para optimizar la seguridad.

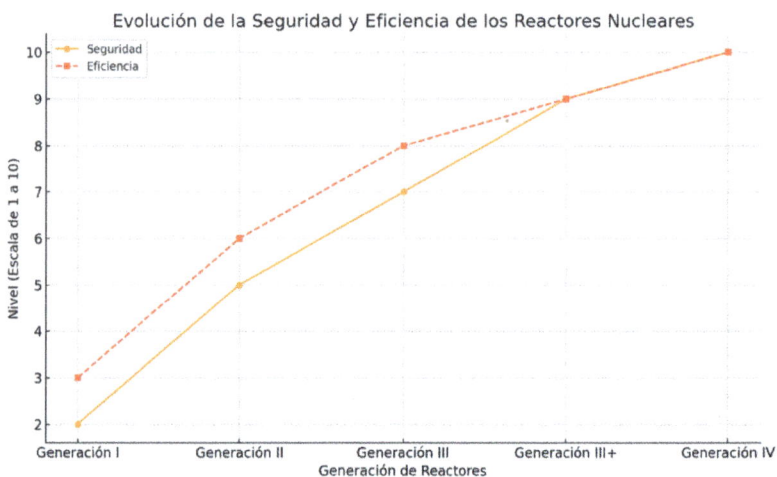

Evolución de la Seguridad y Eficiencia de los Reactores Nucleares

Fuente: Elaboración propia basada en los datos de la Tabla Resumen al final del capítulo.

El gráfico muestra la evolución de la seguridad y la eficiencia a lo largo de las generaciones de reactores nucleares, con la introducción de nuevas tecnologías y procedimientos de seguridad.

Casos de éxito en materia de seguridad:

La historia de la energía nuclear está llena de ejemplos que demuestran cómo las mejoras en seguridad han hecho que los reactores modernos sean extremadamente fiables. Los avances tecnológicos, los nuevos materiales y la rigurosa formación de los operadores han reducido drásticamente el riesgo de accidentes.

Aunque la energía nuclear suele asociarse a desastres como Chernóbil (1986) y Fukushima (2011), estos incidentes son

195

excepciones, no la norma. Miles de reactores nucleares han funcionado —y siguen funcionando— de forma segura en todo el mundo, proporcionando energía limpia y estable durante décadas.

Aquí examinaremos tres casos de éxito en seguridad que ponen de relieve el impacto de las tecnologías y protocolos nucleares mejorados:

1. El caso del reactor EPR en Francia – Seguridad avanzada

2. El incidente de Three Mile Island (1979) – Un accidente que demostró la eficacia de las barreras de contención

3. El impacto de las nuevas generaciones de reactores – Cómo los reactores de Generación III+ podrían haber evitado Fukushima

El caso del reactor EPR en Francia – Seguridad avanzada

Las unidades EPR (Reactor Presurizado Europeo) se encuentran entre los ejemplos más modernos de seguridad nuclear. Este diseño de Generación III+, desarrollado por la EDF de Francia y Siemens de Alemania, representa la vanguardia de la tecnología nuclear mundial.

Medidas de seguridad del EPR:

- **Contención doble:** dos edificios de hormigón armado protegen el núcleo del reactor.

- **Sistema de refrigeración pasiva:** funciona por gravedad y convección, sin necesidad de bombeo mecánico.

- **Resistencia al impacto de aeronaves:** a diferencia de los reactores antiguos, el EPR está diseñado para soportar la colisión de grandes aviones.

- **Separación física de los sistemas de emergencia:** garantiza que múltiples fallos no resulten en una pérdida total del control de la planta.

Dato curioso: la central de Flamanville 3 en Francia, equipada con un reactor EPR, fue diseñada para ser cinco veces más segura que los reactores convencionales.

Resultado: ¡ningún accidente registrado en los reactores EPR desde su despliegue! Este es un claro ejemplo de cómo los avances tecnológicos están haciendo que la energía nuclear sea cada vez más segura.

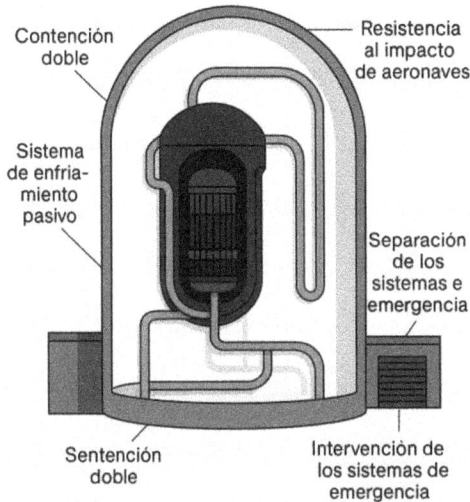

La ilustración muestra la disposición detallada del reactor EPR,
destacando sus capas avanzadas de seguridad.

El incidente de Three Mile Island (1979) – Un accidente que demostró la eficacia de las barreras de contención:

El accidente de Three Mile Island (TMI) en Estados Unidos en 1979 fue uno de los eventos más estudiados en la historia nuclear. Aunque se clasificó como un "accidente", este suceso sirvió en realidad como una demostración de la eficacia de los sistemas de seguridad nuclear.

¿Qué ocurrió en Three Mile Island?

- Falló una válvula de seguridad, lo que permitió la fuga del agua de refrigeración.

- Los operadores no reconocieron la avería a tiempo, lo que provocó el sobrecalentamiento del núcleo.

198

- Parte del combustible nuclear se fundió: fue la **primera fusión parcial del núcleo de un reactor comercial en EE. UU.**

¿Por qué se considera este caso un éxito en materia de seguridad?

- **No se produjo una liberación significativa de radiación:** la barrera de contención evitó la fuga de material radiactivo.

- **No se registraron muertes ni impactos en la salud pública.**

- El accidente llevó a una revisión global de los protocolos de formación de operadores y de las normas de certificación.

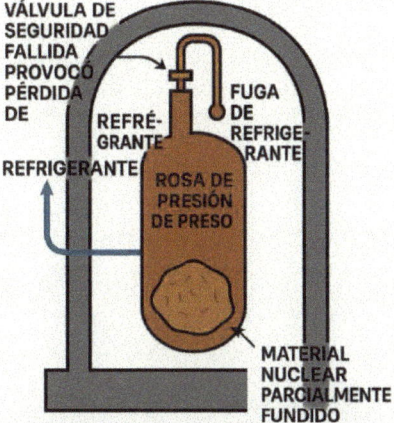

BARRERA DE CONTENCIÓN
DE THREE MILE ISLAND

VÁLVULA DE
SEGURIDAD
FALLIDA
PROVOCÓ
PÉRDIDA
DE
REFRÉ-
GRANTE
REFRIGERANTE

FUGA
DE
REFRIGE-
RANTE

ROSA DE
PRESIÓN
DE PRESO

MATERIAL
NUCLEAR
PARCIALMENTE
FUNDIDO

LA BARRERA DE CONTENCIÓN
EVITÓ UNA LIBERACIÓN
SIGNIFICATIVA DE RADIACICIÓN

THREE MILE ISLAN
PREVENTÓ A NUCLEAR DISASTRE

ACCDENTE
INICIAL

ESTRUCTURA
DE CONTENCIÓN
PRIMAL

PRIMAL

① ACCIDENTE INICIAL
Un fallo en el enfriamiento provoco una emisión de vapor radiactivo, provocando perdidia de refrigerante y sobrecalentamiento el reactor.

② FUSIÓN PARCIAL DEL NÚCLEO
El sobrecalentamiento del nucleo del reactor resulto en una fusión parcial, pero la mayoria del material radiactivo fue contenido,

③ CONTENCIÓN EXITOSA
El núcleo del reactor fue encerrado por una estructura robusta que evito con exito cualquier liberación peligrosa.

Infografía sobre la barrera de contención en Three Mile Island, que demuestra cómo evitó un desastre nuclear.

Conclusión:

A diferencia de Chernóbil, Three Mile Island demostró que las barreras de seguridad funcionan. Si el mismo accidente hubiera ocurrido en un reactor más antiguo, podría haber causado una tragedia. Sin embargo, las tecnologías de contención demostraron ser capaces de prevenir catástrofes mayores.

Tabla 25: Barreras de Seguridad de los Reactores Nucleares

Barrera	Función de Protección
Película de óxido del combustible	Contiene los productos de fisión dentro de la matriz del combustible

200

Revestimiento metálico	Aísla el combustible del circuito primario de refrigeración
Circuito primario presurizado	Evita la exposición al medio ambiente
Contención de acero y hormigón	Barrera final contra la liberación de radiación

Fuente: Elaboración propia basada en los datos de la Tabla Resumen al final del capítulo.

El impacto de las nuevas generaciones de reactores – Cómo los reactores de Generación III+ podrían haber evitado Fukushima

El accidente de Fukushima (2011) en Japón fue uno de los eventos nucleares más impactantes del siglo XXI. Sin embargo, los reactores de Generación III+ están diseñados específicamente para evitar este tipo de incidentes.

¿Qué ocurrió en Fukushima?

- Un terremoto seguido de un tsunami destruyó la red eléctrica de la central.

- Fallaron los generadores diésel, interrumpiendo los sistemas de refrigeración.

- Sin refrigeración, los núcleos de los reactores se sobrecalentaron y se produjeron explosiones de hidrógeno.

Si Fukushima hubiera estado equipada con reactores de Generación III+, probablemente el desastre no habría ocurrido.

FUKUSHIMA vs. GENERATION III+SEGURIDAD

TERREMOTO Y TSUNAMI

CARACTERÍSTICAS DE SEGURIDAD PASIVA

① TERREMOTO Y TSUNAMI
Un terremoto y un tsunami inhabilitaron la conexión externa a la pianta

② GENERADORES DIÉSEL FALLARON
Los generadores diésel de respaldo se inundaron, deteniendo los sistemas de

③ RECALENTAMIENTO DEL NÚCLEO

CARACTERÍSTICAS DE SEGURIDAD MEJORADAAS
Los sistemas de seguridad pasiva eliminan kalor y mantienen la refrigeración del nucleo incluso sin energia eléctrica

FUKUSHIMA DAIICHI

PÉRDIDA PASIVO
REFRIGERAI PONERIG

ENFERACIÓN III+

ENFRIAMIENTO PASIVO

VS

EL CALOR POR DESCOMPOSICIÓN DEL REACTOR NO FUE EXTRAÍDO POR CIRCULACIÓN PASIVA NATURAL

El calor por descomposición del reactor no fue extraido por circulació pásiva

LOS ROMPE-DORES DE VACÍO FACILITAN LA EXTRACCIÓN DE CALOR PASIVO DE TANQUES DE RE-FRIGERANTE POR GRAVEDAD POR GRAVEDADE PORG

La ilustración muestra un diagrama comparativo que ilustra la falla de Fukushima frente a la seguridad mejorada de un reactor de Generación III+.

203

Diferencias clave entre Fukushima y los reactores modernos:

Tabla 26: Diferencias entre Fukushima y los reactores de Generación III+

Fukushima (Generación II)	Reactores de Generación III+
Dependía de electricidad externa para la refrigeración	Refrigeración pasiva – funciona sin electricidad
Estructura de contención frágil	Estructura reforzada contra terremotos y tsunamis
Explosiones de hidrógeno debido a la falta de ventilación	Sistemas de eliminación de hidrógeno que evitan acumulaciones explosivas

Fuente: Elaboración propia basada en los datos de la Tabla Resumen al final del capítulo.

Dato curioso: Tras Fukushima, todas las nuevas centrales nucleares deben incluir sistemas de refrigeración pasiva.

Resultado: Si Fukushima hubiera estado equipada con tecnología moderna, el desastre se habría evitado. Esto demuestra la enorme evolución de la seguridad nuclear en las últimas décadas.

Los casos presentados muestran claramente que la seguridad nuclear no es solo una teoría, sino una realidad comprobada:

- Los reactores modernos están diseñados para soportar fallos extremos.

- Las barreras de contención funcionan de verdad, como se demostró en Three Mile Island.

- La tecnología de seguridad está en constante evolución, lo que hace que la energía nuclear sea cada vez más fiable.

Hoy en día, los reactores de Generación III+ y IV hacen que un desastre nuclear sea prácticamente imposible. Con la continua inversión en investigación e innovación, la energía nuclear es una de las formas más seguras y eficientes de generar electricidad en el mundo.

El impacto práctico de la inversión en capital humano

Los impactos de esta gran inversión en formación profesional son evidentes. Podemos observarlos comparando dos casos distintos:

Caso de error humano: Three Mile Island (1979)

- Los operadores desconectaron manualmente un sistema de refrigeración por malinterpretar las señales del panel de control.

- Con la formación y educación adecuadas, el accidente podría haberse evitado.

Caso de respuesta eficaz: Fukushima Daiichi (2011)

- Incluso frente a un desastre natural extremo (terremoto + tsunami), los operadores lograron evitar una tragedia mayor al retrasar el colapso del reactor e implementar contramedidas.

- Con las mejoras de formación introducidas desde entonces, accidentes similares podrían mitigarse o incluso evitarse por completo en el futuro.

El avance de la seguridad nuclear no solo ha sido fruto de la ingeniería de reactores, sino también de una gran inversión en la formación de profesionales altamente cualificados.

Hoy en día, un operador de central nuclear pasa por años de formación rigurosa, utiliza simuladores avanzados y está sujeto a reciclajes periódicos para garantizar su preparación ante cualquier situación.

Los reactores de Generación III+ y IV no solo cuentan con seguridad intrínseca, sino que también dependen de equipos altamente capacitados, lo que garantiza que la energía nuclear siga siendo una de las formas más seguras y fiables de generación eléctrica.

Gestión de residuos nucleares – El verdadero desafío

La cuestión de los residuos nucleares suele citarse como uno de los mayores desafíos de la energía nuclear. Sin embargo, contrariamente a los discursos alarmistas, los residuos radiactivos tienen soluciones viables para su almacenamiento y reciclaje, y se gestionan bajo altos estándares de seguridad en todo el mundo.

Mientras que los residuos de los combustibles fósiles se liberan directamente a la atmósfera (CO_2, SO_2, NO_x), los residuos nucleares se confinan y controlan desde su producción hasta su disposición final. Esto significa que, desde una perspectiva ambiental, los residuos nucleares son mucho más manejables que los generados por el carbón, el petróleo y el gas.

En esta sección, exploraremos los tipos de residuos radiactivos, los métodos actuales de almacenamiento y el impacto real del tiempo de decaimiento.

Tipos de residuos radiactivos

Los residuos nucleares se clasifican según su nivel de radiactividad y el tiempo necesario para que su radiación deje de ser perjudicial. La clasificación más común sigue tres categorías principales:

Tabla 27: Tipos de residuos nucleares

Tipo de residuo	Origen	Nivel de radiactividad	Método de gestión
Residuos de baja actividad	Equipos hospitalarios, ropa contaminada, herramientas de planta	Bajo (décadas de decaimiento)	Almacenamiento temporal y eliminación segura
Residuos de media actividad	Componentes estructurales del reactor, resinas, filtros	Media (décadas a siglos de decaimiento)	Confinamiento en hormigón o almacenamiento geológico
Residuos de alta actividad	Combustible nuclear usado	Alta (siglos a milenios de decaimiento)	Reciclaje o almacenamiento geológico profundo

Fuente: Elaboración propia basada en los datos de la Tabla Resumen al final del capítulo.

Radiactividad de baja intensidad

- Representa aproximadamente el 90 % del volumen total de residuos radiactivos, pero tiene un nivel de radiación muy bajo.

- Ejemplo: Equipos médicos utilizados en radioterapia, guantes y ropa utilizada en centrales nucleares.

- Estos residuos se almacenan durante unos años hasta que la radiación se disipa, tras lo cual pueden eliminarse normalmente.

Radiactividad de media intensidad

- Constituye alrededor del 7 % del volumen total de residuos.

- Incluye piezas de reactores desmantelados, resinas y lodos contaminados.

- Estos residuos se encapsulan en hormigón para evitar fugas y se almacenan en lugares seguros.

Radiactividad de alta intensidad

- Representa solo el 3 % del volumen total, pero contiene más del 95 % de la radiactividad de los residuos nucleares.

- El componente más grande son las barras de combustible usadas, que aún contienen un potencial energético significativo.

- Las principales soluciones para este tipo de residuos son el reprocesamiento o el almacenamiento geológico profundo.

Dato curioso: Muchos países, como Francia y Rusia, reutilizan hasta el 95 % del combustible nuclear gastado, reduciendo drásticamente la cantidad de residuos radiactivos de alta actividad.

Tabla 28: Clasificación de los residuos nucleares

Tipo de residuo	Origen	Método de gestión
Residuo de bajo nivel (LLW)	Ropa, herramientas, filtros	Compactación y almacenamiento cerca de la superficie
Residuo de Nivel Intermedio (ILW)	Componentes de reactores, resinas	Encapsulación y almacenamiento geológico
Residuo de alto nivel (HLW)	Combustible nuclear gastado	Enfriamiento seguido de almacenamiento geológico profundo

Fuente: Elaboración propia basada en los datos de la Tabla Resumen al final del capítulo.

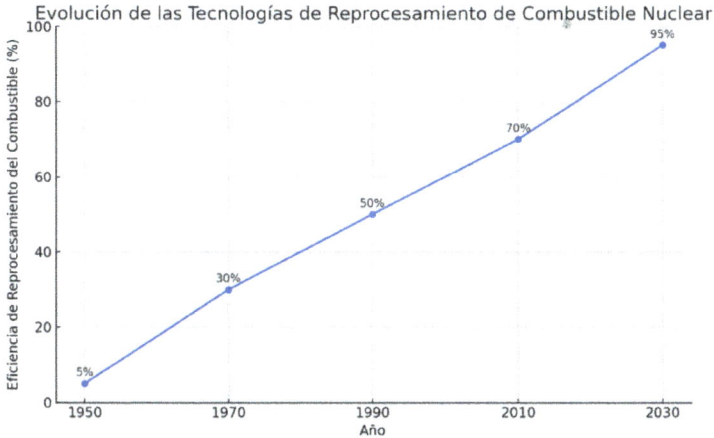

Evolución de las Tecnologías de Reprocesamiento de Combustible Nuclear

Fuente: Elaboración propia basada en los datos de la Tabla Resumen al final del capítulo.

El gráfico muestra la evolución de las tecnologías de reciclaje del combustible nuclear, destacando el aumento de la eficiencia a lo largo de las décadas.

Cómo se almacenan actualmente los residuos nucleares

La gestión de residuos nucleares es uno de los aspectos más regulados y controlados de la industria de la energía nuclear. A diferencia de otras industrias que liberan contaminantes directamente al medio ambiente (como el CO_2 de la quema de combustibles fósiles), los residuos nucleares se confinan y gestionan con extrema seguridad, sin impacto ambiental directo.

Actualmente, existen tres métodos principales de almacenamiento de residuos nucleares, utilizados en diferentes etapas del ciclo de vida de los residuos radiactivos:

1. Piscinas de enfriamiento – La primera etapa del almacenamiento

Cuando se retira el combustible nuclear del reactor, aún posee una alta radiactividad y calor residual. Para enfriarlo y reducir su radiactividad inicial, se almacena temporalmente en piscinas de enfriamiento dentro de la propia planta nuclear.

¿Cómo funcionan las piscinas de enfriamiento?

- Son grandes tanques llenos de agua desmineralizada, construidos con estructuras de hormigón armado.

- El agua absorbe la radiación y disipa el calor del combustible.

- Después de 5 a 10 años, el material puede retirarse de la piscina y almacenarse en seco o ser reprocesado.

Dato curioso: Incluso en el peor de los casos, como una fuga de agua, la radiación seguiría estando contenida por la estructura de la piscina, evitando cualquier riesgo ambiental.

2. Contenedores secos – La solución a medio plazo

Una vez que el combustible nuclear usado se ha enfriado en las piscinas, puede transferirse a recipientes sellados de acero y hormigón conocidos como contenedores secos.

Ventajas de los contenedores secos:

- No requieren electricidad para el enfriamiento y funcionan de forma pasiva.

- Son altamente resistentes a impactos, terremotos, incendios y explosiones.

- Pueden almacenar combustible nuclear usado de forma segura durante más de 100 años.

Ejemplo: Estados Unidos ha utilizado contenedores secos desde la década de 1980 y nunca ha experimentado una fuga de radiación ni un accidente asociado a este método de almacenamiento.

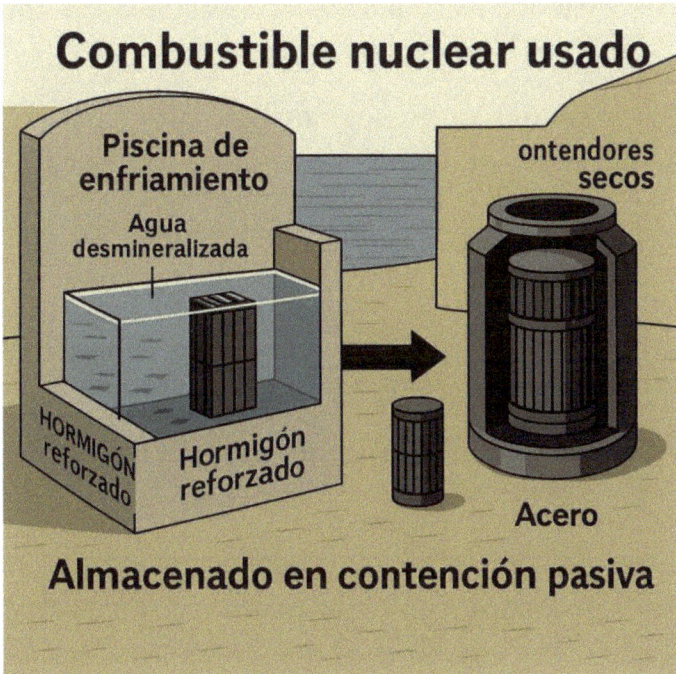

Combustible nuclear usado

Piscina de enfriamiento

ontendores secos

Agua desmineralizada

HORMIGÓN reforzado

Hormigón reforzado

Acero

Almacenado en contención pasiva

La ilustración muestra cómo se almacena el combustible nuclear usado en piscinas de enfriamiento y contenedores secos.

3. Almacenamiento geológico profundo – La solución definitiva

Los residuos radiactivos de alta actividad, que siguen siendo peligrosos durante siglos o milenios, requieren un depósito permanente y seguro. La solución más avanzada es el almacenamiento geológico profundo, que consiste en enterrar los residuos a cientos de metros de profundidad en formaciones rocosas estables.

¿Cómo funciona el almacenamiento geológico?

- Los residuos se colocan en contenedores metálicos recubiertos de cobre.

- Estos contenedores se entierran en túneles excavados en rocas extremadamente antiguas y estables.

- La barrera geológica impide que la radiación migre hacia la superficie.

El proyecto más avanzado de este tipo en el mundo es el depósito de Onkalo en Finlandia.

Estudio de caso: Onkalo – El primer depósito geológico del mundo

Onkalo, en Finlandia, es el primer depósito de residuos nucleares del mundo en entrar en operación. Este proyecto fue desarrollado para almacenar de forma segura residuos radiactivos de alta actividad durante 100.000 años.

¿Por qué Finlandia eligió Onkalo?

- Finlandia posee una de las formaciones geológicas más estables del planeta, compuesta de granito con más de 1.800 millones de años.

- El país genera el 30 % de su electricidad a partir de energía nuclear y necesitaba una solución permanente y segura para los residuos.

- Onkalo fue diseñado para ser completamente autosuficiente, sin necesidad de mantenimiento tras el sellado.

¿Cómo funciona Onkalo?

- **Ubicación:** El depósito está situado a 450 metros de profundidad, dentro de un macizo rocoso.

- **Capas de protección:** Los residuos se almacenan en cápsulas de cobre, rodeadas de arcilla bentonítica para impedir la infiltración de agua.

- **Estructura final:** Una vez lleno el depósito (se prevé hacia 2120), los túneles se sellarán permanentemente.

Principales ventajas del depósito Onkalo:

- **Seguridad absoluta:** Incluso en caso de terremotos o actividad geológica, la radiación permanecerá aislada.

- **Impacto ambiental cero:** El sistema está diseñado para impedir cualquier fuga al medio ambiente.

- **Modelo para el futuro:** Otros países, como Suecia y Francia, están planificando depósitos similares.

Dato curioso: Los estudios indican que, incluso si la humanidad desapareciera, los residuos almacenados en Onkalo permanecerían aislados y seguros, sin necesidad de intervención humana.

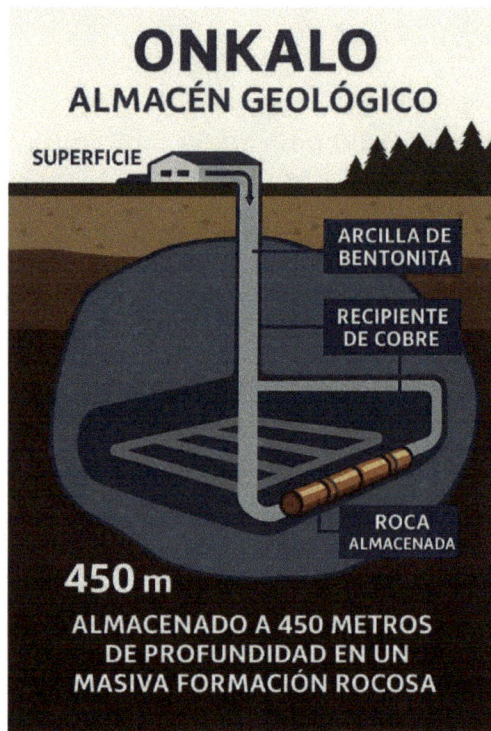

Infografía del depósito geológico de Onkalo, que muestra su estructura subterránea y las capas de protección.

Conclusión:

Contrariamente a lo que muchos creen, los residuos nucleares no son un problema sin solución. Por el contrario, cuentan con una de las cadenas de gestión más seguras y rigurosamente controladas del mundo.

- Las piscinas de enfriamiento garantizan la seguridad inmediata de los residuos recién retirados del reactor.

- Los contenedores secos ofrecen una solución de medio plazo altamente segura.

- El almacenamiento geológico profundo, como el de Onkalo, representa la solución definitiva y libre de riesgos.

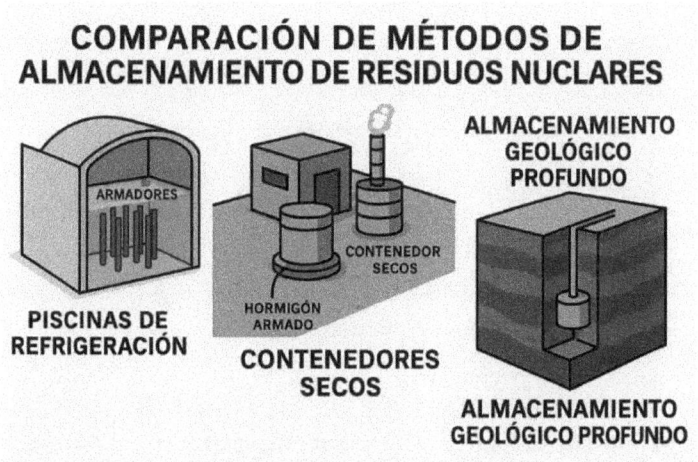

La ilustración muestra un diagrama comparativo de los diferentes métodos de almacenamiento de residuos nucleares, incluyendo piscinas de enfriamiento, contenedores secos y almacenamiento geológico profundo.

La energía nuclear es la única forma de generación eléctrica que asume plena responsabilidad por el 100 % de sus residuos, garantizando que no se produzca ningún impacto ambiental, ni ahora ni en el futuro.

Tiempo de decaimiento y los mitos del "peligro eterno" de los residuos nucleares

Uno de los mayores conceptos erróneos sobre los residuos nucleares es la creencia de que permanecen peligrosamente radiactivos durante cientos de miles de años sin ninguna solución viable. Aunque algunos isótopos tienen vidas medias largas, la realidad es que la mayoría de los residuos nucleares pierde el 99 % de su radiactividad en tan solo unos cientos de años.

Además, muchos países utilizan el reprocesamiento para reducir el volumen de residuos radiactivos de alta actividad. Francia, por ejemplo, recicla más del 80 % de su combustible nuclear usado, recuperando materiales valiosos y minimizando el impacto ambiental de los residuos restantes.

En esta sección, exploraremos cuánto tiempo tarda realmente en decaer la radiactividad de los residuos nucleares y cómo el reciclaje del combustible nuclear puede reducir drásticamente el alcance de este problema.

1. Tiempo de decaimiento de los residuos nucleares

La radiactividad de los residuos nucleares disminuye con el tiempo a medida que los isótopos radiactivos se descomponen en elementos estables e inofensivos. El ritmo de este proceso se mide mediante la vida media — el tiempo que tarda en desintegrarse la mitad de los átomos radiactivos.

Tabla 29: Tiempos de decaimiento de los residuos nucleares

Material	Vida media (tiempo para perder la mitad de la radiactividad)	Tiempo estimado hasta un nivel seguro
Yodo-131	8 días	3 meses
Cesio-137	30 años	300 años
Estroncio-90	29 años	300 años
Plutonio-239	24.000 años	240.000 años

Fuente: Elaboración propia basada en los datos de la Tabla Resumen al final del capítulo.

Dato curioso: Aproximadamente el 90 % de la radiactividad del combustible nuclear usado desaparece en los primeros 300 años.

Otro dato importante: Elementos como el yodo-131, que son altamente radiactivos, se desintegran casi por completo en solo unos meses.

Esto significa que la mayoría de los residuos nucleares no son peligrosos durante cientos de miles de años, como muchos creen. Solo una pequeña fracción de los residuos requiere almacenamiento a largo plazo —y esa fracción puede reducirse mediante tecnologías de reprocesamiento.

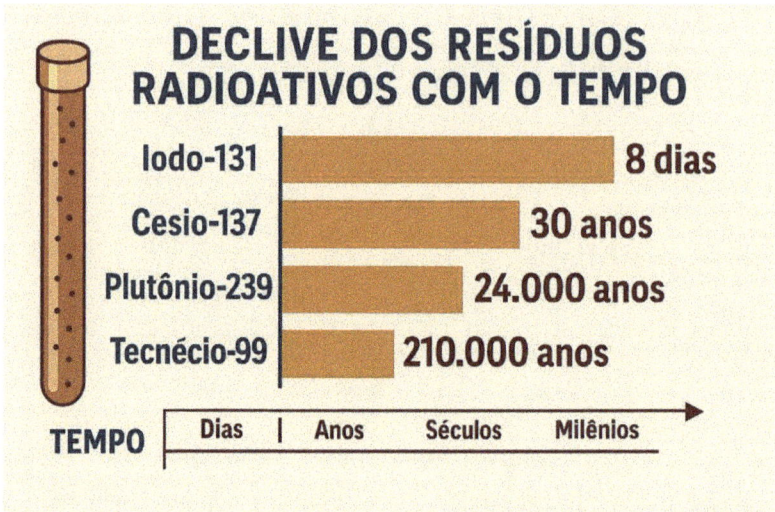

DECLIVE DOS RESÍDUOS RADIOATIVOS COM O TEMPO

Iodo-131	8 dias
Cesio-137	30 anos
Plutônio-239	24.000 anos
Tecnécio-99	210.000 anos

TEMPO — Dias | Anos — Séculos — Milênios

Ilustración que muestra el tiempo de decaimiento de los principales elementos radiactivos.

2. Cómo Francia recicla más del 80 % de su combustible nuclear

Francia es un líder mundial en el reciclaje de combustible nuclear, lo que reduce drásticamente la cantidad de residuos radiactivos de alta actividad y aumenta la eficiencia energética de sus reactores. El país opera un ciclo de combustible cerrado, lo que permite reutilizar materiales valiosos en nuevas reacciones nucleares.

¿Cómo funciona el reprocesamiento francés?

- Separación de materiales

  o El combustible nuclear usado se envía a la planta de reprocesamiento de La Hague, una de las más grandes del mundo.

219

- Allí, el uranio y el plutonio se separan de los residuos altamente radiactivos.

- Reutilización del uranio y el plutonio

  - El uranio separado puede reconvertirse en nuevo combustible para reactores.

  - El plutonio extraído se utiliza para producir MOX (combustible de óxidos mixtos), un tipo de combustible que puede reutilizarse en los reactores nucleares.

- Reducción de residuos de alta actividad

  - Solo el 3 % del combustible inicial se convierte en residuos verdaderos sin potencial de reutilización.

  - Estos residuos se vitrifican — se mezclan con vidrio fundido y se almacenan de forma segura en depósitos geológicos.

¿Qué hace Francia con el combustible reciclado?

- Utiliza MOX (Mixed Oxide Fuel): un combustible hecho de uranio y plutonio reciclados, empleado en unos 22 reactores nucleares franceses.

- Evita la minería excesiva de uranio: lo que reduce la necesidad de extraer nuevos recursos naturales.

- Reduce los residuos a largo plazo: lo que normalmente requeriría 240.000 años de almacenamiento puede reducirse a solo unos pocos siglos mediante el reprocesamiento.

Dato curioso: Gracias al reprocesamiento, Francia produce menos de 1 kg de residuos radiactivos de alta actividad por habitante al año — mucho menos que la mayoría de los países que utilizan energía nuclear.

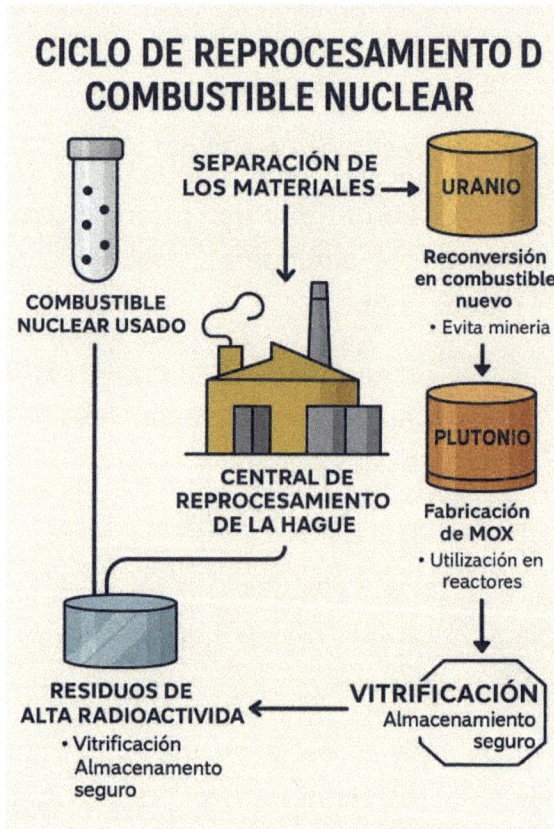

CICLO DE REPROCESAMIENTO D COMBUSTIBLE NUCLEAR

COMBUSTIBLE NUCLEAR USADO

SEPARACIÓN DE LOS MATERIALES → URANIO

Reconversión en combustible nuevo
• Evita mineria

CENTRAL DE REPROCESAMIENTO DE LA HAGUE

PLUTONIO

Fabricación de MOX
• Utilización en reactores

RESIDUOS DE ALTA RADIOACTIVIDA ← VITRIFICACIÓN
Almacenamiento seguro
• Vitrificación Almacenamento seguro

Diagrama de flujo que ilustra el ciclo de reprocesamiento del combustible nuclear en Francia, destacando cómo se reutiliza más del 80 % del combustible.

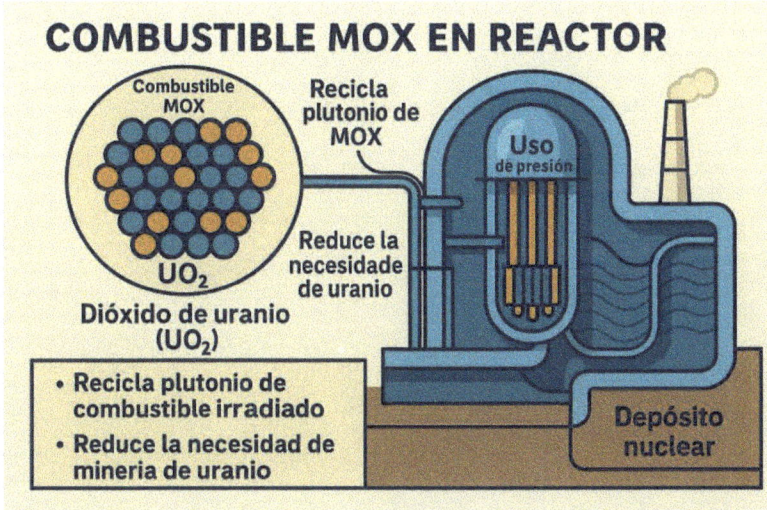

COMBUSTIBLE MOX EN REACTOR

Combustible MOX

Recicla plutonio de MOX

Uso de presión

UO$_2$

Reduce la necesidade de uranio

Dióxido de uranio (UO$_2$)

- Recicla plutonio de combustible irradiado
- Reduce la necesidad de mineria de uranio

Depósito nuclear

Diagrama que ilustra cómo funciona el MOX (combustible de óxidos mixtos) en los reactores nucleares, destacando su composición y beneficios.

3. El futuro de la gestión de residuos – Nuevas tecnologías de reciclaje

Los avances en los reactores nucleares de nueva generación permitirán reutilizar casi el 100 % del combustible nuclear, haciendo que los residuos resultantes sean aún menores. Algunas tecnologías prometedoras incluyen:

Reactores rápidos

- Utilizan plutonio y uranio empobrecido como combustible, cerrando el ciclo del combustible nuclear.

- Son extremadamente eficientes y pueden reducir los residuos nucleares hasta en un 90 %.

Reactores de sales fundidas

- Permiten reacciones nucleares más eficientes y seguras.

- Pueden consumir residuos nucleares antiguos, convirtiéndolos en nuevas fuentes de energía.

Transmutación nuclear

- Una tecnología experimental que puede convertir isótopos de vida larga en elementos de vida más corta.

- Esto podría eliminar la necesidad de almacenamiento a largo plazo.

Ejemplo: Japón y la Unión Europea están invirtiendo miles de millones en la investigación de la transmutación nuclear, con el objetivo de minimizar los residuos a largo plazo.

Conclusión – Los residuos nucleares son un problema menor de lo que se suele creer

Contrariamente a la creencia popular, los residuos nucleares no son un problema irresoluble. Al contrario, existen tecnologías y estrategias eficaces para su gestión:

- La mayor parte de la radiactividad de los residuos desaparece en unos pocos siglos.

- El reprocesamiento puede reducir drásticamente el volumen de residuos de alta actividad.

- Países como Francia ya reutilizan el 80 % del combustible nuclear, minimizando el impacto ambiental.

- Las nuevas tecnologías pueden transformar los residuos nucleares en nuevas fuentes de energía.

Cuando se gestionan adecuadamente, los residuos nucleares no representan un riesgo significativo para el medio ambiente. Con innovación y políticas de gestión sólidas, el sector nuclear puede llegar a ser aún más sostenible en el futuro.

NUEVAS TECNOLOGÍAS DE RECICLAJE LE NUCLEAR

Tecnologías prometedoras que prometen reducir drásticamente los residuos radiactivos

REACTOES RÁPIDOS

REACTORE RÁPIDOS
Utilizan plutónio y uranio empobrecicido como combustivel

REATORES DE SAL FUNDIDO
Reacciones nucleares más eficientes y seguras

ISÓTOPO DE LARGA VIDA

REDUCEN LA NECESIDADE DE ALMACE-NAMENTO A LONGO PRAZO

TRANSMUTACIÓN NUCLEAR
NUCLEAR TRUNSMUACIÓN

Infografía que ilustra nuevas tecnologías de reciclaje nuclear, incluyendo reactores rápidos, reactores de sales fundidas y transmutación nuclear, que pueden reducir drásticamente los residuos radiactivos.

Mitos sobre el peligro de los residuos nucleares

La gestión de los residuos nucleares es uno de los temas más frecuentemente criticados por los opositores a la energía nuclear. A menudo se presenta como una **'basura eterna'**, irresoluble y extremadamente peligrosa. Sin embargo, esta visión pasa por alto tres puntos clave:

1. La cantidad de residuos nucleares generados es extremadamente pequeña en comparación con otras industrias.

2. Los residuos nucleares se almacenan y controlan, mientras que los residuos químicos y de combustibles fósiles se liberan al medio ambiente.

3. La radiactividad de los residuos nucleares disminuye con el tiempo, mientras que los contaminantes químicos y los metales pesados siguen siendo tóxicos para siempre.

Vamos a explorar estos puntos en profundidad, desmontando las principales afirmaciones sobre los residuos nucleares.

Comparación entre residuos nucleares y otras industrias

La energía nuclear genera residuos, pero lo mismo ocurre con todas las formas de generación de energía. La cuestión central no es simplemente si un sector produce residuos, sino cómo se gestionan esos residuos y cuál es su impacto real en el medio ambiente y la salud humana.

Comparemos los residuos nucleares con los residuos de otras industrias:

Tabla 30: Comparación entre los residuos nucleares y los residuos de otras industrias

Tipo de Residuo	Origen	Cantidad Producida Anualmente	Impacto Ambiental	Gestión
Residuos Nucleares	Centrales nucleares	Aproximadamente 30 toneladas por reactor de 1GW/año	Sin impacto ambiental directo (almacenado de forma segura)	Reprocesamiento y almacenamiento geológico
Cenizas de Carbón	Centrales térmicas	Millones de toneladas	Contienen metales pesados tóxicos (mercurio, arsénico) que contaminan el suelo y el agua	Vertederos que a menudo se filtran al medio ambiente
Residuos Químicos	Industrias petroquímicas y farmacéuticas	Miles de millones de litros de efluentes tóxicos	Contaminación de ríos, acuíferos e intoxicación de poblaciones	Tratamiento parcial y vertido continuo
Residuos Electrónicos	Basura tecnológica (baterías, placas, etc.)	Millones de toneladas	Contienen plomo, cadmio y mercurio, altamente tóxicos	Reciclaje limitado, eliminación inadecuada común

¿Por qué los residuos nucleares son menos problemáticos?

- **Volumen reducido** – Los residuos nucleares se generan en cantidades mínimas en comparación con otros tipos de residuos industriales.

- **Almacenamiento seguro** – A diferencia de los residuos químicos o del carbón, los residuos nucleares no se liberan al medio ambiente.

- **Decaimiento radiactivo** – Mientras los contaminantes químicos y metales pesados permanecen tóxicos para siempre, los residuos nucleares se vuelven menos peligrosos con el tiempo.

Dato curioso: Una central nuclear suministra electricidad a millones de personas y genera solo 30 toneladas de residuos radiactivos de alta actividad por año. Una central de carbón de la misma capacidad genera 300.000 toneladas de cenizas tóxicas anualmente, parte de las cuales se liberan a la atmósfera.

El riesgo real de los residuos radiactivos frente a la percepción pública

La opinión pública suele sobrestimar los riesgos de los residuos nucleares mientras subestima los de otros tipos de residuos. Esto se debe en gran parte a décadas de temor amplificado hacia la radiactividad, mientras los contaminantes industriales invisibles son ampliamente aceptados sin cuestionamientos.

Desglosemos algunos mitos comunes:

Mito 1: Los residuos nucleares se vierten en el medio ambiente
FALSO. Ninguna industria controla sus residuos con tanta rigurosidad como el sector nuclear.

El 100% de los residuos nucleares se almacena en instalaciones protegidas y reguladas. En cambio, los residuos químicos suelen verterse en ríos y las cenizas del carbón se liberan al aire.

Mito 2: Los residuos nucleares son peligrosos para siempre
FALSO. La mayor parte de la radiactividad desaparece en unos pocos cientos de años.

Elementos como el Cesio-137 y el Estroncio-90 (los más peligrosos a corto plazo) pierden el 99% de su radiactividad en 300 años. Solo una pequeña fracción requiere almacenamiento a largo plazo.

Mito 3: Los residuos nucleares son más peligrosos que los residuos químicos
FALSO. Sustancias como el mercurio, el cadmio y los pesticidas industriales nunca pierden su toxicidad.

La contaminación por mercurio o dioxinas es irreversible, mientras que la radiactividad disminuye naturalmente con el tiempo.

Dato curioso: El desastre químico de Bhopal en la India (1984) causó más de 15.000 muertes. Ninguna fuga ni accidente nuclear ha causado algo remotamente comparable.

El desastre químico de Bhopal (India, 1984) – El verdadero peligro de los residuos industriales

En la noche del 2 al 3 de diciembre de 1984, la ciudad de Bhopal, India, sufrió el peor desastre químico de la historia. Una grave fuga del gas tóxico isocianato de metilo (MIC) en la planta de Union Carbide India Limited (UCIL) provocó la muerte de más de 15.000 personas y cientos de miles de casos de intoxicación grave, muchos con consecuencias permanentes.

Este evento catastrófico suele ser ignorado en los debates sobre seguridad industrial, a pesar de que su magnitud supera con creces cualquier desastre nuclear hasta la fecha.

1. ¿Qué ocurrió en Bhopal?

La planta de pesticidas de UCIL almacenaba isocianato de metilo (MIC), un gas altamente tóxico utilizado en la producción de pesticidas. La noche del accidente, el agua entró en el tanque de almacenamiento de MIC, provocando una reacción química incontrolable.

Cronología del desastre:

- **22:30** – El agua se infiltra en los tanques de almacenamiento de MIC.

- **23:00** – El calor de la reacción química aumenta la presión interna del tanque.

- **00:30** – Falla la válvula de seguridad, liberando una nube masiva de gas tóxico sobre la ciudad.

- **01:00** – Miles de personas comienzan a morir instantáneamente al inhalar el gas.

- **Al amanecer – Más de 5.000 muertos confirmados y unas 600.000 personas intoxicadas.**

Los sistemas de seguridad fallaron y la población no fue evacuada a tiempo, lo que resultó en consecuencias devastadoras.

2. Impacto del desastre – Una catástrofe humana y ambiental

Impacto en la salud

- Entre 15.000 y 25.000 muertes directas e indirectas en los años siguientes.

- Más de 600.000 personas intoxicadas, muchas con secuelas permanentes.

- Miles de casos de ceguera y problemas respiratorios crónicos.

El gas MIC atacó los pulmones, los ojos y los tejidos internos, causando muertes agónicas por asfixia y quemaduras internas.

Impacto ambiental

- Suelo y agua contaminados durante décadas – la fábrica siguió filtrando productos químicos durante años.

- La contaminación de aguas subterráneas provocó enfermedades graves en la población local.

- La zona alrededor de la fábrica permanece contaminada hasta el día de hoy.

A diferencia de un desastre nuclear, donde la radiación se disipa con el tiempo, los contaminantes químicos permanecen en el medio ambiente y continúan afectando a la población casi 40 años después.

Comparación con los accidentes nucleares

El desastre de Bhopal fue mucho más devastador que cualquier evento nuclear en términos de víctimas, impacto ambiental y negligencia corporativa.

Tabla 31: Comparación entre los accidentes de Bhopal y Chernóbil

Criterio	Bhopal (1984)	Chernóbil (1986)
Causa	Fallo industrial y falta de seguridad química	Explosión del reactor nuclear
Muertes inmediatas	5.000 a 10.000	31
Muertes a lo largo de los años	15.000+	4.000–10.000 (estimación OMS)
Personas afectadas	600.000+ intoxicadas	200.000 evacuadas
Área contaminada	Suelo y agua contaminados permanentemente	La radiación disminuye con los años
Impacto actual	Residuos químicos aún contaminan la región	La radiación ya ha caído más del 90%
Responsabilidad	Empresa pagó compensaciones mínimas	Se reforzaron medidas internacionales de seguridad nuclear

Fuente: *Elaboración propia basada en los datos de la Tabla Resumen al final del capítulo.*

Dato importante: A diferencia de la energía nuclear, donde accidentes como el de Chernóbil dieron lugar a reformas masivas en los protocolos de seguridad, la industria química sigue operando, en la mayoría de los casos, con altos riesgos, experimentando múltiples fugas e incidentes de contaminación tóxica cada año.

Gráfico 33: Tasa de aprovechamiento del combustible nuclear

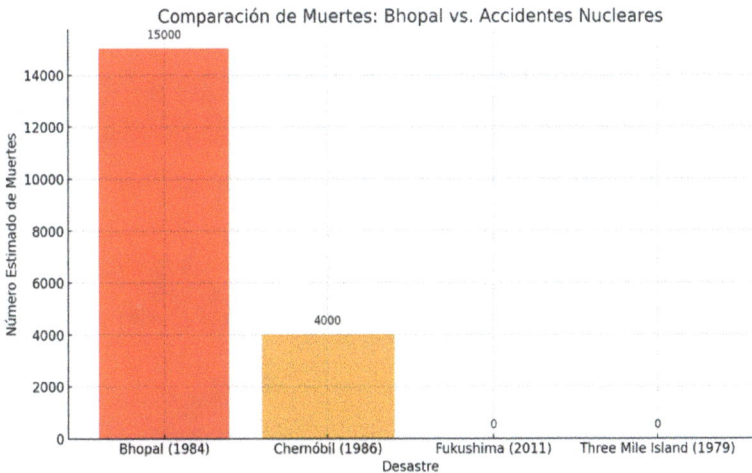

Comparación de Muertes: Bhopal vs. Accidentes Nucleares

Fuente: *Elaboración propia basada en los datos de la Tabla Resumen al final del capítulo.*

4. ¿Por qué no existe un temor global hacia la industria química?

A pesar de que Bhopal fue mucho peor que cualquier accidente nuclear, la industria química no enfrenta la misma presión ni el mismo escrutinio que el sector nuclear. Esto se debe a varios factores:

- Falta de conocimiento público – La mayoría de las personas no entiende los riesgos químicos del mismo modo que comprenden el peligro de la radiación.

- Intereses económicos – Las industrias química y petrolera son poderosas e influyentes.

- Falta de regulación estricta – A diferencia del sector nuclear, el control sobre la industria química es mucho más laxo.

Dato curioso: Un solo desastre químico mató a más personas que todos los accidentes nucleares combinados, y sin embargo, el miedo sigue centrado en la energía nuclear.

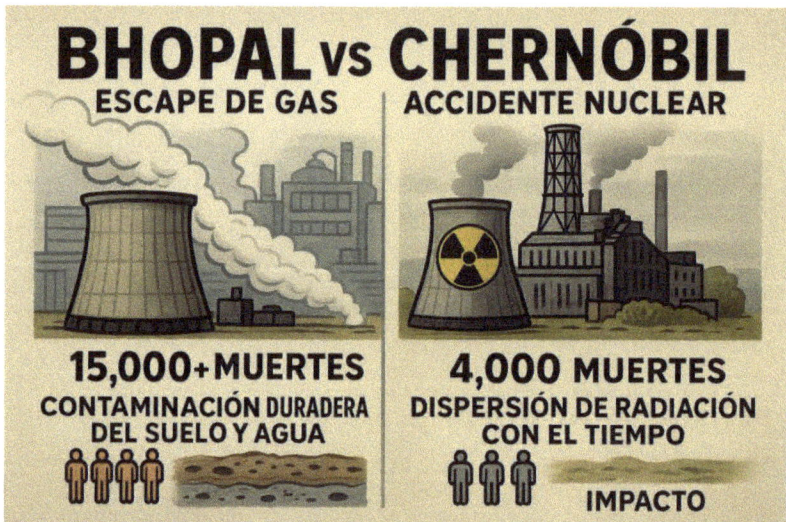

Ilustración que ofrece una comparación visual entre Bhopal y Chernóbil, destacando el impacto humano y ambiental de cada desastre.

Conclusión – Bhopal y la hipocresía en la percepción del riesgo

El desastre de Bhopal debería haber sido una llamada de atención global sobre los riesgos de la industria química, pero en su lugar, continúa siendo ignorado.

El accidente de Bhopal mató a más de 15.000 personas, mientras que el peor accidente nuclear (Chernóbil) tuvo un impacto significativamente menor.

La contaminación química en Bhopal continúa hasta hoy, mientras que la radiación en Chernóbil ya se ha reducido en más de un 90%.

Las regulaciones de seguridad nuclear se reforzaron tras Chernóbil, pero la industria química sigue operando con altos niveles de riesgo.

¿Qué nos enseña Bhopal? El verdadero peligro para el medio ambiente y la salud pública no proviene de los residuos nucleares, sino de los residuos industriales y químicos, que se vierten sin control en todo el mundo.

CRONOLOGÍA DEL DESASTRE DE BHOPAL

10:30 P.M.

Agua se filtra en un tanque de almacenaramiento que contiene isocianato de metilo, desencadenando una reacción exotérmica

ISOCIANATO DE METILO

11:00 P.M.

La temperatura y la presión dentro del tanque empiezan a elevarse

12:30 A.M.

La válvula de seguridad falla, y una gran nube de gas tóxico se escapa al aire

1:00 A.M.

La nube de gas tóxico llega a la cercana ciudad de Bhopal, causando la muerte de miles de personas

Línea de tiempo del desastre de Bhopal, que ilustra los eventos que condujeron a la catástrofe.

MAPA DE CONTAMINACIÓN OUÍMICA EN BHOPAL

Zonas que siguen afectadas por el desastre industrial hasta la fecha

ABANDONADA DE UNION CARBIDE PLANT

CIUDAD ANTIGUA

LAGO

Contaminación del suelo y aguas subterráneas

Ilustración que muestra el mapa de contaminación química en Bhopal, destacando las zonas que siguen afectadas por el desastre hasta el día de hoy.

Casos reales de contaminación vs. alarmismo desproporcionado:

Los residuos nucleares nunca han causado un desastre ambiental global, mientras que los contaminantes químicos y los derrames de petróleo han provocado daños irreversibles.

Tabla 32: Comparación de desastres medioambientales

Caso	¿Qué ocurrió?	Impacto real	Gestión del problema
Chernóbil (1986)	Explosión de reactor dispersó	Zona local afectada,	La radiación ha disminuido más

	material radiactivo	evacuación en 30 km	del 90% desde 1986
Cenizas de carbón (Kingston, EE. UU., 2008)	Ruptura de depósito liberó millones de toneladas de cenizas tóxicas	Ríos y tierras contaminados permanentemente	Impacto ambiental irreversible
BP – Golfo de México (2010)	Explosión de plataforma vertió millones de barriles de petróleo al océano	Extinción de especies, daño ambiental prolongado	Remediación parcial, daños irreversibles

Fuente: Elaboración propia basada en los datos de la Tabla Resumen al final del capítulo.

Conclusión: Ningún accidente nuclear ha causado un impacto medioambiental comparable al de los desastres químicos y petroleros.

Infografía comparativa que ilustra la cantidad de residuos generados por diferentes industrias, destacando la pequeña cantidad de residuos nucleares en comparación con otros tipos de contaminantes.

El desastre de BP en el Golfo de México (2010) – El verdadero peligro de la industria petrolera

El 20 de abril de 2010, la plataforma de perforación Deepwater Horizon, operada por British Petroleum (BP) en el Golfo de México, sufrió una explosión catastrófica que provocó el mayor derrame de petróleo en la historia de los Estados Unidos.

El desastre causó 11 muertes inmediatas, cientos de heridos, destrucción de ecosistemas marinos y una contaminación que aún persiste.

Este evento es crucial para comparar los riesgos reales de la industria petrolera[2] con los de la energía nuclear, ya que ninguna central nuclear ha causado daños medioambientales comparables a este derrame.

1. ¿Qué ocurrió en el desastre de BP?

Deepwater Horizon era una plataforma de perforación que operaba en aguas profundas, explorando un pozo petrolero en el campo Macondo, a más de 1.500 metros de profundidad.

En la noche del 20 de abril de 2010, una falla catastrófica en el sellado con cemento del pozo permitió la fuga incontrolada de gas natural a alta presión, que llegó a la plataforma y se encendió.

Cronología del desastre:
20 de abril, 21:49 – El gas natural comienza a filtrarse desde el pozo Macondo hacia las tuberías de la plataforma.

20 de abril, 21:56 – El gas llega a la cubierta de Deepwater Horizon y se inflama.

20 de abril, 22:00 – Una explosión masiva destruye la plataforma, matando a 11 trabajadores y dejando decenas de heridos.

---

[2] El autor, tras haber trabajado en la industria petrolera durante más de treinta años, siente vergüenza por el accidente y por todas sus consecuencias. La industria del petróleo siempre ha defendido los más altos estándares de calidad y seguridad, y presenciar un accidente de tal magnitud —claramente causado por negligencia humana, tanto a nivel directivo como operativo— provoca una profunda sensación de repulsión e indignación. La justicia ha cumplido con su deber, condenando adecuadamente a la empresa y a sus responsables por negligencia grave.

22 de abril – La plataforma se hunde, rompiendo completamente el pozo y provocando un derrame incontrolado de petróleo.

Julio de 2010 – Tras 87 días, BP logra finalmente sellar el pozo. Durante ese período, más de 4,9 millones de barriles de petróleo se vertieron en el océano.

Este gigantesco derrame de petróleo se convirtió en el mayor desastre medioambiental jamás causado por la industria petrolera en Estados Unidos.

Línea de tiempo del desastre de BP en el Golfo de México

20 de abril, 21 h 49 min.	20 h abril, 21 h 56min.	20 de abril, 22 h	22 de abril
El gas natural comienza a escapar del pozo Maconndo hacia el interior del conducto de perfuración.	El gas alcanza la plataforma Deepwater Horizon e inflama. se.	Las explosiones e fins destruyen la plataforma, causando la 11 trabajadores.	La plataforma se hunde, provocano una descarga incontrolada de petróleo.

Línea de tiempo del desastre de BP en el Golfo de México, que ilustra los eventos que condujeron al derrame de petróleo.

2. Impacto medioambiental del derrame de petróleo de BP

Mientras que los desastres nucleares como Chernóbil y Fukushima causaron daños localizados, el derrame de BP tuvo un impacto global, afectando el océano, la vida marina y la economía pesquera durante décadas.

Impacto en la vida marina

- Más de 100.000 tortugas marinas muertas.

- Al menos 1.400 delfines y ballenas murieron como resultado de la contaminación.

- La industria pesquera perdió miles de millones de dólares debido a la destrucción de los ecosistemas marinos.

Impacto en la economía

- Más de 400.000 empleos afectados en las industrias de pesca y turismo.

- BP pagó más de 65.000 millones de dólares en compensaciones, pero el daño ambiental es irreparable.

Impacto en el medio ambiente

- La mancha de petróleo cubrió un área equivalente al estado de Nueva York.

- Se derramaron más de 4,9 millones de barriles de petróleo, contaminando 1.300 km de costa.

- El plancton, los arrecifes de coral y los moluscos fueron devastados, alterando permanentemente la cadena alimentaria de la región.

Dato importante: La radiación de Chernóbil y Fukushima ha disminuido de forma natural con los años, mientras que el petróleo de BP continúa contaminando el océano hasta el día de hoy.

Mapa que muestra la extensión del derrame de petróleo en el Golfo de México, destacando las áreas afectadas por la contaminación.

3. Comparación con los accidentes nucleares

A pesar de la destrucción masiva causada por el desastre de BP, el público sigue temiendo más a la energía nuclear que al petróleo, a pesar de que los desastres relacionados con el petróleo son recurrentes y causan daños medioambientales permanentes.

Tabla 33: Comparación entre los accidentes de BP y Chernóbil

Criterio	BP Golfo de México (2010)	Chernóbil (1986)
Causa	Fallo en la cementación del pozo petrolero	Explosión del reactor nuclear

Muertes inmediatas	11	31
Muertes a lo largo de los años	Est. 11.000 por contaminación e impacto económico	4.000–10.000 (estimación de la OMS)
Área afectada	1.300 km de costa, océano abierto	30 km alrededor del reactor
Impacto ambiental	Derrame de petróleo en el océano, contaminación permanente	Radiación disminuyendo con los años
Recuperación	El impacto ambiental sigue presente tras 14 años	La radiación ha disminuido más del 90% desde 1986
Responsabilidad	BP pagó indemnizaciones, pero el daño ambiental persiste	Protocolos de seguridad nuclear reforzados globalmente

Fuente: Elaboración propia basada en los datos de la Tabla Resumen al final del capítulo.

Conclusión: El desastre de BP fue mucho más perjudicial para el medio ambiente y la economía que cualquier accidente nuclear moderno.

Gráfico 34: Comparación del impacto medioambiental – Desastre de BP vs. Energía nuclear

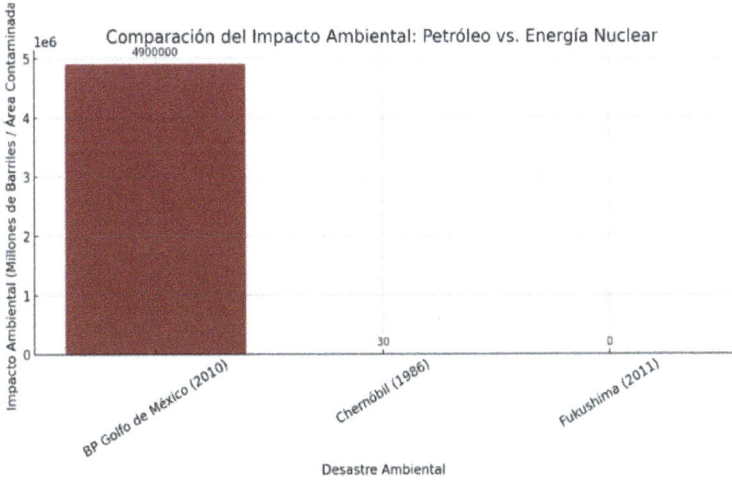

Fuente: Elaboración propia basada en los datos de la Tabla Resumen al final del capítulo.

Gráfico que compara el impacto medioambiental del petróleo frente a la energía nuclear, mostrando la disparidad entre ambos desastres.

Nota: Para permitir una comparación clara, el accidente de Chernóbil fue convertido a un equivalente de impacto medioambiental en barriles de petróleo derramado. Así, el accidente de Chernóbil tuvo un impacto equivalente a un derrame de 30.000 barriles de petróleo.

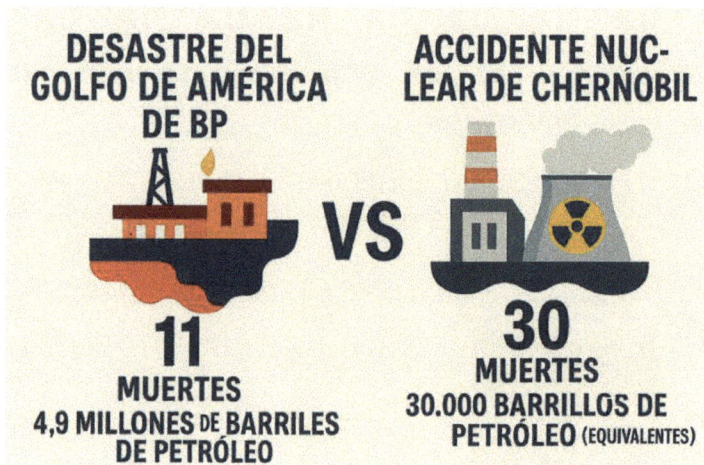

Comparación visual entre el desastre de BP en el Golfo de México y Chernóbil, destacando el impacto humano y medioambiental de cada evento.

4. ¿Por qué se teme menos al petróleo que a la energía nuclear?

La industria petrolera mueve billones de dólares y tiene una influencia directa sobre la política global. Por eso, los desastres petroleros —aunque poco frecuentes— tienen consecuencias devastadoras, pero son rápidamente olvidados. Al igual que la energía nuclear, los accidentes relacionados con el petróleo suelen llevar a mejoras en las prácticas y procedimientos de la industria. Sin embargo, la energía nuclear sigue cargando con un estigma duradero.

El lobby petrolero es poderoso – Las compañías petroleras financian campañas políticas y controlan las narrativas mediáticas.

El petróleo forma parte de la vida cotidiana – Como dependemos de los combustibles fósiles, el público tiende a ignorar sus impactos medioambientales.

El miedo a la radiación supera al miedo a la contaminación química – La desinformación sobre los residuos nucleares alimenta la paranoia, mientras que los desastres medioambientales reales se minimizan.

El desastre de BP fue mucho más destructivo y duradero que cualquier accidente nuclear, pero el miedo a la energía nuclear persiste, mientras el petróleo continúa siendo ampliamente consumido.

El derrame de petróleo de BP causó una contaminación permanente del océano, mientras que la radiación de Chernóbil ha disminuido significativamente.

BP pagó miles de millones en compensaciones, pero el daño medioambiental sigue siendo irreparable.

Los derrames de petróleo siguen ocurriendo regularmente, pero son rápidamente olvidados.

El verdadero peligro no reside en la energía nuclear, sino en nuestra dependencia de los combustibles fósiles, que causan desastres medioambientales masivos, destrucción de ecosistemas y cambio climático.

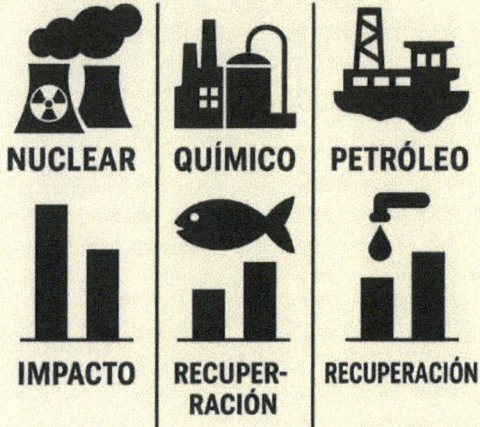

Ilustración que muestra la comparación visual entre desastres medioambientales (nuclear vs. químico vs. petrolero), destacando las diferencias en impacto, daño ambiental y recuperación.

Gráfico 35: Comparación del impacto medioambiental entre accidentes

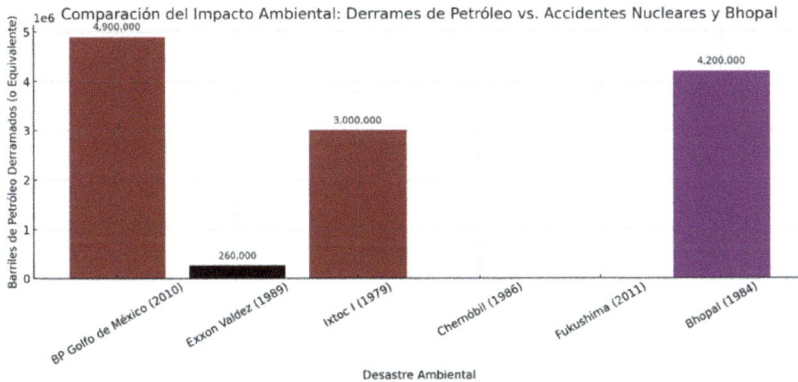

Comparación del Impacto Ambiental: Derrames de Petróleo vs. Accidentes Nucleares y Bhopal

Fuente: Elaboración propia basada en los datos de la Tabla Resumen al final del capítulo.

Gráfico que compara el impacto de los accidentes en términos de barriles de petróleo derramados, destacando la enorme magnitud de los desastres petroleros en comparación con los accidentes nucleares.

El mito de que los residuos nucleares son peligrosos para siempre

Los residuos nucleares tienen un impacto mínimo en comparación con los residuos de otras industrias.

No se vierten en el medio ambiente y su peligrosidad disminuye con el tiempo.

Mientras que los residuos químicos permanecen tóxicos para siempre, los residuos nucleares se almacenan de forma segura e incluso pueden reciclarse.

La verdadera pregunta no debería ser "¿cómo gestionamos los residuos nucleares?", sino más bien "¿por qué nadie se preocupa por los residuos de las industrias química y petrolera que realmente destruyen el medio ambiente?"

EL MITO DE QUE LOS RESIDUOS NUCLEARES SON PELIGROSOS PARA SIEMPRE

MITO

Los residuos nucleares son minimamente impactantes en comparación con los residuos de otras industrías.

No se vierten al medio ambiente, y su naturaleza peligrosa disminuye con el tiempo.

Míentras que los residuos quimicos siguen siendo tóxicos para siempre, los residuos nucleares se almacenan de forma

La verdadera pregunta no debería ser "¿qué hacemos con los residuos nucleares?" sino

¿por qué nadie se preocupa por los residuos que el petróleo y la industria química realmente destruyen el medio

Infografía que desmonta los mitos sobre los residuos nucleares, comparando creencias erróneas con hechos reales.

El futuro de la gestión de residuos – Alternativas e innovaciones

El debate en torno a la energía nuclear suele centrarse en la cuestión de los residuos radiactivos. Sin embargo, los avances tecnológicos recientes están revolucionando la forma en que se procesan y reutilizan estos residuos.

Contrariamente a la creencia popular, los residuos nucleares no tienen que almacenarse indefinidamente. Con nuevas tecnologías, es posible reducir su peligrosidad, reutilizarlos como combustible e incluso eliminarlos mediante transmutación nuclear.

En esta sección, exploraremos las principales innovaciones que podrían transformar la gestión de residuos nucleares en el siglo XXI.

La clave para minimizar los residuos nucleares reside en la reutilización del combustible irradiado. En lugar de tratar el combustible gastado como "residuo", puede reprocesarse y convertirse en una nueva fuente de energía.

Reactores rápidos y el cierre del ciclo del combustible

Los reactores reproductores rápidos (FBR, por sus siglas en inglés) son una tecnología avanzada capaz de utilizar combustible nuclear gastado, haciendo que la energía nuclear sea mucho más eficiente y sostenible.

¿Cómo funcionan los reactores rápidos?

- A diferencia de los reactores convencionales, los reactores rápidos no requieren moderadores de neutrones.

- Utilizan neutrones rápidos para inducir reacciones nucleares, permitiendo aprovechar casi el 100% del combustible.

- El uranio-238 e incluso el plutonio-239 presentes en los residuos pueden reconvertirse en combustible fisionable, reduciendo drásticamente los residuos de larga vida.

Ventajas de los reactores rápidos:

- Pueden consumir residuos nucleares de otros reactores, reduciendo el volumen de residuos radiactivos.

- Aumentan la eficiencia del uranio hasta 100 veces, minimizando la necesidad de minería.

- Generan menos residuos radiactivos de alta actividad.

Ejemplo real:

Rusia ya opera los reactores rápidos BN-600 y BN-800, que utilizan plutonio reciclado como combustible.

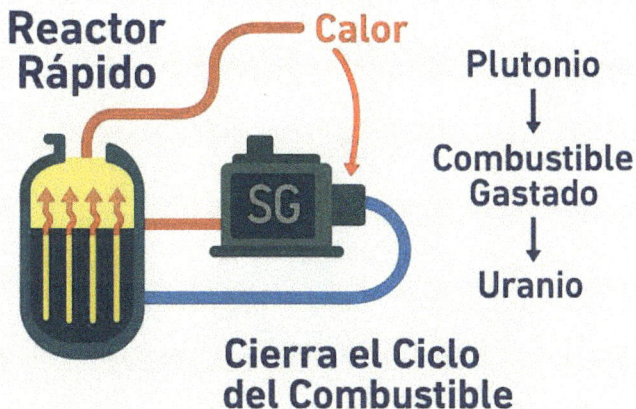

Diagrama que muestra cómo funciona un reactor rápido y cómo se cierra el ciclo del combustible.

Reactores rápidos BN-600 y BN-800 – El futuro de la energía nuclear sostenible

Los reactores rápidos son esenciales para la próxima generación de centrales nucleares, ya que permiten la reutilización del combustible irradiado, reducen la necesidad de extracción de uranio y minimizan los residuos de larga vida.

En Rusia, la serie BN (Bolshoy Moschnosty) representa uno de los sistemas comerciales más avanzados y exitosos en operación a nivel mundial. Actualmente, los reactores BN-600 y BN-800 son los principales ejemplos de esta tecnología, operando en la Central Nuclear de Beloyarsk.

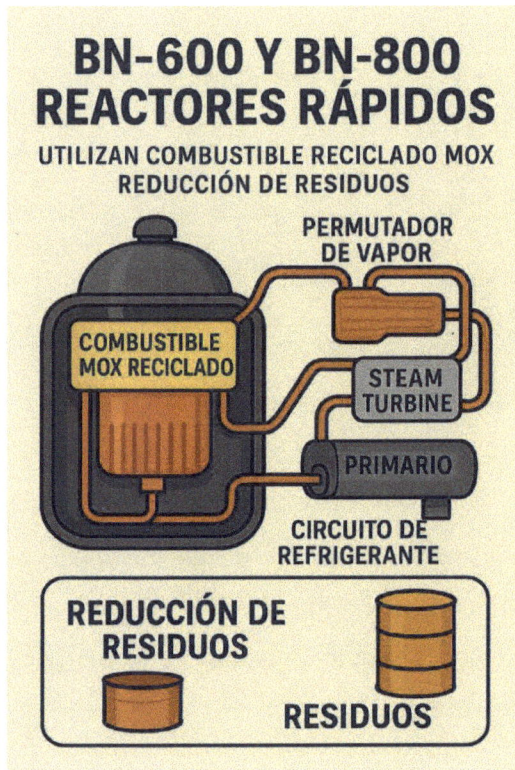

Diagrama que ilustra el funcionamiento de los reactores rápidos BN-600 y BN-800, destacando el uso de combustible MOX reciclado y la reducción de residuos.

¿Qué hace especiales a estos reactores?

- Utilizan neutrones rápidos, lo que permite una mayor eficiencia en la fisión nuclear.

- Pueden consumir plutonio y otros residuos nucleares, reduciendo la cantidad de residuos radiactivos de larga vida.

- Están diseñados para cerrar el ciclo del combustible nuclear, reutilizando uranio y plutonio del combustible gastado.

- Utilizan sodio líquido como refrigerante, lo que proporciona una refrigeración más eficiente sin necesidad de moderadores de neutrones.

1. El reactor BN-600 – El reactor rápido comercial más antiguo y fiable

El BN-600 entró en operación en 1980 en la Central Nuclear de Beloyarsk, en Rusia, y es el reactor rápido comercial más antiguo que aún sigue en funcionamiento en el mundo.

Características técnicas del BN-600:

- Potencia térmica: 1.470 MWt

- Potencia eléctrica neta: 600 MWe

- Refrigerante: Sodio líquido

- Tipo de combustible: MOX (combustible de óxidos mixtos) – una mezcla de uranio y plutonio

¿Por qué es tan importante el BN-600?

- Fue el primer reactor rápido comercialmente viable, demostrando que esta tecnología puede ser segura y fiable.

- Ha operado durante más de 40 años de manera eficiente, acumulando una gran cantidad de datos operativos sobre reactores rápidos.

- Demostró que el reciclaje del combustible nuclear y la reducción de residuos de alta actividad son posibles.

Dato interesante: A pesar de ser una tecnología desarrollada en la era de la Unión Soviética, el BN-600 sigue operando con un alto índice de fiabilidad.

2. El reactor BN-800 – La nueva generación de reactores rápidos

El BN-800 fue construido en el mismo sitio de Beloyarsk y entró en operación en 2015 como una versión mejorada del BN-600. Hoy en día, se considera el reactor rápido comercial más avanzado del mundo.

Características técnicas del BN-800:

- Potencia térmica: 2.100 MWt

- Potencia eléctrica neta: 880 MWe

- Refrigerante: Sodio líquido

- Tipo de combustible: MOX – Plutonio reciclado + uranio empobrecido

¿Qué hace tan innovador al BN-800?

- Fue diseñado para probar el cierre completo del ciclo del combustible nuclear, utilizando únicamente combustible reciclado.

- Demuestra que los reactores rápidos pueden operar con combustible MOX al 100%, eliminando la necesidad de nueva minería de uranio.

- Reduce drásticamente la producción de residuos radiactivos de alta actividad.

Dato interesante: Desde 2022, el BN-800 opera exclusivamente con combustible MOX reciclado, convirtiéndose en el primer reactor del mundo en lograr este hito a escala comercial.

COMBUSTIBLE MOX RECICLADO EN LOS REACTORES RÁPIDOS BN-600 Y BN-800

PLUTONIO

URANIO AGOTADO

BENEFICIOS

- REUTILIZA EL COMBUSTIBLE NUCLEAR
- REDUCE LA EXTRACCIÓN DE URANIO
- GENERA MENOS RESIDUOS

UTILIZADO EN LOS REACTORES RÁPIDOS BN-600 Y BN-800

Infografía que explica cómo se utiliza el combustible MOX reciclado en los reactores rápidos BN-600 y BN-800, destacando su composición y beneficios.

3. Beneficios de los reactores rápidos BN-600 y BN-800

- Permiten reutilizar los residuos nucleares como combustible, reduciendo significativamente la cantidad de residuos generados.

- Disminuyen la necesidad de minería de uranio, ya que pueden operar con combustible reciclado.

- Aumentan la eficiencia del combustible nuclear hasta 100 veces en comparación con los reactores convencionales.

- Reducen los riesgos de proliferación nuclear al transformar el plutonio residual en energía en lugar de permitir su acumulación.

Conclusión: Rusia está demostrando que el cierre del ciclo del combustible nuclear no es solo una teoría, sino una realidad comercialmente viable.

Gráfico 36: Comparación de la eficiencia entre reactores rápidos y reactores convencionales

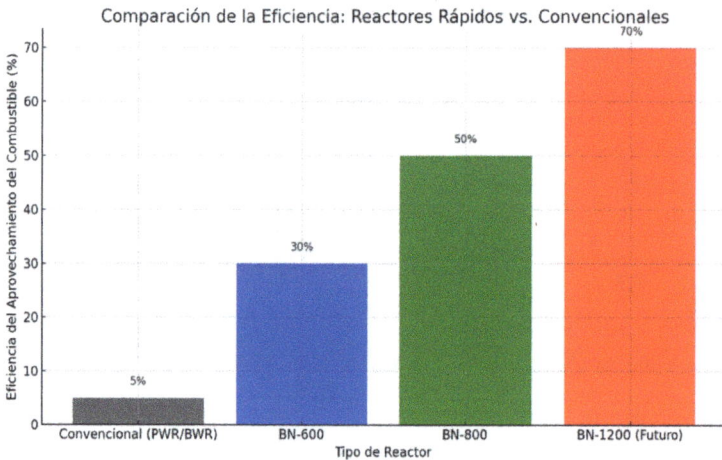

Comparación de la Eficiencia: Reactores Rápidos vs. Convencionales

Fuente: Elaboración propia basada en los datos de la Tabla Resumen al final del capítulo.

Gráfico que compara la eficiencia de los reactores rápidos con los convencionales, mostrando el aumento significativo en la utilización del combustible nuclear.

4. El futuro – El BN-1200 y la expansión de los reactores rápidos

Tras el éxito del BN-600 y el BN-800, Rusia ya está desarrollando un nuevo reactor rápido a gran escala: el BN-1200.

- Capacidad eléctrica de 1.200 MWe, convirtiéndolo en uno de los reactores rápidos más potentes de la historia.

- Mayor seguridad y eficiencia con combustible MOX reciclado.

- Diseñado para la exportación, con posibilidad de adopción por parte de otros países.

Si se implementa con éxito, el BN-1200 podría consolidar la energía nuclear como un sistema completamente sostenible, eliminando la necesidad de depósitos geológicos permanentes para residuos radiactivos de alta actividad.

Conclusión – El BN-600 y el BN-800 son el camino hacia una energía nuclear sostenible

Los reactores rápidos de la serie BN son la prueba de que cerrar el ciclo del combustible nuclear ya es una realidad.

- El BN-600 demostró que los reactores rápidos pueden operar de forma segura y eficiente durante más de 40 años.

- El BN-800 alcanzó un hito histórico al operar al 100% con combustible MOX reciclado.

- Ambos reactores muestran que los residuos nucleares pueden transformarse en energía, reduciendo el impacto ambiental.

- Con el BN-1200, Rusia planea expandir esta tecnología a escala global.

Así, la idea de que "los residuos nucleares son un problema sin solución" está siendo refutada por la propia tecnología que permite reutilizar ese material como combustible.

Reflexión final:

Si todos los países adoptaran reactores rápidos como el BN-600 y el BN-800, los residuos nucleares de larga vida dejarían de ser una preocupación, ya que se transformarían en energía.

DESARROLLO DE RÁPIDOS BN

| MEJORAR EFICIENCIA | UTILIZAR COMBUSTIBLE MX | MEJORAR SOSTENIBILIDAD |

BN-600 — 1980

BN-800 — 2015

BN-1200 — FUTURO

Línea de tiempo que muestra la evolución de los reactores rápidos BN-600, BN-800 y BN-1200, destacando los avances en eficiencia, uso de combustible MOX y sostenibilidad.

Reactores de torio y MSR (Reactores de sales fundidas)

Los reactores de torio y los reactores de sales fundidas (MSR, por sus siglas en inglés) representan un enfoque innovador que puede transformar los residuos nucleares en una fuente de energía.

¿Qué es el torio?

- El torio-232 es un elemento abundante en la corteza terrestre y puede convertirse en uranio-233, un excelente combustible nuclear.

- A diferencia del uranio, el torio produce menos residuos de larga duración.

¿Qué son los reactores de sales fundidas (MSR)?

- Utilizan combustible líquido disuelto en sales fundidas, lo que permite mayor seguridad y eficiencia.

- Algunos MSR pueden utilizar plutonio y otros residuos nucleares como combustible, reduciendo aún más los residuos radiactivos.

Ventajas de los reactores de torio y MSR

- Menos residuos nucleares y tiempos de desintegración radiactiva más cortos.

- Capacidad para consumir residuos radiactivos existentes, reduciendo el volumen total de residuos nucleares.

- Sistema de seguridad pasivo: sin riesgo de fusión del núcleo.

Ejemplo real:

China está desarrollando un reactor experimental de torio, que podría convertirse en el primer reactor de torio comercialmente viable del mundo.

Torio y reactores de sales fundidas (MSR) – El futuro de la energía nuclear en China

Los reactores de torio y sales fundidas son una alternativa avanzada y más segura a los reactores tradicionales basados en uranio.

El torio-232, el principal combustible para estos sistemas es mucho más abundante que el uranio en la corteza terrestre y genera mucho menos residuo radiactivo de larga duración.

China lidera el desarrollo de estas tecnologías, con su reactor experimental de sales fundidas (TMSR-LF1), que entró en fase de pruebas en 2021, marcando un avance importante para el sector nuclear.

¿Por qué el torio puede sustituir al uranio?

El torio-232 es un material fértil que puede convertirse en uranio-233, un combustible nuclear altamente eficiente.

A diferencia del uranio-235, el torio:

- Es de tres a cuatro veces más abundante en la corteza terrestre.

- Produce muchos menos residuos radiactivos de larga duración.

- Tiene un ciclo de combustible más seguro, reduciendo el riesgo de proliferación nuclear.

- Es altamente eficiente y puede aprovecharse casi por completo durante la fisión.

Dato interesante: Mientras que el 99% del uranio natural no puede utilizarse directamente como combustible nuclear, el 100% del torio puede convertirse en combustible útil.

¿Cómo funcionan los reactores de sales fundidas (MSR)?

Los reactores de sales fundidas (MSR) son un tipo avanzado de reactor nuclear que utiliza combustible líquido disuelto en sales fundidas en lugar de barras sólidas de uranio.

- A diferencia de los reactores convencionales, los MSR operan a presiones mucho más bajas, eliminando el riesgo de explosiones catastróficas.

- Si se produce un sobrecalentamiento, el combustible líquido se drena en un tanque de seguridad, deteniendo automáticamente la reacción nuclear.

- Esta tecnología permite el uso de torio, reduciendo la dependencia del uranio y minimizando la producción de residuos de larga duración.

Beneficios clave de los MSR

- **Menor riesgo de accidentes** – El combustible líquido no puede fundirse como en los reactores de combustible sólido.

- **Temperaturas de operación más altas** – Mayor eficiencia en la conversión del calor en electricidad.

- **Baja producción de residuos radiactivos de larga duración** – Tiempos de desintegración mucho más cortos.

- **Capacidad para consumir plutonio y otros residuos nucleares**, reduciendo el volumen de residuos radiactivos.

REACTOR DE SAL FUNDIDA

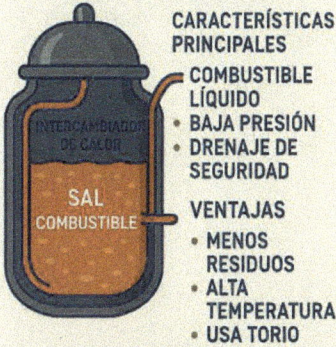

CARACTERÍSTICAS PRINCIPALES

COMBUSTIBLE LÍQUIDO
- **BAJA PRESIÓN**
- **DRENAJE DE SEGURIDAD**

VENTAJAS
- **MENOS RESIDUOS**
- **ALTA TEMPERATURA**
- **USA TORIO**

- **MENOS RESIDUOS**
- **ALTA TEMPERATURA**

INTERCAMBIADOR DE CALOR

SAL COMBUSTIBLE

TORIO Y REACTORES DE SAL FUNDIDO ´ (MSR)

TORIO

¿QUÉ ES EL TORIO?
– D tório-232 es un elemento abundante en la crusta terrestre, y pode ser convertido en uranio- 233, um excelente combustivel nuclear.

¿QUÉ SON LOS REATORES DE SAL FUNDIDO (MSR)?
– Usam combustivel líquido dissolvido em sais fundidos permitindo maior segurança e eficiencia.
– Alguns MSRs podem usar plutónio e ofros residuos nucleares como combustiml, reduzindo ainda mais os residuos.

MINERALES

TANQUE DE DESCARGA

VENTAJAS DE TORIO Y DOS MSR:
– Menor quantidad de residuos reuduros y menor tempos de ecaciento radioativo
– Podem consumir residuos radioactivos existentes, reduzindo os résiduós nucleares totals
– Sistema de seguridad passiva – sin riesgo de tusión dí húcleo

CURIOSIDAD: Enquanto que reatores convencionales operan as reatores acercan en abajantes a unavores temperaturas acimas abajo 700°C, tomándo son mas eficientes.

Diagrama que ilustra el funcionamiento de un reactor de sales fundidas (MSR), destacando sus principales características y ventajas.

Infografía explicativa sobre los reactores de torio y de sales fundidas (MSR)

Dato interesante: Mientras que los reactores convencionales operan a aproximadamente 300–400 °C, los MSR pueden funcionar a temperaturas superiores a 700 °C, lo que los hace mucho más eficientes.

Reactor experimental de sales fundidas de China (TMSR-LF1)

China comenzó a operar un reactor experimental de sales fundidas en la provincia de Gansu en 2021, convirtiéndose en el primer país en probar esta tecnología a escala real desde la década de 1960.

Características del reactor TMSR-LF1:

- Ubicación: Provincia de Gansu, desierto de Wuwei

- Potencia: 2 MW térmicos (prototipo, con planes de alcanzar 373 MW en la siguiente fase)

- Combustible: Torio disuelto en sales de fluoruro

- Objetivo: Validar la viabilidad de los MSR para su despliegue a gran escala

Próximos pasos de China:

- Planean construir un reactor de 373 MW para 2030, suficiente para abastecer una pequeña ciudad.

- Estudios sugieren que esta tecnología podría escalarse hasta 1 GW, convirtiéndose en una verdadera alternativa a las centrales basadas en uranio.

- China ha invertido miles de millones de dólares en su programa de torio, apostando a que será la base de la energía nuclear del futuro.

Infografía que explica las ventajas del torio como combustible nuclear, destacando su abundancia, seguridad y menor generación de residuos.

Conclusión:

Si tiene éxito, esta tecnología podría sustituir a los reactores convencionales, haciendo que la energía nuclear sea mucho más segura, económica y sostenible.

Comparación entre reactores de sales fundidas y reactores convencionales

Los reactores de sales fundidas ofrecen ventajas significativas frente a los reactores convencionales de agua a presión (PWR/BWR).

Tabla 34: Comparación entre reactores convencionales y nuevos reactores de sales fundidas

Característica	Reactores Convencionales (PWR/BWR)	Reactores de Sales Fundidas (MSR)
Combustible	Uranio enriquecido (sólido)	Torio disuelto en sales fundidas
Presión de operación	Alta presión (150 atm)	Baja presión (casi ambiente)
Riesgo de fusión del núcleo	Alto, si falla el sistema de enfriamiento	Extremadamente bajo, ya que el combustible ya está fundido
Eficiencia térmica	33-35%	45-50%
Residuos de larga vida	Produce plutonio y actínidos	Muchos menos residuos radiactivos de larga vida
Proliferación nuclear	Posible, ya que puede generar plutonio para armas	Prácticamente imposible, ya que el U-233 es difícil de desviar

Conclusión: Los MSR podrían revolucionar la energía nuclear al ofrecer un sistema mucho más seguro, eficiente y con menor impacto ambiental.

Gráfico 37: Comparación de eficiencia entre reactores de sales fundidas y reactores convencionales

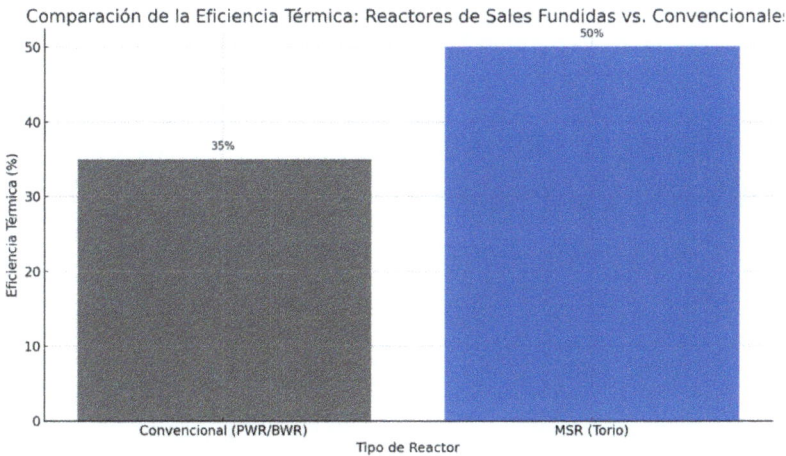

Comparación de la Eficiencia Térmica: Reactores de Sales Fundidas vs. Convencionales

Gráfico que compara la eficiencia de los MSR con los reactores convencionales, destacando la superioridad de los reactores de sales fundidas en términos de aprovechamiento energético.

El futuro de los reactores de torio y MSR:

- China lidera la carrera por los reactores de sales fundidas, con planes para reactores comerciales para 2030.

- Otros países como EE. UU., Canadá e India también están invirtiendo en esta tecnología.

- A largo plazo, los MSR podrían sustituir completamente a los reactores tradicionales de uranio, haciendo que la energía nuclear sea más segura y sostenible.

Reflexión final:

Si esta tecnología tiene éxito, la energía nuclear podría volverse prácticamente inagotable y libre de los problemas asociados con los residuos nucleares de larga duración.

Conclusión – El torio y los MSR podrían revolucionar la energía nuclear:

- El torio es abundante y puede sustituir al uranio en la generación eléctrica.

- Los reactores de sales fundidas son mucho más seguros y eficientes que los reactores convencionales.

- China lidera el desarrollo de esta tecnología y podría transformar el mercado nuclear global.

- Si se adoptan a gran escala, los MSR podrían eliminar el problema de los residuos de larga duración, haciendo que la energía nuclear sea aún más sostenible.

EVOLUCIÓN DEL PROYECTO DE TORIO Y MSR DE CHINA

2011 — PROGRAMA DE INVESTIGACIÓN INICIADO

2021 — REACTOR EXPERIMENTAL TMSR-LF1 PUESTO EN MARCHA

2030 — REACTOR COMERCIAL PLANIFICADO

AMPLIACIÓN DE TECNOLOGÍA HASTA 1 GW

Línea de tiempo que muestra la evolución del proyecto de torio y reactores de sales fundidas (MSR) de China, destacando los hitos clave en el desarrollo de esta tecnología.

Así, los reactores de torio y de sales fundidas (MSR) representan uno de los caminos más prometedores para el futuro de una energía limpia y segura.

Tecnologías de transmutación nuclear para reducir la longevidad de los residuos

Una de las tecnologías más prometedoras para la gestión de residuos es la transmutación nuclear, que puede convertir elementos altamente radiactivos en materiales de vida corta o incluso no radiactivos.

¿Cómo funciona la transmutación nuclear?

- Los residuos radiactivos se exponen a neutrones rápidos en reactores o aceleradores de partículas.

- Este proceso altera los isótopos de los elementos, reduciendo significativamente el tiempo necesario para que los residuos se vuelvan inofensivos.

Beneficios de la transmutación nuclear:

- Reduce la longevidad de los residuos de miles de años a solo siglos o décadas.

- Puede integrarse en reactores rápidos y aceleradores de partículas.

- Disminuye la necesidad de almacenamiento geológico permanente.

TRANSMUTACIÓN NUCLEAR
REDUCCIÓN DEL TIEMPO DE DECAIMIENTO DE RESIDUOS

NEUTRONES

RESIDUOS RADIACTIVOS

NO RADIACTIVO

MILES DE AÑOS

SIGLOS O DÉCADAS

Diagrama que muestra cómo la transmutación nuclear puede reducir el tiempo de desintegración de los residuos radiactivos.

Ejemplo real: El proyecto europeo MYRRHA en Bélgica está probando la transmutación nuclear para eliminar residuos radiactivos de alta actividad.

MYRRHA – El futuro de la transmutación nuclear y la reducción de residuos

MYRRHA (Reactor Híbrido Multipropósito para Aplicaciones de Alta Tecnología) es un reactor experimental híbrido desarrollado por Bélgica y apoyado por la Unión Europea.

Combina un reactor nuclear rápido que utiliza metales líquidos con un acelerador de partículas, permitiendo investigaciones en:

- Transmutación nuclear para reducir el tiempo de desintegración de los residuos nucleares.

- Producción de isótopos médicos para el diagnóstico y tratamiento del cáncer.

- Pruebas de nuevos combustibles nucleares para reactores del futuro.

Este proyecto es único en el mundo y podría revolucionar la gestión de los residuos nucleares.

1. ¿Cómo funciona MYRRHA?

MYRRHA es un reactor híbrido, lo que significa que no es un reactor nuclear convencional. Es un reactor subcrítico que depende de un acelerador de partículas para funcionar.

- **Acelerador de partículas:** MYRRHA utiliza un haz de protones de alta energía para mantener la reacción nuclear.

- **Reactor subcrítico:** Sin el haz de protones, el reactor simplemente se apaga, lo que lo hace extremadamente seguro.

- **Refrigerante de plomo-bismuto:** A diferencia de los reactores convencionales que utilizan agua a presión, MYRRHA emplea una mezcla de plomo y bismuto fundidos, lo que mejora tanto la seguridad como la eficiencia.

- **Transmutación nuclear:** MYRRHA puede transformar residuos altamente radiactivos en elementos de vida corta, reduciendo drásticamente el tiempo necesario para que los residuos sean seguros.

Esta tecnología podría eliminar la necesidad de almacenar residuos nucleares durante cientos de miles de años, reduciendo ese plazo a solo unas pocas décadas o siglos.

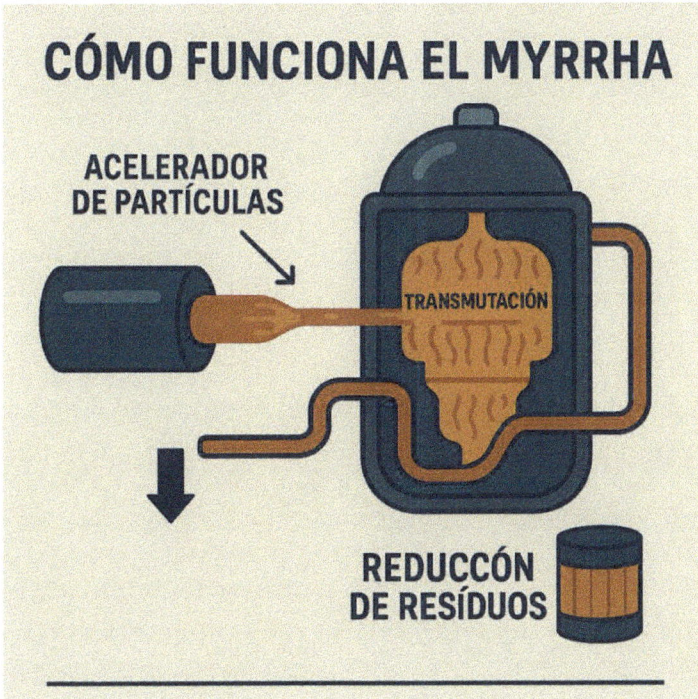

CÓMO FUNCIONA EL MYRRHA

ACELERADOR DE PARTÍCULAS

TRANSMUTACIÓN

REDUCCÓN DE RESÍDUOS

2. Objetivos del proyecto MYRRHA

MYRRHA fue diseñado para probar nuevas soluciones para el futuro de la energía nuclear. Sus principales objetivos son:

1. Reducir la longevidad de los residuos nucleares

- La transmutación nuclear puede reducir el tiempo de desintegración de materiales altamente radiactivos de 100.000 años a menos de 300 años.

- Esto elimina la necesidad de depósitos geológicos permanentes para gran parte de los residuos nucleares.

2. Desarrollar nuevas tecnologías para reactores del futuro

- MYRRHA prueba nuevos tipos de combustibles nucleares y refrigerantes avanzados (como el plomo-bismuto).

- Los datos recogidos apoyarán el desarrollo de reactores rápidos de nueva generación.

3. Producir isótopos médicos para diagnósticos y tratamientos

- MYRRHA puede producir isótopos médicos esenciales, como el Molibdeno-99, utilizado en tratamientos contra el cáncer.

- Esto podría reducir la dependencia de Europa de los antiguos reactores nucleares para la producción de estos materiales.

MYRRHA no solo aborda el problema de los residuos nucleares, sino que también impulsa avances en medicina y tecnología nuclear sostenible.

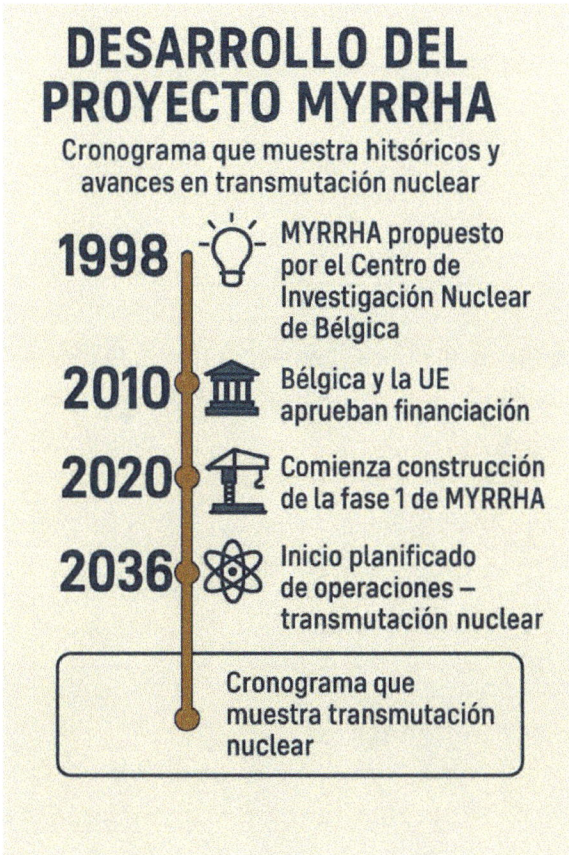

DESARROLLO DEL PROYECTO MYRRHA

Cronograma que muestra hitsóricos y avances en transmutación nuclear

1998 — MYRRHA propuesto por el Centro de Investigación Nuclear de Bélgica

2010 — Bélgica y la UE aprueban financiación

2020 — Comienza construcción de la fase 1 de MYRRHA

2036 — Inicio planificado de operaciones – transmutación nuclear

Cronograma que muestra transmutación nuclear

Línea de tiempo que muestra el desarrollo del proyecto MYRRHA, destacando sus hitos históricos y avances en la transmutación nuclear.

3. ¿Cómo funciona la transmutación nuclear en MYRRHA?

La transmutación nuclear es un proceso en el que elementos altamente radiactivos son bombardeados con neutrones rápidos, lo que altera su estructura atómica y los transforma en elementos de vida corta o no radiactivos.

En MYRRHA, esto ocurre del siguiente modo:

1. El acelerador de partículas genera un haz de protones de alta energía.

2. Este haz impacta en un blanco de plomo-bismuto, produciendo neutrones rápidos.

3. Los neutrones bombardean los residuos nucleares, rompen sus núcleos y los transforman en isótopos de vida corta.

¿El resultado?

- Elementos que tardarían 100.000 años en desintegrarse se vuelven seguros en solo unos cientos de años.

- Reducción drástica de la necesidad de almacenamiento geológico permanente.

Dato importante: La transmutación nuclear puede permitir que el 90% de los residuos radiactivos de alta actividad se conviertan en elementos inofensivos.

Infografía que explica cómo MYRRHA reduce el tiempo de desintegración de los residuos radiactivos mediante la transmutación nuclear, destacando los beneficios para la gestión de residuos y el impacto ambiental.

4. El futuro de MYRRHA y su impacto en la energía nuclear

MYRRHA se está desarrollando en tres fases, con finalización prevista para el año 2040.

Fase 1 (2027): Construcción del acelerador de partículas de 100 MeV para las primeras pruebas.

Fase 2 (2033): Ampliación a 600 MeV, permitiendo experimentos de transmutación nuclear.

Fase 3 (2040): Construcción completa del reactor híbrido subcrítico, capaz de operar a gran escala.

Si tiene éxito, MYRRHA podría dar lugar a nuevas centrales nucleares que no solo produzcan energía, sino que también eliminen residuos radiactivos.

Conclusión: Este proyecto podría transformar completamente la percepción de la energía nuclear, haciéndola aún más segura y sostenible.

5. Comparación entre MYRRHA y los reactores convencionales

Tabla 35: Comparación entre MYRRHA y los reactores convencionales

Característica	Reactores Convencionales (PWR/BWR)	MYRRHA (Reactor Híbrido de Transmutación)
Combustible	Uranio enriquecido	Puede usar residuos nucleares como combustible
Presión de operación	Alta presión (150 atm)	Baja presión (refrigerante de plomo-bismuto)
Gestión de residuos	Produce grandes volúmenes de residuos de larga vida	Reduce o elimina residuos de alta radiactividad

Seguridad	Riesgo de fusión del núcleo	Extremadamente seguro – se apaga automáticamente sin acelerador de partículas
Aplicaciones médicas	Ninguna	Produce isótopos médicos esenciales

Fuente: Elaboración propia basada en los datos de la Tabla Resumen al final del capítulo.

MYRRHA no solo produce energía, sino que también aborda el problema de los residuos nucleares, convirtiéndose en uno de los proyectos más innovadores de la actualidad.

Conclusión – MYRRHA es la clave para una energía nuclear sostenible

- La transmutación nuclear puede reducir drásticamente el tiempo de desintegración de los residuos radiactivos.

- MYRRHA es un reactor híbrido subcrítico extremadamente seguro, ya que puede apagarse instantáneamente.

- El proyecto permitirá nuevos avances en medicina nuclear y generación de energía.

- Si tiene éxito, podría eliminar la necesidad de depósitos geológicos permanentes para residuos nucleares.

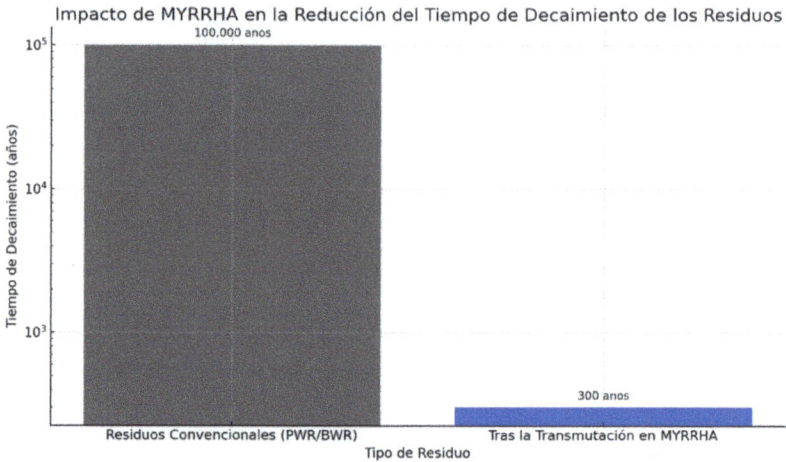

Impacto de MYRRHA en la Reducción del Tiempo de Decaimiento de los Residuos

Fuente: Elaboración propia basada en los datos de la Tabla Resumen al final del capítulo.

Gráfico que muestra el impacto de MYRRHA en la gestión de residuos radiactivos, destacando la significativa reducción en el tiempo de desintegración tras la transmutación nuclear.

Así, MYRRHA podría cambiar las reglas del juego para el futuro de la energía nuclear en Europa, demostrando que los residuos nucleares no son un problema irresoluble, sino una oportunidad para la innovación.

Para una región que pasó décadas paralizada por el activismo de los movimientos "No a lo Nuclear" —quedando muy por detrás de los principales competidores asiáticos como Rusia y China—, ahora existe una oportunidad de recuperar el tiempo perdido con este sistema innovador.

Es lamentable, sin embargo, que el proceso esté tardando tanto.

Principales programas de innovación nuclear en Estados Unidos

1. ARDP (Programa de Demostración de Reactores Avanzados)

El Programa de Demostración de Reactores Avanzados (ARDP) es una de las principales iniciativas del Departamento de Energía de EE. UU. para acelerar el desarrollo de reactores nucleares avanzados y sostenibles en el país.

Lanzado en 2020, el programa ha invertido más de 3.000 millones de dólares en nuevas tecnologías.

Objetivo: Construir reactores nucleares avanzados para su comercialización en la década de 2030.

Se seleccionaron dos empresas para liderar la primera fase del proyecto:

- X-Energy – Reactor de gas de alta temperatura (HTGR)
- TerraPower – Reactor Natrium (refrigerado por sodio líquido)

Estados Unidos apuesta por reactores de alta temperatura y refrigerados por sodio, que podrían ser más seguros y eficientes que los modelos actuales.

2. TerraPower – El Reactor Natrium

TerraPower, fundada por Bill Gates, está desarrollando el reactor Natrium, un reactor rápido refrigerado por sodio líquido que promete ser más seguro y eficiente que los reactores convencionales.

Ventajas del reactor Natrium:

- Utiliza sodio líquido como refrigerante, lo que reduce el riesgo de fusión del núcleo.

- Puede operar con combustible reciclado, reduciendo la necesidad de minería de uranio.

- Dispone de un sistema de almacenamiento de energía térmica, lo que permite flexibilidad en la generación eléctrica.

Dato interesante: La primera planta con el reactor Natrium se está construyendo en el estado de Wyoming y se espera que esté operativa para el año 2030.

CÓMO FUNCIONA EL REACTOR NATRIUM DE TerraPower

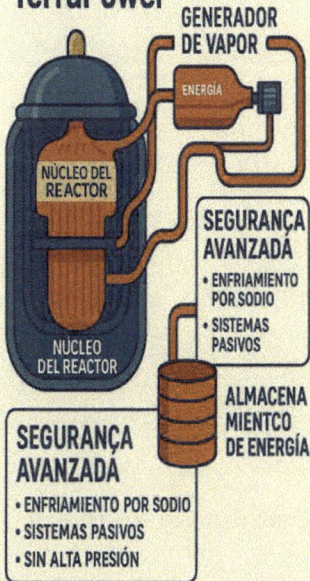

GENERADOR DE VAPOR

ENERGÍA

NÚCLEO DEL REACTOR

SEGURANÇA AVANZADA
• ENFRIAMIENTO POR SODIO
• SISTEMAS PASIVOS

NÚCLEO DEL REACTOR

ALMACENA MIENTCO DE ENERGÍA

SEGURANÇA AVANZADA
• ENFRIAMIENTO POR SODIO
• SISTEMAS PASIVOS
• SIN ALTA PRESIÓN

X-ENERGY REACTORES MODULARES PEQUEÑOS

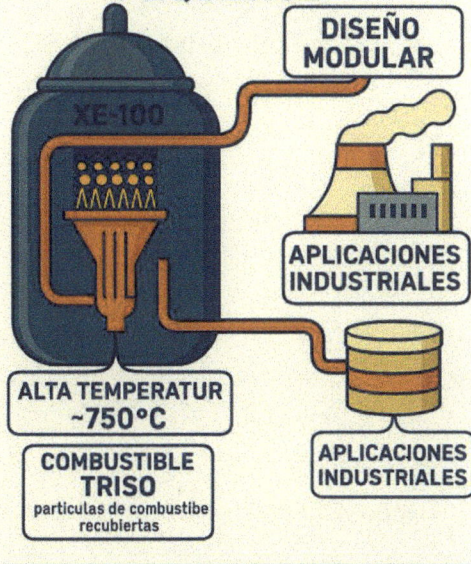

XE-100

DISEÑO MODULAR

APLICACIONES INDUSTRIALES

ALTA TEMPERATUR ~750°C

COMBUSTIBLE TRISO
partículas de combustibe recubiertas

APLICACIONES INDUSTRIALES

Diagrama que ilustra cómo funciona el reactor Natrium de TerraPower, destacando su sistema de refrigeración por sodio, almacenamiento de energía y características avanzadas de seguridad.

Infografía que muestra los reactores modulares pequeños (SMR) de X-Energy, destacando su diseño modular, el combustible TRISO y sus aplicaciones industriales.

3. X-Energy – Reactores modulares pequeños (SMR) de alta temperatura

X-Energy está desarrollando un reactor modular pequeño (SMR) de alta temperatura llamado Xe-100, que puede utilizarse para proporcionar calor directo a industrias pesadas, además de generar electricidad.

Características del Xe-100:

- Opera a temperaturas extremadamente altas (~750 °C), lo que permite una mayor eficiencia térmica.

- Utiliza combustible TRISO, uno de los combustibles más seguros del mundo, resistente a la fusión del núcleo.

- Diseño modular – Pequeño, seguro y rentable.

Conclusión:

Los SMR de X-Energy podrían ser una solución para descarbonizar industrias pesadas, como la producción de acero y la generación de hidrógeno.

4. Oklo – El reactor compacto y autosostenible de fisión

La empresa emergente Oklo está desarrollando un reactor compacto llamado Aurora, diseñado para operar durante décadas sin necesidad de recarga de combustible.

Características clave:

- Utiliza uranio empobrecido reciclado, lo que reduce los residuos nucleares.

- Diseño pasivo – No necesita bombas ni sistemas activos para evitar accidentes.

- Capaz de suministrar electricidad a ubicaciones remotas y bases militares.

Dato interesante: Aurora está diseñado para operar durante 20 años sin recarga de combustible, lo que lo convierte en una solución prometedora para proporcionar energía estable en zonas aisladas.

5. Proyectos de fusión nuclear – Oportunidad para una energía limpia e infinita

Estados Unidos también está invirtiendo fuertemente en la fusión nuclear, una tecnología que podría revolucionar la generación de energía.

Principales proyectos de fusión en EE. UU.:

- National Ignition Facility (NIF) – Primer laboratorio en lograr ignición por fusión en 2022.

- Commonwealth Fusion Systems (CFS) – Empresa emergente que desarrolla tokamaks avanzados con imanes superconductores.

- Helion Energy – Desarrolla un innovador sistema de fusión pulsada para generar electricidad.

Si se logra dominar con éxito la fusión nuclear, EE. UU. podría convertirse en líder en energía limpia e ilimitada, sin residuos nucleares.

CÓMO FUNCIONA LA FUSÓN NUCLEAR

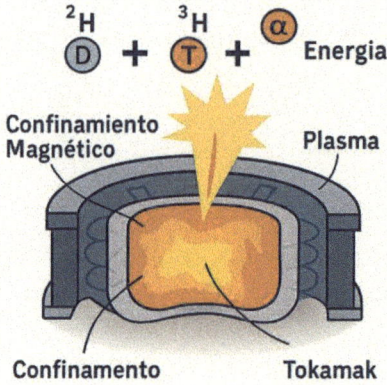

^2H ^3H α
D + T + Energia

Ventajas en Relación a la Fisión Nuclar

- Combustible abundante, de fácil obtención:
- Sin riesgo de accidente: no hay fusión de núcleo
- Casi sin residuos: material resultante es hélio

Combustible abundante, de fácil obtención:
agua de mar

Confinamiento Magnético

Plasma

Confinamento

Tokamak

Diagrama que ilustra cómo funciona la fusión nuclear y sus beneficios, destacando la reacción de deuterio-tritio, el confinamiento magnético y las ventajas frente a la fisión nuclear.

6. Reactores de cuarta generación – El futuro de la energía nuclear en EE. UU.

Además de las tecnologías actuales, EE. UU. está investigando reactores de cuarta generación, que incluyen:

- Reactores de gas de alta temperatura (HTGR) – Seguros y eficientes, capaces de producir hidrógeno como subproducto.

- Reactores de sales fundidas (MSR) – Sin riesgo de fusión del núcleo y capaces de operar con torio.

- Reactores de alta temperatura refrigerados por sales de fluoruro (FHR) – Una combinación de reactores de grafito y tecnología de sales fundidas.

Con estos avances, EE. UU. podría transformar completamente la industria nuclear para 2050, haciéndola más segura, sostenible y eficiente.

EE. UU. lidera la próxima revolución nuclear

- EE. UU. está desarrollando reactores de próxima generación que son más seguros y eficientes.

- El gobierno está financiando proyectos para acelerar la transición nuclear.

- Tecnologías como la fusión nuclear y los reactores de sales fundidas podrían revolucionar el sector.

- Para 2050, EE. UU. podría contar con un sistema nuclear completamente innovador y sostenible.

Cronología de los Programas Nucleares de EE. UU.

Primer reactor nuclear construido	Comisión de Energía Atómica formada	Reactor Natrium anunciado	Fusión nuclear alcanzada
1942	1958	2020	Años 2020

Cronología que muestra la evolución de los programas nucleares de EE. UU., destacando hitos importantes desde el primer reactor hasta innovaciones recientes como Natrium y la fusión nuclear.

Línea de tiempo que muestra la evolución de los programas nucleares de EE. UU., destacando los principales hitos desde el primer reactor hasta las últimas innovaciones como Natrium y la fusión nuclear.

Con estas iniciativas, Estados Unidos puede seguir siendo uno de los países más influyentes en el sector nuclear, garantizando una fuente de energía limpia y fiable para el futuro.

A diferencia de los europeos, EE. UU. nunca adoptó las narrativas que retratan la energía nuclear como el 'demonio' que debe ser completamente eliminado.

Aunque avanza a un ritmo más lento que sus principales competidores, Rusia y China, EE. UU. nunca perdió el enfoque en dominar e innovar en este campo crítico.

Siempre entendieron que la capacidad de producir energía abundante y de bajo costo coloca a un país en una posición mucho más fuerte para afrontar los ciclos económicos y proporcionar un desarrollo económico más sostenible.

Con la recién inaugurada Administración Trump anunciando su enfoque especial en el sector energético —y en la energía nuclear en particular—, es probable que en pocos años EE. UU. vuelva a liderar este sector fundamental.

Perspectiva futura: ¿Puede la energía nuclear convertirse en un sistema sostenible?

Con todas estas innovaciones, es posible imaginar un futuro en el que los residuos nucleares ya no sean un problema, sino un nuevo recurso energético.

Escenario para el futuro de la energía nuclear:

- Cierre del ciclo del combustible – Los reactores rápidos y la transmutación nuclear permitirán aprovechar casi el 100% del uranio, reduciendo drásticamente los residuos.

- Uso de torio y reactores avanzados – Sustituir el uranio por torio podría hacer que los residuos sean mucho menos problemáticos y reducir los riesgos de proliferación nuclear.

- Reciclaje del combustible nuclear – Países como Francia ya reprocesan más del 80% de su combustible nuclear usado. En el futuro, esta cifra podría acercarse al 100%.

- Reducción drástica de residuos de larga duración – Mediante la transmutación nuclear, los residuos más peligrosos podrían ver reducido su tiempo de desintegración de cientos de miles de años a solo unas décadas.

Si se combinan los reactores avanzados, el reciclaje de combustible y la transmutación nuclear, la energía nuclear podría volverse prácticamente sostenible, eliminando la necesidad de depósitos geológicos permanentes.

Tabla 36: Tecnologías Emergentes en la Gestión de Residuos

Tecnología	Principio de Funcionamiento	Potencial de Reducción de Residuos
Reactores Rápidos	Usan plutonio/uranio empobrecido como combustible	Reducen el volumen de residuos hasta en un 90%
Reactores de Sal Fundida	Combustible líquido permite alta seguridad y eficiencia	Pueden reutilizar residuos nucleares heredados
Transmutación Nuclear	Convierte isótopos de larga vida en otros de vida más corta	Minimiza la necesidad de almacenamiento a largo plazo

Fuente: Elaboración propia basada en los datos de la Tabla Resumen al final del capítulo.

Conclusión del capítulo – El futuro de la gestión de residuos nucleares es prometedor

- El combustible nuclear puede reutilizarse casi indefinidamente con reactores rápidos y tecnologías de reciclaje.

- Los residuos nucleares pueden convertirse en combustible para nuevas centrales eléctricas.

- La transmutación nuclear puede reducir drásticamente el tiempo necesario para que los residuos sean inofensivos.

- La energía nuclear tiene el potencial de convertirse en una de las fuentes energéticas más sostenibles a largo plazo.

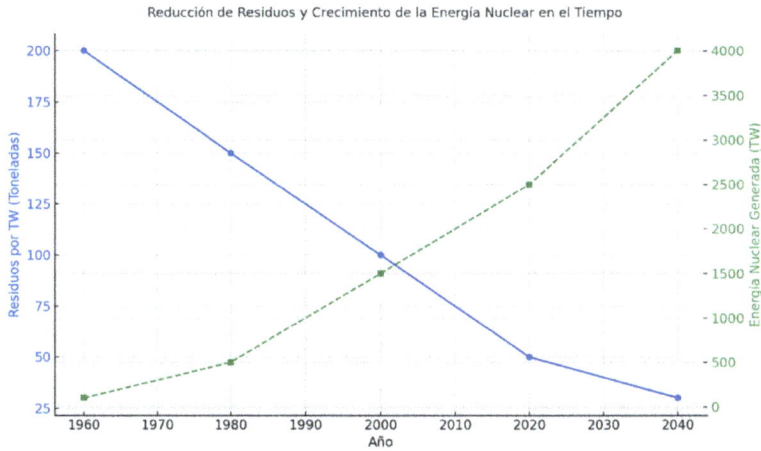

Reducción de Residuos y Crecimiento de la Energía Nuclear en el Tiempo

Fuente: Elaboración propia basada en los datos de la Tabla Resumen al final del capítulo.

Este gráfico muestra que, a pesar del crecimiento exponencial de la energía nuclear, la cantidad de residuos generados por unidad de energía ha disminuido significativamente, gracias a los avances tecnológicos y al reciclaje del combustible.

Contrariamente a la narrativa tradicional, los residuos nucleares no tienen por qué ser un problema eterno. Con innovación, inversión e investigación, podemos eliminar los residuos radiactivos de alta actividad y transformar la energía nuclear en un sistema limpio y sostenible.

Tabla 37: Fuentes consultadas en el Capítulo 5

Fuente	Descripción
World Nuclear Association (WNA)	Datos sobre volúmenes de residuos radiactivos y tecnologías de gestión.

International Atomic Energy Agency (IAEA)	Informes oficiales sobre gestión de residuos, tecnología de reactores y transmutación nuclear.
OECD Nuclear Energy Agency (NEA)	Publicaciones sobre reciclaje de combustible nuclear y desarrollo de reactores avanzados.
European Commission (EC)	Programas de investigación relacionados con MYRRHA y la innovación nuclear en Europa.
U.S. Department of Energy (DOE)	Información sobre ARDP, el reactor Natrium, X-Energy y proyectos de fusión.
TerraPower	Datos técnicos y actualizaciones sobre el proyecto de reactor rápido Natrium.
X-Energy	Documentación técnica sobre el reactor modular pequeño Xe-100 (SMR).
Oklo Inc.	Información sobre el reactor Aurora y sistemas compactos de fisión.
Commonwealth Fusion Systems	Investigación sobre fusión por confinamiento magnético avanzado (tokamaks).
Helion Energy	Avances en sistemas de fusión nuclear pulsada para generación eléctrica.
International Thermonuclear Experimental Reactor (ITER)	Información sobre proyectos internacionales de fusión nuclear a gran escala.
MIT Energy Initiative	Estudios y proyecciones sobre el futuro de la energía nuclear y la gestión de residuos.

Preparación para el próximo capítulo – Los falsos argumentos antinucleares y sus motivaciones

A pesar de toda la evidencia científica, los avances tecnológicos y la creciente seguridad de la energía nuclear, el movimiento antinuclear sigue influyendo en las decisiones políticas y en la opinión pública.

¿Pero por qué?

Si la energía nuclear es más segura que muchas industrias, tiene un impacto ambiental menor que los combustibles fósiles y puede proporcionar electricidad limpia y fiable, ¿qué motiva realmente la férrea oposición a esta tecnología?

A lo largo de la historia, se han utilizado diversos mitos y argumentos distorsionados para justificar el miedo a la energía nuclear. Muchas de estas críticas no se basan en hechos, sino en intereses políticos, económicos e ideológicos.

En el próximo capítulo analizaremos:

- Los principales argumentos antinucleares y sus inconsistencias.

- ¿Quién financia realmente al movimiento antinuclear?

- ¿Por qué algunos gobiernos y empresas prefieren boicotear la energía nuclear?

- Cómo las campañas de desinformación han moldeado la percepción pública de la energía nuclear.

Al desmontar estos mitos y exponer las verdaderas motivaciones detrás del movimiento antinuclear, veremos que la resistencia a la energía nuclear no es meramente una cuestión de seguridad o medioambiente, sino de política, economía y manipulación de la opinión pública.

Ahora, exploremos qué se esconde realmente detrás de la oposición a la energía nuclear y cómo estos falsos argumentos están perjudicando el desarrollo de una de las fuentes de energía más eficientes y sostenibles del planeta.

Capítulo 6 - Los Falsos Argumentos Antinucleares y Sus Motivaciones

La energía nuclear es, sin duda, una de las tecnologías más incomprendidas de nuestro tiempo. A pesar de su seguridad comprobada, eficiencia energética y bajo impacto ambiental, sigue siendo blanco de críticas feroces y de desinformación, perpetuada tanto por ignorancia como por intereses políticos y económicos ocultos.

El miedo a la energía nuclear no surgió espontáneamente. Al contrario, fue cultivado a lo largo de las décadas mediante narrativas alarmistas que asocian esta forma de energía con destrucción, peligro y catástrofes. Desde los horrores de las bombas de Hiroshima y Nagasaki hasta los accidentes de Chernóbil y Fukushima, la energía nuclear ha sido demonizada de forma desproporcionada en comparación con su impacto real.

Curiosamente, este rechazo no se sostiene cuando se enfrenta a datos concretos. Mientras que los accidentes nucleares son extremadamente raros y de impacto limitado, otros sectores industriales, como el del petróleo, el carbón y la industria química, provocan tragedias humanas y medioambientales mucho más devastadoras, sin generar casi nunca el mismo nivel de indignación pública.

¿Quién se beneficia del miedo a la energía nuclear?

La respuesta a esta pregunta nos conduce a una compleja red de intereses políticos, ideológicos y financieros:

La industria de los combustibles fósiles: El petróleo, el gas y el carbón han dominado el sector energético global durante más de un siglo. Para estas industrias, la expansión de la energía nuclear representa una amenaza directa, ya que ofrece una alternativa fiable y baja en carbono. Mantener al público temeroso de la energía nuclear ayuda a garantizar que los combustibles fósiles sigan siendo la base del suministro energético mundial.

ONG medioambientales y movimientos políticos: Paradójicamente, muchos grupos ecologistas que dicen luchar contra el cambio climático se oponen a la energía nuclear, aun sabiendo que es una de las fuentes de electricidad más limpias y fiables. Muchas de estas organizaciones reciben financiación de gobiernos y empresas interesadas en promover las energías renovables intermitentes (como la solar y la eólica), que no pueden sustituir por completo a la generación nuclear.

Medios sensacionalistas: Las catástrofes y el alarmismo venden periódicos, generan clics y dominan los debates políticos. Un solo accidente nuclear aislado, incluso sin víctimas mortales, puede causar pánico mundial, mientras que los desastres medioambientales provocados por el petróleo y el carbón suelen pasar desapercibidos.

Gobiernos y geopolítica: La energía nuclear significa independencia energética. Los países que desarrollan centrales nucleares reducen su dependencia de las importaciones de gas y petróleo, algo que no siempre interesa a las grandes potencias exportadoras de energía como Rusia, Arabia Saudí o incluso Estados Unidos.

Por tanto, no sorprende que las campañas antinucleares hayan sido financiadas y apoyadas por intereses externos a lo largo de la historia.

¿Cómo se manipuló a la opinión pública?

Si la energía nuclear es segura, eficiente y necesaria, ¿por qué tanta gente sigue creyendo que es un peligro?

La respuesta radica en la desinformación sistemática que se ha difundido desde los años 60:

La industria del miedo: El miedo nuclear fue amplificado por películas, series y noticias sensacionalistas, que siempre retrataban la tecnología como algo inestable y apocalíptico.

'El síndrome de China' y el efecto Hollywood: La película 'El síndrome de China' (1979) se estrenó dos semanas antes del accidente de Three Mile Island y ayudó a consolidar la idea de que la energía nuclear era un desastre inminente. Desde entonces, Hollywood ha utilizado y abusado de este miedo en producciones como Chernóbil (HBO), Los Simpson y numerosas películas postapocalípticas.

Distorsión de datos: Las muertes atribuidas a la energía nuclear se exageran o manipulan, mientras que los impactos de otros sectores energéticos se minimizan o se ignoran.

Política y regulación excesiva: La presión antinuclear ha provocado un aumento extremo de las barreras burocráticas para la construcción de nuevas centrales, lo que ha incrementado artificialmente el coste de la energía nuclear y ha obstaculizado su expansión.

El propósito de este capítulo

En los próximos apartados, desmontaremos, uno por uno, los principales argumentos antinucleares, mostrando qué es verdad y qué es pura manipulación.

Responderemos preguntas como:

- ¿Es realmente peligrosa la energía nuclear?

- ¿Qué pasa con los residuos nucleares?

- ¿Pueden las energías renovables sustituir a la nuclear?

- ¿Quién está detrás del movimiento antinuclear?

La realidad es que el miedo a la energía nuclear no se basa en la ciencia, sino en décadas de desinformación. Y ha llegado el momento de cambiar esa narrativa.

Mitos y Falsos Argumentos Contra la Energía Nuclear

"La energía nuclear es peligrosa" – Comparación con otras industrias:

La afirmación de que "la energía nuclear es peligrosa" es uno de los mitos más persistentes y aceptados por el público, pero también uno de los más fáciles de refutar con datos concretos.

La verdad es que la energía nuclear está entre las formas más seguras de generación de electricidad en el mundo. Sus riesgos son extremadamente bajos en comparación con otras industrias que operan sin el mismo nivel de supervisión y control.

Vamos a desmontar este mito mediante una comparación directa con otras formas de generación energética y actividades industriales.

¿Qué significa "peligro" en la producción de energía?

Cuando hablamos de "peligro" en la generación energética, podemos analizar los siguientes factores:

1. Número de muertes directas e indirectas causadas por la industria a lo largo del tiempo.

2. Impacto ambiental y efectos a largo plazo sobre la salud humana.

3. Riesgo de accidentes y magnitud de las consecuencias.

La energía nuclear suele asociarse con accidentes catastróficos, pero si observamos las cifras, veremos que mata a menos personas que cualquier otra fuente de energía.

Comparación de mortalidad por fuente de energía:

Un estudio de Our World in Data (2022) analizó el número de muertes por Teravatio-hora (TWh) de electricidad generada, considerando impactos directos e indirectos, como la contaminación del aire y accidentes industriales.

Gráfico 40: Comparación de muertes entre distintas fuentes de energía

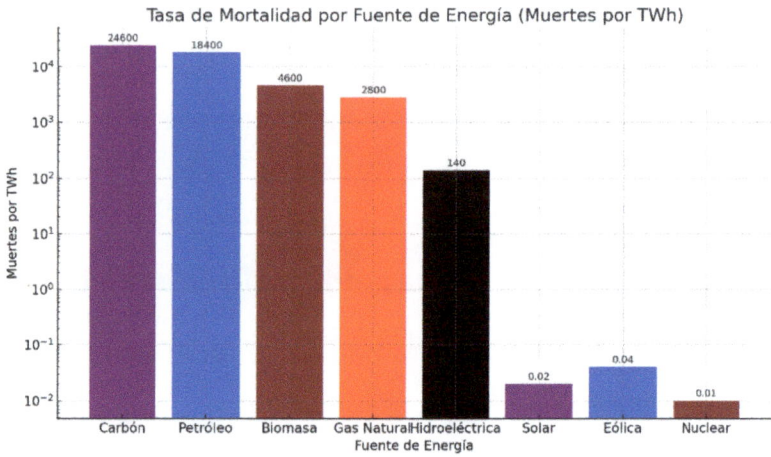

Tasa de Mortalidad por Fuente de Energía (Muertes por TWh)

Fuente: Elaboración propia basada en los datos de la Tabla Resumen al final del capítulo.

Un gráfico comparativo de mortalidad por TWh entre diferentes fuentes energéticas muestra claramente que la energía nuclear es una de las más seguras del mundo.

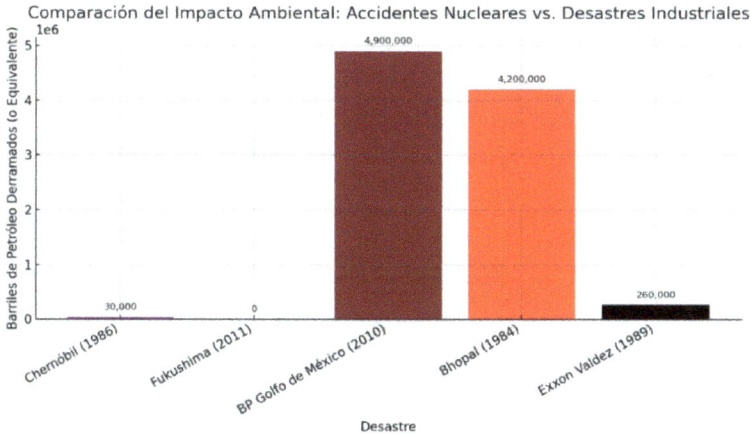

Comparación del Impacto Ambiental: Accidentes Nucleares vs. Desastres Industriales

Fuente: Elaboración propia basada en los datos de la Tabla Resumen al final del capítulo.

Gráfico que compara el impacto ambiental de los accidentes nucleares frente a los desastres industriales y de combustibles fósiles. Muestra que, a pesar de la alarma generada por Chernóbil y Fukushima, los desastres químicos y petroleros tuvieron un impacto ambiental mucho mayor.

Conclusión:

- La energía nuclear es la fuente de energía más segura del mundo, incluso superior a la eólica y la solar.

- Es 2.800 veces más segura que el carbón, que aún representa una parte significativa de la matriz energética global.

- Los riesgos de la energía nuclear son estadísticamente irrelevantes si se comparan con los daños provocados por los combustibles fósiles.

¿Y qué pasa con los accidentes nucleares? ¿Y con Chernóbil y Fukushima?

Los opositores a la energía nuclear suelen utilizar los accidentes de Chernóbil y Fukushima como argumentos para justificar que la energía nuclear es peligrosa. Sin embargo, esta narrativa ignora el contexto, la evolución de la seguridad nuclear y las verdaderas consecuencias de estos eventos.

- **Chernóbil (1986):** Un diseño inseguro del reactor y errores humanos llevaron al peor accidente nuclear de la historia. El RBMK (reactor moderado por grafito) no tenía contención, y los operadores ignoraron los procedimientos de seguridad.

- **Fukushima (2011):** Un tsunami de proporciones históricas causó el desastre y, aun así, no hubo muertes por exposición directa a la radiación. El impacto fue mucho menor que el de desastres con combustibles fósiles, como el derrame de BP en el Golfo de México (2010).

"La gestión de residuos nucleares es un problema insoluble"

Este es, sin duda, uno de los argumentos más utilizados por los críticos de la energía nuclear:

"No se puede considerar limpia porque no sabemos qué hacer con los residuos."

¿Pero es esto realmente cierto? ¿O estamos ante otro mito persistente alimentado por desinformación e ignorancia sobre los avances tecnológicos ya disponibles?

La verdad: la gestión de residuos nucleares está técnica y científicamente resuelta

Contrariamente a lo que se cree, los residuos nucleares están altamente controlados, rigurosamente gestionados y ocupan volúmenes mínimos comparados con los residuos generados por otras industrias.

A nivel mundial, los residuos radiactivos se clasifican en:

- Residuos de baja actividad (ropa, herramientas, filtros – 90% del volumen total),

- Residuos de actividad media (resinas, componentes del reactor),

- Residuos de alta actividad (combustible usado).

La mayoría de los residuos (de baja y media actividad) pierde su radiactividad en décadas o unos pocos siglos y puede almacenarse de forma segura en la superficie o en depósitos intermedios.

Los residuos de alta actividad, que representan menos del 3% del volumen total, se almacenan hoy en día de forma segura y existen soluciones viables a largo plazo, como el almacenamiento geológico profundo (ejemplo: Onkalo, en Finlandia).

El mito del "peligro eterno"

Uno de los argumentos más repetidos es que los residuos nucleares "siguen siendo peligrosos durante cientos de miles de años". Sin embargo, lo que a menudo se omite es que:

- La mayor parte de la radiactividad de los residuos decae rápidamente en las primeras décadas.

- Después de unos 300 a 500 años, el nivel de radiación se vuelve comparable al del uranio natural presente en la corteza terrestre.

- Las tecnologías de transmutación nuclear permiten ya reducir drásticamente la vida útil de los residuos más peligrosos (como vimos en el Capítulo 5 con el proyecto MYRRHA).

Conclusión: el problema de los residuos no es técnico; es político y psicológico.

Veamos el siguiente gráfico, que muestra el volumen de residuos tóxicos o peligrosos generado por fuente de energía para producir 1 TWh de electricidad —incluyendo nuclear, carbón, solar y gas natural— para demostrar que la energía nuclear es, paradójicamente, una de las tecnologías que menos residuos genera por energía producida.

Comparación del Volumen de Residuos Generados por Fuente de Energía

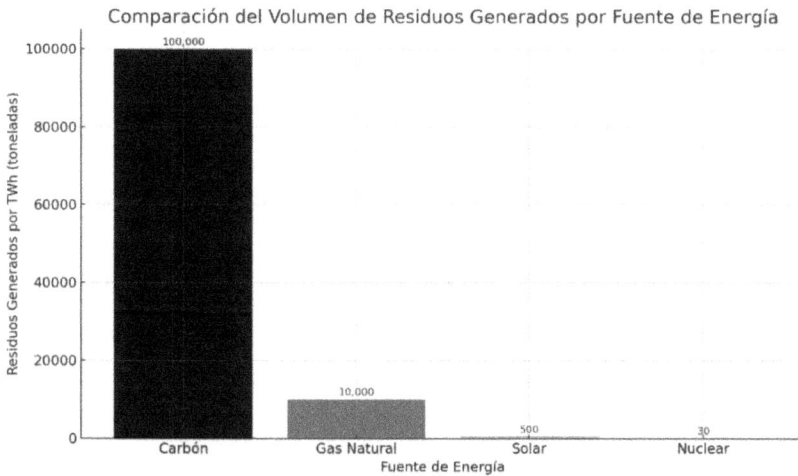

Fuente: Elaboración propia basada en los datos de la Tabla Resumen al final del capítulo.

Como se observa, la energía nuclear genera solo una pequeña fracción de residuos en comparación con el carbón o el gas, incluso considerando los residuos de alta actividad.

"La energía nuclear es cara y lenta" – ¿Mito o realidad?

Este argumento se ha convertido casi en un mantra en los debates sobre la transición energética:

"La energía nuclear es demasiado cara y tarda décadas en construirse. No merece la pena."

¿Pero es eso realmente cierto? La verdad, como casi siempre, es más compleja que esta frase hecha. Y cuando analizamos los números reales, nos damos cuenta de que este argumento es otro error basado en generalizaciones, prejuicios tecnológicos y omisión de contexto.

Comparar el coste de la energía nuclear exige honestidad intelectual

Comparar el coste de la energía nuclear con otras fuentes no es tan simple como observar únicamente el valor de construcción de una planta. Es necesario considerar:

- Coste nivelado de la electricidad (LCOE) durante el ciclo de vida;

- Factor de capacidad (es decir, cuánto tiempo realmente genera energía la fuente);

- Duración de vida útil de la instalación;

- Costes indirectos, como almacenamiento, intermitencia y respaldo en el caso de las renovables;

- Coste evitado de emisiones de carbono (muy importante para las políticas climáticas).

Tabla 38: Principales Mitos Antinucleares y Respuestas Científicas

Mito	Respuesta Científica Basada en Evidencia
La energía nuclear es la más peligrosa.	Los estudios muestran que la nuclear tiene una de las tasas de mortalidad más bajas por TWh.
Los residuos nucleares no tienen solución.	Ya existen soluciones a largo plazo como Onkalo (Finlandia) y tecnologías de transmutación.
Chernóbil mató a miles.	La mayoría de las estimaciones científicas apuntan a unas pocas decenas de muertes directas.
Fukushima causó un desastre radiactivo.	No hubo muertes por radiación; los impactos fueron principalmente sociales y económicos.

La radiación siempre es mortal.	Todos los humanos conviven con radiación natural – el riesgo depende de la dosis.

Fuente: Elaboración propia basada en los datos de la Tabla Resumen al final del capítulo.

Coste Nivelado de Electricidad (LCOE)

El LCOE es una medida estándar utilizada para comparar el coste real de la generación de energía a lo largo de la vida útil de diferentes tecnologías.

Según la Agencia Internacional de Energía (IEA) y Lazard (2023):

Tabla 39: Comparación del Coste Nivelado de la Electricidad (LCOE)

Fuente de Energía	LCOE (USD/MWh)
Carbón	60–140
Gas Natural (Ciclo combinado)	45–90
Solar Fotovoltaica	35–60
Eólica terrestre	30–70
Nuclear (Reactores existentes)	30–50
Nuclear (Nuevos projetos)	80–120

Fuente: Elaboración propia basada en los datos de la Tabla Resumen al final del capítulo.

Conclusión:

- La energía nuclear ya es una de las más baratas en operación, especialmente en reactores existentes.

- Los costes de construcción de nuevos proyectos tienden a ser altos, principalmente debido a retrasos regulatorios, burocracia y falta de estandarización — no por inviabilidad técnica.

- A diferencia de las renovables, la energía nuclear no requiere respaldo constante ni sistemas de almacenamiento costosos.

Velocidad de Construcción: ¿Retraso o planificación?

Otro argumento recurrente es que la energía nuclear tarda demasiado en construirse. Sin embargo, esto también depende del contexto político y de la capacidad técnica.

Tabla 40: Tiempo de Construcción de Centrales Nucleares

Proyecto	País	Tiempo de Construcción
Barakah 1	Emirados Árabes Unidos	7 años
Hinkley Point C	Reino Unido	10–12 años
Taishan 1	China	8 años
Olkiluoto 3	Finlândia	17 años

Fuente: Elaboración propia basada en los datos de la Tabla Resumen al final del capítulo.

En países con decisiones políticas claras y regulación eficiente, es perfectamente posible construir centrales nucleares en menos de 10 años.

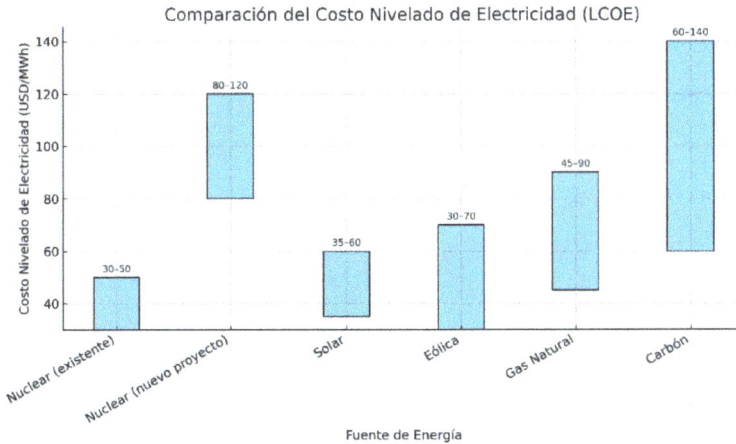

Comparación del Costo Nivelado de Electricidad (LCOE)

Fuente: Elaboración propia basada en los datos de la Tabla Resumen al final del capítulo.

Gráfico que compara el LCOE (Coste Nivelado de Electricidad) entre diferentes fuentes. Muestra claramente que la energía nuclear existente es altamente competitiva, y que incluso los nuevos proyectos nucleares se mantienen en un rango razonable, especialmente si se considera la estabilidad y longevidad de la producción.

"La energía renovable ya es suficiente" – Un mito peligroso

Este es quizás el argumento políticamente más popular y, al mismo tiempo, técnicamente inexacto:

"Ya tenemos solar y eólica. No necesitamos energía nuclear."

A primera vista, parece lógico: si podemos producir energía limpia del sol y el viento, ¿por qué seguir invirtiendo en una

310

tecnología que implica radiactividad y requiere fuerte inversión?

La respuesta está en la realidad física del sistema eléctrico y en la naturaleza intermitente de las fuentes renovables.

Las energías renovables son esenciales... pero insuficientes

No cabe duda de que la solar y la eólica juegan un papel vital en la transición energética. Son limpias, abundantes y cada vez más baratas. Pero... son intermitentes.

- El sol no brilla por la noche.

- El viento no sopla todos los días.

- Las redes eléctricas requieren estabilidad y previsibilidad.

El factor de capacidad de las renovables es bajo:

Tabla 41: Factor de Capacidad por Fuente Energética

Fuente de Energía	Factor de Capacidad (%)
Energía Nuclear	90–95%
Carbón	60–70%
Gas Natural	50–60%
Solar Fotovoltaica	10–25%
Eólica Terrestre	25–40%

Fuente: Elaboración propia basada en los datos de la Tabla Resumen al final del capítulo.

Esto significa que necesitamos respaldo — generalmente fósil — para compensar la producción intermitente. Alternativamente, se requiere almacenamiento de energía a gran escala, que sigue siendo técnicamente inviable o económicamente inaccesible en muchos países.

Gráfico 44: Capacidad Instalada vs Energía Efectiva Entregada al Sistema

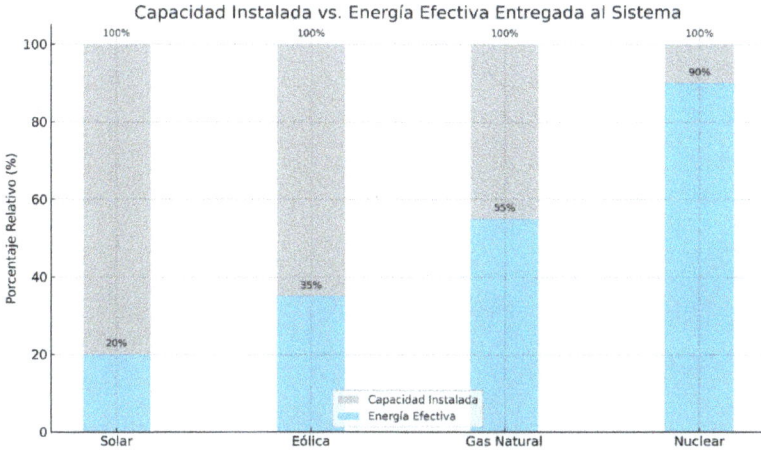

Fuente: Elaboración propia basada en los datos de la Tabla Resumen al final del capítulo.

Gráfico que compara la capacidad instalada con la energía realmente entregada al sistema por cada fuente. Muestra claramente que, aunque la solar y la eólica tienen gran potencial, su contribución real es mucho menor que la de la energía nuclear cuando se considera producción continua y estable.

"Los desastres nucleares hacen inviable esta energía" – La realidad de los accidentes

Pocas palabras evocan reacciones emocionales como "accidente nuclear". La sola mención de nombres como

Chernóbil o Fukushima basta para evocar imágenes de tragedia, radiación y colapso ambiental.

Este es uno de los argumentos más utilizados por los opositores a la energía nuclear:

"Un solo accidente basta para contaminar el planeta. No vale la pena el riesgo."

Sin embargo, esta visión ignora tres hechos esenciales:

- Los accidentes nucleares son extremadamente raros.

- El número de víctimas directas es bajo en comparación con otros desastres industriales.

- Cada accidente llevó a avances tecnológicos que hicieron la energía nuclear aún más segura.

Veamos los hechos:

Chernóbil (1986):

- Fue el peor accidente nuclear de la historia, causado por un reactor mal diseñado (RBMK) sin contención y operado de forma negligente.

- Consecuencia: aproximadamente 4.000 muertes estimadas por efectos a largo plazo (OMS).

- Lecciones: fin del uso de reactores RBMK fuera de Rusia, fortalecimiento global de las normas de seguridad y creación del OIEA moderno.

Fukushima (2011):

- Ocurrió tras un tsunami histórico, que afectó el sistema de refrigeración.

- Muertes por radiación: 0

- Muertes por evacuación desorganizada: ~1.600 (según el gobierno japonés)

- Lecciones: los reactores de Generación III+ están diseñados para resistir fallos externos; se implementaron sistemas de refrigeración pasiva.

Three Mile Island (1979):

- Accidente parcial del núcleo, sin víctimas ni contaminación externa significativa.

- Lecciones: cambio global en los protocolos de operación y monitoreo.

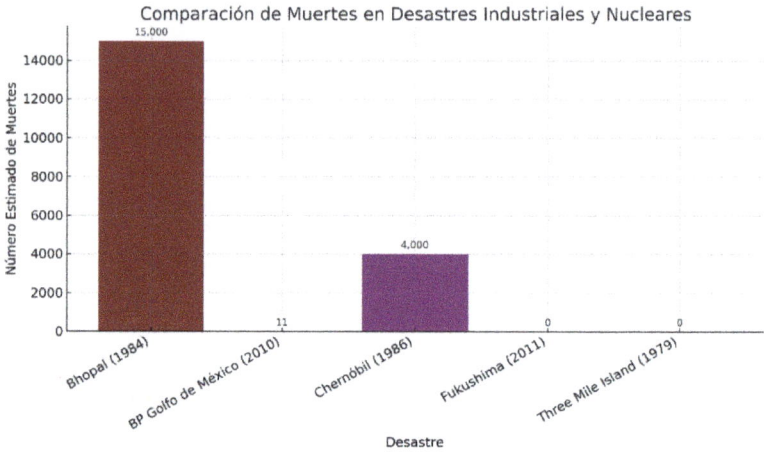

Comparación de Muertes en Desastres Industriales y Nucleares

Fuente: Elaboración propia basada en los datos de la Tabla Resumen al final del capítulo.

Gráfico que compara el número estimado de muertes en desastres industriales y nucleares, reforzando que los accidentes nucleares, aunque mediáticos, tienen un impacto humano mucho menor.

315

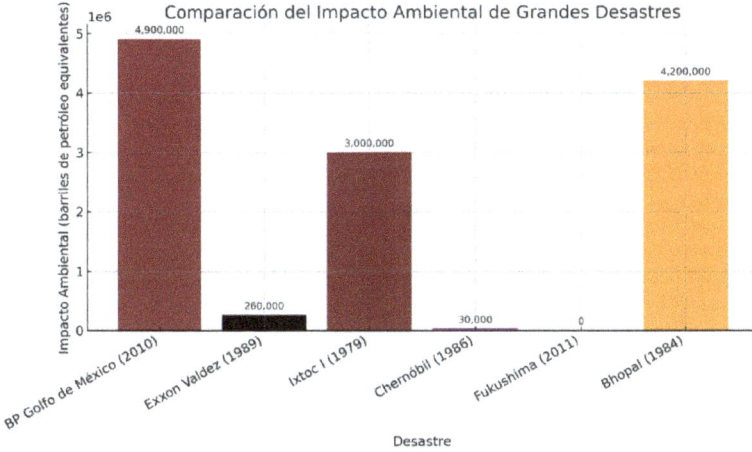

Comparación del Impacto Ambiental de Grandes Desastres

Fuente: Elaboración propia basada en los datos de la Tabla Resumen al final del capítulo.

Gráfico que compara el impacto ambiental (en barriles equivalentes de petróleo) entre grandes desastres industriales, petroleros y nucleares.

¿Quién Financia el Movimiento Antinuclear?

La oposición a la energía nuclear suele presentarse como un movimiento espontáneo y moralmente legítimo formado por ciudadanos preocupados por el medio ambiente. Aunque existen grupos genuinamente motivados por preocupaciones éticas y ambientales, la historia demuestra que detrás del movimiento antinuclear hay intereses mucho más profundos y complejos.

En esta sección revelaremos quién se beneficia del miedo a la energía nuclear y cómo este miedo ha sido alimentado, financiado e instrumentalizado en las últimas décadas.

La industria de los combustibles fósiles – El enemigo oculto

La energía nuclear es la única fuente firme y a gran escala capaz de sustituir al carbón, el petróleo y el gas natural como fuente primaria de energía. Por tanto, representa una amenaza directa para el modelo económico de empresas y países dependientes de la explotación fósil, que se benefician de la dependencia energética de naciones enteras.

Ejemplos históricos:

- En los años 70 y 80, los lobbies del petróleo financiaron campañas medioambientales contra la energía nuclear para proteger sus mercados de exportación.

- Recientemente, investigaciones en EE. UU. y Europa revelaron que grupos vinculados a intereses fósiles (especialmente el gas natural de Rusia y sus aliados) apoyaron indirectamente campañas antinucleares a través de ONG medioambientales.

La estrategia: promover la energía solar y eólica como solución ideal, sabiendo que estas tecnologías aún requieren respaldo — normalmente proporcionado por gas natural, petróleo o carbón — lo que empobrece a los países y mantiene su dependencia energética.

Organizaciones medioambientales – Una relación contradictoria

Muchas ONG medioambientales reconocidas (como Greenpeace y Amigos de la Tierra) adoptan una postura radicalmente antinuclear, aunque la energía nuclear:

- Tiene emisiones de CO_2 muy bajas;

- Tiene un menor impacto ambiental que la hidroeléctrica y los combustibles fósiles;

- Puede reemplazar de forma segura a tecnologías contaminantes.

El problema: estas organizaciones reciben donaciones privadas, fondos gubernamentales y subvenciones de fundaciones filantrópicas con intereses ideológicos o económicos específicos.

Ejemplo conocido: El Rockefeller Brothers Fund, históricamente involucrado en la financiación de campañas medioambientales, también tiene intereses en combustibles fósiles y energías renovables comerciales

Gobiernos y geopolítica – Dependencia estratégica

Muchos países exportadores de petróleo, gas natural o carbón (como Rusia, Arabia Saudí, Irán, Venezuela, etc.) tienen interés en frenar el avance de la energía nuclear en otros países, ya que esto implicaría:

- Menor importación de combustibles fósiles;

- Menor dependencia energética de sus clientes;

- Mayor autonomía tecnológica para los países occidentales.

Existen sospechas documentadas de que campañas antinucleares en países europeos fueron directamente apoyadas por intereses rusos, especialmente tras la construcción del **Nord Stream**[3], con el objetivo de aumentar la dependencia del gas natural.

La industria de la energía intermitente

La expansión descontrolada de la energía solar y eólica ha creado un nuevo sector multimillonario que depende de incentivos públicos, subsidios y regulaciones favorables.

Estas empresas tienen interés en debilitar o bloquear proyectos nucleares, que reducen la rentabilidad de las renovables cuando no hay demanda de respaldo. En países

---

[3]Nord Stream es un sistema de gasoductos submarinos construido para transportar gas natural desde Rusia directamente a Alemania, a través del mar Báltico. El proyecto tiene como objetivo proporcionar una ruta de suministro energético directa y eficiente hacia Europa Occidental, evitando países de tránsito como Ucrania y Polonia. **Nord Stream 1:** Inaugurado en 2011, con una capacidad anual de aproximadamente 55.000 millones de metros cúbicos de gas. **Nord Stream 2:** Finalizado en 2021, con la misma capacidad, pero nunca entró en operación comercial debido a tensiones geopolíticas y sanciones internacionales. El objetivo era asegurar el suministro de gas ruso a Europa con menos interferencias políticas y menores riesgos de interrupciones logísticas. Se convirtió en un símbolo de la dependencia energética de Europa respecto a Rusia. Adquirió gran relevancia tras la invasión de Ucrania en 2022, lo que llevó a la suspensión de Nord Stream 2 y a la imposición de severas sanciones. En septiembre de 2022, partes del gasoducto fueron dañadas por explosiones misteriosas, lo que desató acusaciones cruzadas e investigaciones internacionales.

como Alemania, asociaciones de la industria solar fueron aliadas clave en la campaña para cerrar centrales nucleares.

Los medios de comunicación – El poder de la narrativa

Por último, los medios de comunicación juegan un papel central en la construcción del miedo nuclear.

Los accidentes nucleares, incluso sin víctimas, reciben cobertura internacional y alarmista, mientras que los desastres con petróleo, gas o carbón, aunque sean letales, pasan desapercibidos o se minimizan.

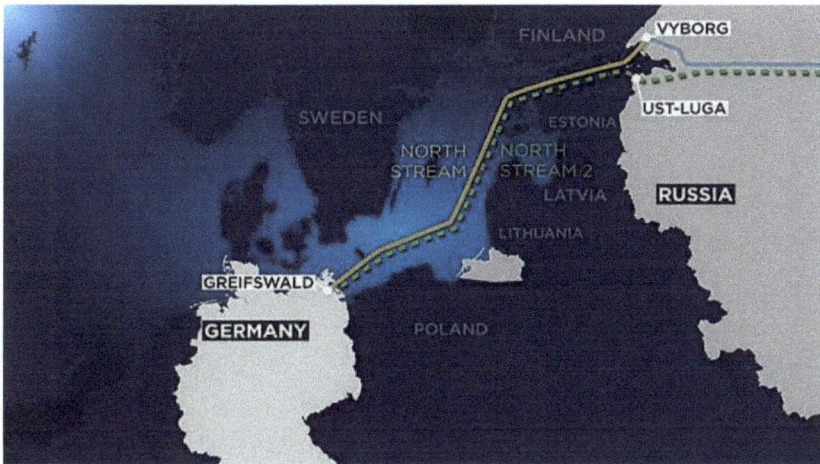

Muchos medios están financiados por grupos con intereses energéticos o alineados con visiones ideológicas anti industriales.

Hoy se sabe que durante la Administración Trump, a través del Departamento de Eficiencia Gubernamental (DOGE), se revelaron miles de millones de USD que este tipo de organizaciones recibieron mediante lo que se llamó "estado profundo" (deep state), es decir, una estructura oculta que, a cambio de intereses oscuros y secretos, creó narrativas e incluso agitaciones violentas para defender intereses inconfesables. La energía nuclear fue uno de los temas a los que se destinaron estos fondos ocultos e ilegales.

La creación de esas narrativas fue posible mediante la "compra" de periodistas y medios para difundir ideas falsas sobre la energía nuclear. Esta narrativa, a su vez, alimentó a grupos radicales de extrema izquierda también financiados por esos fondos, que colocaron toda su irracionalidad en la "lucha" por un planeta "más sostenible", siendo estas manifestaciones ampliamente difundidas por los medios como expresiones espontáneas de ciudadanos nobles preocupados por el planeta.

Todo es un fraude para engañar al público y hacer que la gente pague una energía mucho más cara de lo que debería costar si los países tuvieran una matriz energética eficiente.

Con la Administración Trump, estoy seguro de que esta financiación ilegal terminará, y según palabras del propio presidente, este mandato tendrá a la energía como un eje central, y sin duda la energía nuclear recibirá la atención que merece.

Veamos este infográfica visual que representa los principales grupos de interés que financian o promueven la oposición a la energía nuclear, con flechas que indican sus motivaciones.

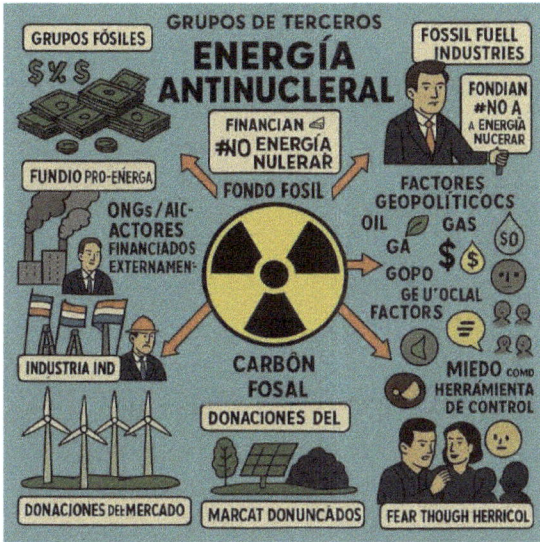

Un infográfico que muestra los principales grupos que financian o promueven la oposición a la energía nuclear — con sus respectivas motivaciones y relaciones de influencia.

Tabla 42: Entidades y Grupos que Apoyan los Movimientos Antinucleares

Grupo / Sector	Motivaciones	Ejemplos de Organizaciones	Notas / Evidencia
Industria de Fósiles	Proteger mercados de carbón, petróleo y gas.	ExxonMobil, Gazprom, Koch Industries	Apoyo a think tanks y campañas ambientales moderadas que excluyen lo nuclear.
ONG Medioambientales	Ideología antinuclear, antitecnológica o anticapitalista.	Greenpeace, Amigos de la Tierra, Beyond Nuclear	Oposición pública continua, campañas de miedo y bloqueos legales.

322

Gobiernos con Interés Geopolítico	Mantener la dependencia energética de Occidente.	Rusia, Irán, Venezuela	Sospechas de financiación de campañas antinucleares y apoyo a ONG europeas.
Industria Renovable	Mantener dominio en subsidios y evitar competencia firme.	Asociación Solar Alemana, WindEurope	Cobertura desproporcionad a de accidentes nucleares frente a accidentes fósiles o químicos.
Medios Sensacionalistas	Audiencia y alineamiento con visiones ideológicas.	RT, Al Jazeera, The Guardian (algunos columnistas), Documentales como Pandora's Promise (en respuesta)	Cobertura desproporcionad a de accidentes nucleares frente a accidentes fósiles o químicos.

Fuente: Elaboración propia basada en los datos de la Tabla Resumen al final del capítulo.

Tabla 43: Intereses Detrás de la Oposición a la Energía Nuclear

Grupo / Interés	Motivación Probable
Industria de los combustibles fósiles	Evitar la competencia de una energía limpia y estable
Grupos ecologistas radicales	Visiones ideológicas antitecnología o de decrecimiento
Gobiernos con agendas populistas	Ganar apoyo popular mediante decisiones simbólicas
Medios sensacionalistas	Explotar el miedo para atraer la atención del público
Movimientos pacifistas	Confundir la energía nuclear civil con las armas nucleares

El Caso Alemán – Cierre Nuclear y Aumento de Emisiones

Alemania fue, durante décadas, líder tecnológico en energía nuclear. Sin embargo, tras el accidente de Fukushima (2011), el país decidió cerrar todas sus centrales nucleares por motivos de seguridad. Esta decisión política, apoyada por grupos ecologistas, se conoció como la "Energiewende" – la transición energética alemana.

Pero la realidad fue muy distinta al discurso. La sustitución de la energía nuclear no se produjo mediante fuentes limpias y renovables, como muchos creen. Ocurrió principalmente mediante… carbón y gas natural.

¿Qué hizo Alemania?

En 2011, tras Fukushima, el gobierno de Merkel decidió:

- Cerrar inmediatamente ocho reactores nucleares.

- Clausurar todos los restantes antes de 2023.

- Sustituir la energía nuclear por solar, eólica… y gas natural ruso.

En abril de 2023, Alemania apagó sus tres últimos reactores nucleares — incluso en plena crisis energética provocada por la guerra en Ucrania y la reducción del suministro de gas ruso

Resultado: más emisiones y facturas eléctricas más altas.

Tabla 44: Impacto del cierre nuclear en Alemania

Indicador	Antes de la Energiewende (2010)	Después del cierre nuclear (2023)
Participación nuclear (%)	22%	0%
Participación del carbón (%)	28%	31%
Importaciones de gas ruso (%)	37%	0% (reemplazado por GNL)
Precio de la electricidad (€ MWh)	~50	>150
Emisiones de CO_2 (Mt/año)	~760	~810

Fuente: Elaboración propia basada en los datos de la Tabla Resumen al final del capítulo.

Conclusión: cerrar centrales nucleares ha aumentado las emisiones, la dependencia externa y el coste para los consumidores.

Gráfico 47: Evolución de la generación eléctrica en Alemania por Fuente

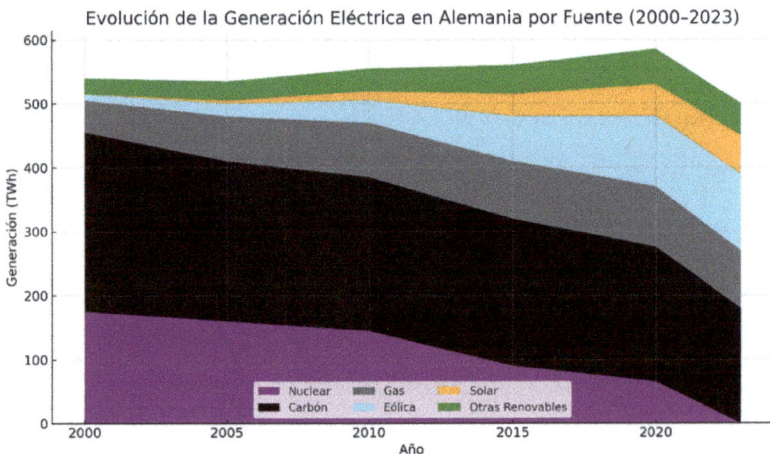

Evolución de la Generación Eléctrica en Alemania por Fuente (2000-2023)

Gráfico que muestra que la reducción de energía nuclear fue compensada por carbón y gas, no por fuentes limpias

Angela Merkel y el fin de la energía nuclear en Alemania: cuando la política ignora la Ciencia

Angela Merkel, científica de formación con doctorado en física, fue canciller de Alemania entre 2005 y 2021. A pesar de su prestigio internacional, una decisión sigue siendo muy controvertida: eliminar el programa nuclear alemán bajo presión popular e ideológica tras Fukushima. Una elección emocional y política, no científica, que transformó la matriz energética del país con profundas consecuencias.

Línea del tiempo: La transición energética de Merkel

- Antes de 2011: 17 reactores activos, 22% de la electricidad nacional.

- Marzo 2011: tsunami en Japón afecta Fukushima. Sin relación directa con Alemania.

- Abril 2011: Merkel cede ante la opinión pública y ONGs ambientales.

- Se decide el cierre inmediato de 8 reactores y el desmantelamiento total para 2022.

- Nace el programa "Energiewende" basado en solar, eólica y gas ruso.

Tabla 45: Cronograma del cierre nuclear en Alemania

Año	Hito Político	Consecuencia
2005	Merkel asume la cancillería	Promete modernizar y descarbonizar la matriz energética de Alemania
2010	La energía nuclear representa el 22% del mix eléctrico	Alemania es un referente en energía limpia y confiable
2011	Accidente de Fukushima en Japón	Merkel decide cerrar los reactores nucleares en Alemania
2012	Comienza el cierre progresivo	El gas ruso y el carbón empiezan a reemplazar a la generación nuclear
2020	La energía nuclear casi eliminada	La dependencia del gas ruso supera el 50%
2022	Invasión de Ucrania	Crisis energética con aumento de precios
2023	Se apagan los últimos reactores	La industria alemana se ve afectada y las empresas se trasladan a China y EE.UU.

Fuente: Elaboración propia basada en los datos de la Tabla Resumen al final del capítulo.

¿Una científica que ignoró la ciencia?

Paradójicamente, Merkel tomó una decisión basada en el miedo y la emoción, no en evidencia. En lugar de evaluar racionalmente la seguridad de los reactores alemanes — considerados entre los más seguros del mundo — optó por un gesto simbólico e ideológico con costos incalculables.

CRONOLOGÍA — DECISIONES DE ANGELA MERKEL SOBRE ENERGÍA NUCLEAR

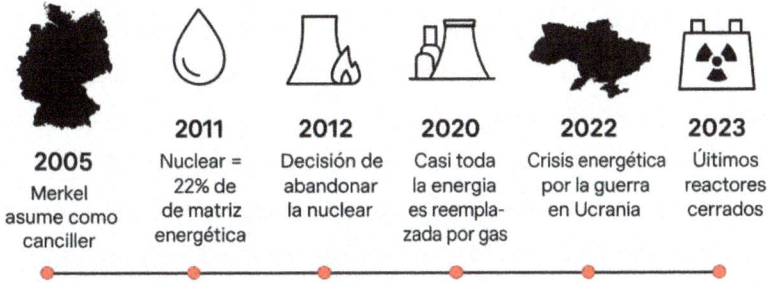

2005
Merkel asume como canciller

2011
Nuclear = 22% de de matriz energética

2012
Decisión de abandonar la nuclear

2020
Casi toda la energia es reemplazada por gas

2022
Crisis energética por la guerra en Ucrania

2023
Úitimos reactores cerrados

Consecuencias: más emisiones, más dependencia, menos industria

- La energía nuclear fue sustituida por carbón y gas natural ruso.

- La dependencia energética de Alemania hacia Rusia superó el 50% del suministro de gas.

- Tras el cierre de Nord Stream, los precios se dispararon superando los 150 €/MWh en 2023.

- La industria alemana (química, acero, automotriz) redujo producción o se mudó a China, EE. UU., Noruega.

Resultado: la economía más fuerte de Europa puso su matriz energética en manos de un régimen autocrático y perdió competitividad global.

Gráfico 48: Evolución del precio eléctrico en Alemania (€ / MWh)

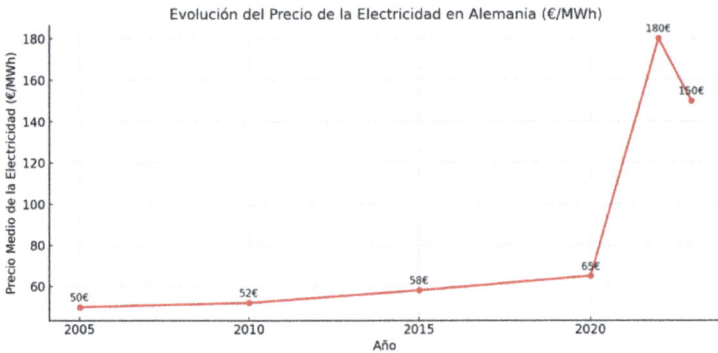

Fuente: Elaboración propia basada en los datos de la Tabla Resumen al final del capítulo.

Gráfico de la evolución del precio de la electricidad en Alemania (€/MWh).

Muestra claramente el aumento exponencial tras el cierre del programa nuclear y la dependencia del gas ruso.

Merkel en sus propias palabras... y los hechos:

"Fukushima cambió mi visión sobre la energía nuclear." – Angela Merkel, 2011

Pero... Fukushima no mató a nadie por radiación. Y los reactores alemanes no tienen nada en común con los japoneses.

Lección para el futuro: cuando la política ignora la ciencia, todos pagamos el precio.

- El miedo puede ser un pésimo consejero en decisiones estratégicas.

- La estabilidad energética de un país no puede depender de ideologías o presiones populistas.

- Alemania sacrificó la energía nuclear por razones políticas y está pagando un precio altísimo.

Tabla 46: Contradicciones en las Políticas Energéticas

Política Declarada	Acción Real	Consecuencia
Descarbonización rápida	Cierre de centrales nucleares seguras	Mayor uso de gas o carbón
Reducir la dependencia exterior	Importación de energía en lugar de producción nuclear	Pérdida de soberanía energética
Apoyar la ciencia y la innovación	Ignorar avances en reactores de nueva generación	Estancamiento tecnológico
Garantizar la seguridad energética	Eliminación de fuente nuclear estable	Intermitencia y riesgo de apagones

Fuente: Elaboración propia basada en los datos de la Tabla Resumen al final del capítulo.

Francia y Finlandia – La Elección de la Razón, no del miedo

Mientras Alemania cedía al miedo y desmantelaba su sector nuclear, Francia y Finlandia tomaban el camino opuesto. Eligieron fortalecer, modernizar y expandir sus capacidades nucleares, reconociendo que no existe transición energética viable sin fuentes firmes, limpias y fiables.

Esta diferencia de estrategia se volvió especialmente evidente durante la crisis energética europea de 2022, provocada por la guerra en Ucrania y la dependencia del gas ruso.

Francia: La pionera nuclear europea

Como vimos anteriormente, Francia ha sido líder mundial en energía nuclear civil desde los años 70, impulsada por el deseo de autosuficiencia energética tras la crisis del petróleo.

Datos clave:

- Cuenta con 56 reactores nucleares activos.

- Más del 70% de su electricidad proviene de energía nuclear – la proporción más alta del mundo.

- Emite menos CO_2 per cápita en generación eléctrica que casi todos los países industrializados.

- Exporta electricidad a países vecinos (incluida la propia Alemania…).

En 2022, el presidente Emmanuel Macron anunció un plan para construir 6 nuevos reactores EPR y mantener los existentes operativos y seguros durante varias décadas.

"Sin nuclear, no habrá soberanía energética europea." – Macron

Finlandia: Un pequeño país con visión de future

Finlandia decidió que el camino más racional y seguro para descarbonizar su matriz eléctrica era apostar firmemente por la energía nuclear.

Destacados:

- Opera cinco reactores nucleares que suministran más del 35% de la electricidad del país.

- En 2023 entró en operación el reactor Olkiluoto-3, el más grande y potente de Europa (EPR – 1.600 MW).

- Finlandia es el primer país del mundo en completar un depósito geológico final para residuos nucleares (Onkalo).

- La población apoya mayoritariamente la energía nuclear, con más del 70% de aceptación.

Tabla 47: Comparación Energética – Alemania vs. Francia vs. Finlandia

Indicador	Alemania	Francia	Finlandia
% de electricidad de origen nuclear	0%	70%	35%
Emisiones de CO_2 per cápita (eléctrico)	Alta (~8,5 t)	Baja (~2,5 t)	Muy baja (~1,8 t)
Dependencia del gas	Alta (~80%)	Moderada (~30%)	Baja (~20%)
Precio medio de la electricidad (€)	>150 €/MWh	~85 €/MWh	~65 €/MWh
Apoyo público a la energía nuclear	<40%	>60%	>70%

Gráfico 49: Indicadores energéticos – Alemania vs. Francia vs. Finlandia

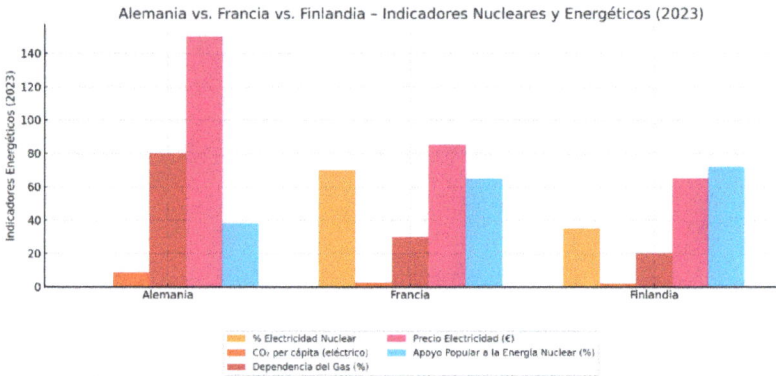

Fuente: Elaboración propia basada en los datos de la Tabla Resumen al final del capítulo.

Gráfico comparativo entre Alemania, Francia y Finlandia destacando los principales indicadores energéticos y nucleares en 2023.

Conclusión – Entre el Miedo y la Razón: El Futuro de la Energía Está en Juego

La historia de la energía nuclear en las últimas décadas no es solo una historia de ciencia, ingeniería y política energética. Es, ante todo, una historia sobre cómo el miedo puede silenciar el conocimiento, cómo las ideologías pueden eclipsar la razón, y cómo decisiones mal fundamentadas pueden tener consecuencias profundas, duraderas y globales.

En este capítulo, hemos visto cómo la oposición a la energía nuclear muchas veces no surge de la realidad técnica, sino de la construcción de narrativas — narrativas alimentadas por intereses económicos, presiones ideológicas, desinformación y, en ocasiones, pura ignorancia.

Hemos visto cómo Angela Merkel, una líder respetada y científica de formación, abandonó la lógica científica en favor del simbolismo político — con consecuencias desastrosas para Alemania y para toda Europa.

Contrastamos este camino con el de Francia y Finlandia, que eligieron invertir en energía nuclear con claridad, visión a largo plazo y responsabilidad hacia el medio ambiente y las generaciones futuras.

Y ahora, la pregunta se dirige al lector:

¿Qué camino está tomando su país?

¿Está cediendo al miedo y a la presión pública, o está apostando por una transición energética basada en la ciencia, la seguridad y la estabilidad?

La energía nuclear no es perfecta — ninguna fuente energética lo es.

Pero es la única capaz de generar electricidad a gran escala, con emisiones muy bajas, las 24 horas del día, sin depender del viento, del sol ni de los combustibles fósiles.

En un mundo en crisis climática y geopolítica, rechazar la energía nuclear por razones ideológicas es un lujo que la humanidad ya no se puede permitir.

Tabla 48: Tabla Resumen – Lecciones Clave sobre la Energía Nuclear y la Oposición Global

Lección	Reflexión / Implicación
La oposición a la energía nuclear a menudo no es técnica, sino ideológica o estratégica.	Es esencial investigar quién financia la narrativa antinuclear y por qué.
Las decisiones políticas pueden destruir décadas de progreso energético.	El caso de Alemania ilustra las graves consecuencias de decisiones basadas en el miedo.
La energía nuclear es uno de los métodos más limpios y seguros para producir electricidad a gran escala.	Debe ser parte esencial de cualquier estrategia realista de transición energética.
Los países que invierten en energía nuclear tienen electricidad más barata, menos emisiones y mayor seguridad.	Ejemplos de Francia y Finlandia muestran los beneficios de decisiones basadas en datos.
El público necesita acceso a información clara y objetiva sobre energía.	Este libro busca ser una herramienta para fomentar una discusión más racional e informada.

Fuente: Elaboración propia basada en los datos de la Tabla Resumen al final del capítulo.

Tabla 49: Fuentes Consultadas en el Capítulo 6

Fuente	Descripción	Notas
Our World in Data (2022)	Estudio comparativo de mortalidad por TWh de energía generada.	Utilizado para la comparación de mortalidad entre fuentes de energía.
Agencia Internacional de Energía (IEA)	Informes sobre el Coste Nivelado de Electricidad (LCOE) y energía nuclear.	Fuente relevante para datos de coste y eficiencia de fuentes energéticas.

Lazard (2023)	Estudio sobre el Coste Nivelado de Electricidad (LCOE).	Utilizado para comparar la competitividad nuclear frente a renovables y fósiles.
Greenpeace	ONG medioambiental con postura antinuclear.	Mencionada como ejemplo de organizaciones que abogan por renovables frente a lo nuclear.
Amigos de la Tierra	ONG medioambiental antinuclear.	Representa uno de los grupos que financian la oposición antinuclear.
Nord Stream	Información sobre el gasoducto Nord Stream y su impacto en la energía europea.	Utilizado para explicar la política energética de Alemania y su dependencia del gas ruso.
Rockefeller Brothers Fund	Fundación que apoya ONG medioambientales y renovables.	Relacionada con la financiación de campañas antinucleares.
Merkel, Angela (2011)	Declaraciones de Merkel sobre el cambio de postura ante la energía nuclear tras Fukushima.	Fuente directa de las declaraciones de Merkel sobre la política nuclear alemana.

Preparación para el Próximo Capítulo: Geopolítica Nuclear – Energía, Poder e Influencia Global

A lo largo de este capítulo, hemos desvelado los argumentos detrás de la oposición a la energía nuclear y demostrado cómo muchos de ellos no resisten un análisis crítico, técnico y basado en hechos. Hemos comprendido que, a veces, las decisiones más importantes no se toman en base a la ciencia o la razón, sino bajo la presión de narrativas políticas, ideológicas o geoestratégicas.

Pero si el miedo y la desinformación son fuerzas impulsoras detrás de la oposición, el poder y la influencia son, con frecuencia, los verdaderos fundamentos de la energía nuclear.

Por eso, en el próximo capítulo, nos adentraremos en una dimensión aún más profunda: **la geopolítica de la energía nuclear.**

Exploraremos cómo el acceso a la tecnología nuclear moldea alianzas internacionales, cómo las grandes potencias utilizan la energía nuclear como instrumento de poder, y por qué algunos países la persiguen con tanta determinación — mientras otros la rechazan a toda costa.

Porque la energía nuclear no es solo una fuente de energía: también es una herramienta de soberanía, un símbolo de prestigio y una carta estratégica en el gran juego de las naciones.

Capítulo 7 – Geopolítica Nuclear: Energía, Poder e Influencia Global

A lo largo de la historia, la energía siempre ha sido sinónimo de poder. Desde el dominio del fuego hasta el ascenso de las grandes potencias industriales impulsadas por el carbón y el petróleo, el acceso a fuentes de energía seguras, abundantes y controlables ha moldeado imperios, alimentado guerras y definido el destino de las naciones.

En el siglo XXI, esta realidad se mantiene — pero con un matiz crucial: la energía ya no es solo una cuestión de recursos, sino de estrategia, soberanía e influencia global. Y en el centro de este nuevo juego geopolítico se encuentra un elemento clave: **la energía nuclear.**

Más que una tecnología para generar electricidad, el poder nuclear representa:

- Un símbolo de autonomía científica e industrial;

- Un activo diplomático y militar en las mesas de negociación internacional;

- Y, en muchos casos, una línea divisoria entre potencias regionales y grandes potencias globales.

Hoy, los países que dominan el ciclo del combustible nuclear, exportan reactores o controlan cadenas de suministro ejercen una influencia política que va mucho más allá de sus fronteras energéticas.

Al mismo tiempo, la desinformación, el miedo y la oposición ideológica han sido utilizados como instrumentos geoestratégicos — frenando el avance de la energía nuclear en países que, de otro modo, podrían volverse energéticamente independientes y políticamente más fuertes.

Este capítulo explora la energía nuclear como un elemento central de la geopolítica moderna. Examinaremos:

- Quién posee el poder nuclear y cómo se utiliza;

- Cómo el acceso (o la falta de acceso) a la tecnología nuclear moldea las relaciones internacionales;

- Y por qué la energía — especialmente la nuclear — será uno de los principales ejes de influencia, competencia y soberanía en el siglo XXI.

En este nuevo tablero mundial, quienes controlan la energía nuclear no solo generan electricidad — controlan el propio juego.

Entre el Átomo y la Soberanía

Desde que Estados Unidos detonó la primera bomba nuclear en julio de 1945, el mundo entró en una nueva era geopolítica. Por primera vez en la historia humana, un solo país detentaba un poder destructivo tan colosal que ninguna otra nación podía igualarlo. Nacía así la era nuclear — y con ella, la clara separación entre quienes dominan el núcleo del átomo y quienes dependen de los que lo hacen.

La energía nuclear civil surgió casi simultáneamente como un contrapunto ético y tecnológico a las armas atómicas, prometiendo electricidad casi ilimitada, limpia y soberana. Sin embargo, este aspecto pacífico de la tecnología nunca estuvo totalmente separado de su potencial estratégico. De hecho, el simple hecho de que un país domine el ciclo completo de la tecnología nuclear — incluso con fines civiles — es suficiente para alterar su posición en el tablero geopolítico global.

Soberanía Científica como Herramienta de Prestigio

Dominar la energía nuclear no es solo un logro técnico — es una señal inequívoca de capacidad científica, madurez institucional y autonomía industrial. No es casualidad que:

- Solo un pequeño grupo de países posea la tecnología para enriquecer uranio, construir reactores y gestionar residuos nucleares;

- Estos países sean considerados naciones de "primera categoría", incluso sin poseer armas nucleares.

En la diplomacia internacional, el conocimiento nuclear equivale a poder de negociación:

- Ofrece influencia en los tratados;

- Garantiza respeto en los foros multilaterales;

- Impide interferencias extranjeras en decisiones estratégicas y energéticas.

Disuasión: ¿Realidad o Potencial?

Incluso sin intenciones militares explícitas, el simple dominio de la tecnología genera lo que se conoce como **"disuasión latente"**:

- Un país con una infraestructura nuclear civil robusta podría, en teoría, convertir rápidamente ese conocimiento en un programa militar.

- Esta posibilidad implícita hace que dichos países sean mucho más difíciles de intimidar, sancionar o aislar.

Japón es un ejemplo emblemático:

- Nunca desarrolló armas nucleares;

- Sin embargo, posee decenas de toneladas de plutonio reprocesado;

- Tiene la capacidad tecnológica y científica para ensamblar un arsenal en poco tiempo si su seguridad nacional lo exigiera.

La Energía Nuclear Civil como Pilar de Soberanía Energética

El acceso a la energía nuclear permite a un país:

- Reducir drásticamente su dependencia de importaciones de combustibles fósiles;

- Estabilizar su matriz energética a largo plazo;

- Protegerse de choques geopolíticos externos (como sanciones, guerras o chantajes comerciales).

Así, la energía nuclear se convierte en un escudo invisible pero poderoso. En tiempos de tensión internacional, suele ser el último bastión de la soberanía de un Estado.

Percepción Externa: ¿Temor, Respeto o Alineamiento?

El mundo observa con atención a los países que:

- Construyen centrales nucleares con tecnología propia;
- Enriquecen uranio dentro de sus fronteras;
- Desarrollan tecnologías de reprocesamiento o reciclaje.

A menudo, esta observación va acompañada de presiones diplomáticas, acusaciones de militarización o intentos de frenar el avance científico bajo el pretexto de la seguridad global.

En el fondo, existe un temor sistémico hacia los países que logran autosuficiencia nuclear, ya que eso también implica independencia política, económica y estratégica.

El átomo es al mismo tiempo fuente de luz — y sombra de poder.

El Concepto de Disuasión – Entre el Miedo y el Equilibrio Estratégico

Desde la Guerra Fría, la lógica de la disuasión nuclear ha sido la base de la estabilidad estratégica entre las potencias armadas.

La doctrina de la Destrucción Mutua Asegurada (MAD, por sus siglas en inglés) establece que si dos países poseen suficientes armas nucleares para destruirse mutuamente, ninguno se atreverá a iniciar un conflicto directo — ya que el coste sería su propia aniquilación.

Este equilibrio del terror, por paradójico que parezca, evitó guerras directas entre grandes potencias durante más de medio siglo, incluso en momentos de alta tensión (como la Crisis de los Misiles en Cuba en 1962).

Disuasión Explícita: El Club Armado

Los países que poseen oficialmente armas nucleares — Estados Unidos, Rusia, China, Francia, el Reino Unido, India, Pakistán, Corea del Norte (e Israel, presumiblemente) — utilizan esta capacidad como un escudo absoluto de soberanía.

La posesión de ojivas nucleares:

- Desalienta invasiones, presiones militares y chantajes externos;

- Eleva al país a un estatus geopolítico superior;

- Asegura un asiento privilegiado en la toma de decisiones internacionales.

Ninguno de estos países ha sido invadido o sometido a un cambio de régimen impuesto por fuerzas externas, en gran parte porque el riesgo nuclear actúa como una línea roja infranqueable.

Disuasión Latente: El Poder de Quienes Pueden, Aunque No Pretendan Usarlo

Existe también un tipo de disuasión más sutil — y no por ello menos eficaz.

Incluso sin ojivas ni ensayos militares, un país con dominio completo del ciclo nuclear civil puede volverse "inalcanzable" por presiones externas.

Este fenómeno se conoce como "disuasión latente":

La capacidad técnica e industrial de producir armas nucleares si el contexto de seguridad lo exigiera — aunque no exista intención declarada de hacerlo.

Ejemplos de Disuasión Latente en la Práctica:

Japón:

- Posee más de 45 toneladas de plutonio reprocesado almacenado, suficiente para miles de ojivas.

- Tiene uno de los sectores nucleares más avanzados del mundo.

- A pesar de su Constitución pacifista, es ampliamente reconocido como una "potencia nuclear latente".

- En caso de ruptura de la alianza con EE. UU. o de una amenaza regional grave (por ejemplo, de Corea del Norte o China), podría ensamblar un arsenal en pocos meses.

Alemania:

- A pesar de haber abandonado la energía nuclear civil, mantiene una enorme capacidad científica e industrial.

- Participa en los acuerdos de "nuclear sharing" de la OTAN, con acceso técnico y logístico al armamento estadounidense.

- Desempeña un papel central en las negociaciones nucleares internacionales, aun sin poseer armas

Brasil:

- Cuenta con un programa nuclear independiente, incluyendo el único reactor naval en construcción en América Latina.

- Alcanza el 100% de enriquecimiento de uranio con tecnología nacional.

- Nunca ha tenido armas, pero es considerado un Estado con pleno potencial estratégico.

- El artículo 4.º de la Constitución brasileña permite revisar la política pacífica en caso de amenazas a la soberanía.

Corea del Sur:

- Altamente avanzada tecnológicamente.

- Acceso a tecnología nuclear estadounidense y japonesa.

- La creciente amenaza de Corea del Norte genera presión interna para un rearme estratégico.

Tabla 50: Disuasión Nuclear: Explícita vs Latente

Tipo de Disuasión	Países	Características
Disuasión Explícita	Estados Unidos, Rusia, China, Francia, Reino Unido, India, Pakistán, Corea del Norte, Israel (presunto)	Poseen arsenales nucleares declarados u operativos; utilizan la capacidad nuclear como escudo militar y símbolo de estatus geopolítico.
Disuasión Latente	Japón, Alemania, Brasil, Corea del Sur, Canadá	Dominio científico y técnico del ciclo nuclear; capacidad de conversión civil-militar; prestigio diplomático sin poseer ojivas.

Fuente: Elaboración propia basada en los datos de la Tabla Resumen al final del capítulo.

Respeto Geoestratégico

Estos países suelen ser tratados con la misma cautela diplomática que las naciones con arsenales nucleares declarados porque:

- No pueden ser fácilmente intimidados;

- Poseen capacidades de represalia tecnológica y económica;

- Participan en negociaciones globales con mayor autonomía.

Este es el "poder duro-suave" de la disuasión nuclear:

No se trata de amenazar al mundo con la destrucción, sino de situarse fuera del alcance de la sumisión geopolítica.

La disuasión nuclear, ya sea explícita o latente, sigue siendo uno de los instrumentos más poderosos de estabilidad estratégica — y también de desigualdad geopolítica.

En el ámbito de los poderes, la capacidad nuclear continúa siendo la línea de defensa definitiva de la soberanía.

Y el simple hecho de poder poseerla... suele bastar para disuadir cualquier riesgo.

Percepción de las Asimetrías en el Sistema Internacional

Aunque el régimen global de control nuclear, basado principalmente en el Tratado de No Proliferación Nuclear (TNP) y supervisado por el Organismo Internacional de Energía Atómica (OIEA), ha contribuido a evitar la proliferación incontrolada de armas nucleares, no está exento de críticas sobre su aplicación desigual.

Estas críticas provienen no solo de los llamados Estados "revisionistas" o contestatarios, sino también de naciones democráticas comprometidas con el uso pacífico de la energía atómica y con el derecho soberano al desarrollo tecnológico.

Tabla 51: Países No Permanentes con Capacidades o Ambiciones Nucleares

País	Estatus Nuclear	Observaciones

India	Potencia nuclear declarada	No firmante del TNP; ensayos en 1974 y 1998
Pakistán	Potencia nuclear declarada	Desarrolló armas en respuesta a la India; no firmante del TNP
Corea del Norte	Potencia nuclear declarada	Se retiró del TNP; realizó varios ensayos
Israel	Capacidad nuclear presunta	No confirma ni niega su posesión; no forma parte del TNP
Irán	Capacidad técnica avanzada	Firmante del TNP; supervisado por el OIEA; sujeto de controversia
Brasil	Programa civil avanzado	Firmante del TNP; sin armas; domina todo el ciclo del combustible
Japón	Capacidad tecnológica completa	Firmante del TNP; posee grandes cantidades de plutonio civil
Alemania	Alta capacidad técnica	Firmante del TNP; participa en la compartición nuclear de la OTAN
Corea del Sur	Potencial estratégico	Firmante del TNP; debate interno en curso sobre el armamento

Fuente: Elaboración propia basada en los datos de la Tabla Resumen al final del capítulo.

Tabla que muestra los miembros no permanentes del Consejo de Seguridad que poseen armas nucleares, capacidades técnicas o ambiciones relevantes en el ámbito nuclear

1. La Modernización de los Arsenales por Parte de los Poseedores Oficiales

Los cinco miembros permanentes del Consejo de Seguridad (P5), que también son los cinco Estados reconocidos como "poseedores de armas nucleares" en virtud del TNP, continúan:

- Manteniendo arsenales considerables (algunos con miles de ojivas activas);

- Invirtiendo en modernización tecnológica, nuevas plataformas de lanzamiento y simulaciones avanzadas;

- Prolongando la vida útil de las armas existentes, en contradicción con el Artículo VI del TNP, que aboga por el desarme progresivo.

Esto genera la percepción de que las grandes potencias exigen contención a los demás, pero no están dispuestas a dar el ejemplo.

Tabla 52: Países con Capacidades Nucleares Militares y Civiles Avanzadas

Países con Armas Nucleares Declaradas o Presuntas	Países con Programas Nucleares Civiles Avanzados (sin arsenal)
Estados Unidos	Alemania
Rusia	Japón
China	Brasil

Francia	Canadá
Reino Unido	Corea del Sur
India	Finlandia
Pakistán	Suecia
Corea del Norte	Argentina
Israel (presunto)	Emiratos Árabes Unidos
	Bélgica
	Países Bajos

Fuente: Elaboración propia basada en los datos de la Tabla Resumen al final del capítulo.

2. La Ambigüedad Aceptada de Ciertos Estados

Países como Israel, que nunca han adherido al TNP, son ampliamente considerados como poseedores de armas nucleares. Sin embargo:

- No reconocen oficialmente su arsenal;

- No están sujetos a inspecciones regulares del OIEA;

- Están protegidos diplomáticamente por aliados influyentes, lo que limita cualquier acción multilateral efectiva.

Este doble rasero, tolerado por el sistema internacional, socava la credibilidad del régimen de no proliferación a ojos de otros países, especialmente aquellos del Sur Global.

No obstante, y siendo completamente honestos, es importante enfatizar que Israel es un Estado democrático gobernado por el Estado de derecho, donde existen instituciones sólidas que limitan o incluso impiden el uso de su arsenal nuclear. El hecho de que Israel posea un arsenal considerablemente estimado no significa que lo utilice de manera imprudente; más bien, sirve como elemento disuasorio para garantizar su supervivencia como Estado y enviar una fuerte advertencia a sus adversarios.

3. El Intenso Escrutinio de Algunos Estados

En contraste, países como Irán — firmante del TNP y sujeto a rigurosas inspecciones del OIEA — enfrentan:

- Constante presión diplomática;

- Severas sanciones económicas, incluso cuando cumplen técnicamente con sus compromisos;

- Reacciones políticas desproporcionadas ante cualquier paso técnico que pueda interpretarse como sospechoso, incluso dentro de los límites legalmente permitidos.

Ese tratamiento selectivo genera tensiones, incluso entre países sin intenciones militares, pero que exigen respeto por su desarrollo tecnológico soberano.

Sin embargo, no se debe olvidar que Irán es un Estado religioso donde el poder supremo reside en manos de clérigos radicales, sin supervisión por parte de poderes judiciales o instituciones democráticamente elegidas. Así, las sospechas sobre el desarrollo de su programa nuclear son completamente legítimas, a pesar de que el país parezca estar siendo tratado de forma desigual.

4. El Caso de Brasil: Soberanía, Transparencia y Desconfianza

Brasil es un ejemplo paradigmático de un país que:

- Firmó y ratificó el TNP;

- Tiene un historial de uso pacífico de la energía nuclear;

- Es uno de los únicos países del mundo en consagrar en su Constitución la prohibición de las armas nucleares;

- Creó, junto con Argentina, la agencia ABACC — un modelo pionero de salvaguardias binacionales.

Aun así, el país enfrenta:

- Resistencia al acceso a ciertas tecnologías sensibles, como el ciclo cerrado de reprocesamiento;

- Sospechas implícitas por parte de proveedores tradicionales, que imponen condiciones no aplicadas a aliados más cercanos.

Estos bloqueos a menudo se justifican por razones técnicas, pero son percibidos como obstáculos políticos al desarrollo soberano. Lamentablemente, Brasil aún es percibido como un "Estado débil" donde las instituciones son permeables, lo que alimenta la resistencia a su desarrollo nuclear. Actualmente, el país parece estar gobernado más por la Corte Suprema que por sus poderes legalmente constituidos. Estos factores pesan considerablemente en contra de la transferencia de tecnología nuclear, debido a la manifiesta falta de confianza en las instituciones del país.

5. El Desequilibrio Norte-Sur y la Geopolítica de la Tecnología

Estas asimetrías generan un creciente sentimiento de injusticia estructural dentro del sistema nuclear global:

- Los países del Norte Global tienden a controlar las tecnologías e insumos nucleares estratégicos;

- Los países del Sur Global suelen ser tratados como alumnos bajo vigilancia, incluso cuando cumplen con todos los tratados;

- El acceso a la energía nuclear está condicionado no solo por criterios técnicos, sino también por alineamientos políticos y alianzas regionales.

Lo que muchos países emergentes denuncian no es el control en sí, sino el control selectivo.

El sistema actual permite que unos pocos definan las reglas... y alteren los criterios según su conveniencia geopolítica.

El régimen de no proliferación nuclear es, en esencia, una construcción diplomática basada en la confianza mutua, la transparencia y la cooperación multilateral. Sin embargo, su eficacia depende de la percepción de justicia e imparcialidad.

Si los criterios parecen fluctuar, si las sanciones afectan a unos y no a otros, y si el acceso a la tecnología nuclear civil sigue estando restringido por razones políticas, entonces el riesgo es la erosión de la adhesión voluntaria al sistema — y, con ella, la pérdida de su legitimidad.

El Control de la Tecnología y los Regímenes de No Proliferación

Tras el estallido de la era nuclear y la multiplicación de armas atómicas en las décadas de 1950 y 1960, la comunidad internacional reconoció la necesidad de controlar el acceso a tecnologías sensibles y evitar una carrera armamentista generalizada.

Así nació el Tratado de No Proliferación de Armas Nucleares (TNP), firmado en 1968 y en vigor desde 1970, basado en tres pilares centrales:

1. No Proliferación:

Los países que ya poseían armas nucleares en 1967 (los P5) se comprometieron a no transferir armas nucleares ni conocimientos militares nucleares a otros Estados.

Los demás signatarios se comprometieron a no producir armas nucleares en ninguna circunstancia.

2. Desarme Gradual:

Los Estados con armas nucleares debían negociar de buena fe medidas para reducir y eventualmente eliminar sus arsenales — un compromiso que aún hoy genera críticas por su escasa implementación real.

3. Uso Pacífico de la Energía Nuclear:

Todos los signatarios tienen derecho a acceder a la tecnología nuclear con fines civiles (generación eléctrica, salud, agricultura, etc.) bajo condiciones de transparencia e inspección internacional.

El TNP se ha convertido en el pilar legal y diplomático del sistema global de control nuclear, contando actualmente con 191 Estados firmantes, lo que lo convierte en uno de los tratados más universalmente aceptados.

El Papel del OIEA – El Vigilante del Mundo Atómico

El Organismo Internacional de Energía Atómica (OIEA), con sede en Viena, es el organismo de las Naciones Unidas encargado de:

- Verificar que los países utilicen la energía nuclear exclusivamente con fines pacíficos;
- Realizar inspecciones técnicas a instalaciones nucleares;
- Monitorear los inventarios de uranio y plutonio;
- Investigar sospechas de desvío o actividades no declaradas.

El OIEA actúa sobre la base de acuerdos de salvaguardias que los países firman voluntariamente o como requisito del TNP. En algunos casos (como Irán), existen protocolos adicionales que permiten inspecciones más invasivas y con poco preaviso.

Su labor es esencial, pero depende de la cooperación de los Estados y del respaldo político de los miembros de la ONU.

Tabla 53: Pilares del TNP y Funciones del OIEA

Pilares del TNP	Funciones del OIEA
No Proliferación: Evitar la expansión de armas nucleares más allá de los cinco países reconocidos.	Inspección y verificación de instalaciones nucleares para asegurar el uso pacífico.
Desarme: Compromiso de los Estados con armas nucleares para reducir sus arsenales.	Monitoreo de materiales nucleares (uranio, plutonio).
Uso Pacífico: Garantizar el derecho de acceso a la energía nuclear civil bajo verificación internacional.	Supervisión de acuerdos de salvaguardias y protocolos adicionales.

Fuente: Elaboración propia basada en los datos de la Tabla Resumen al final del capítulo.

Limitaciones y Desafíos del TNP y del OIEA

A pesar de su papel crucial, tanto el TNP como el OIEA enfrentan complejos desafíos geopolíticos:

- El TNP reconoce como "legítimos" solo los arsenales de los P5, perpetuando el desequilibrio;

- Países como Israel, India, Pakistán y Corea del Norte no están formalmente obligados por sus disposiciones (ya sea por no haber firmado o por haberse retirado del tratado);

- El OIEA no tiene autoridad para sancionar violaciones — solo puede informarlas, dependiendo de la acción del Consejo de Seguridad;

- El acceso a tecnología civil está, en la práctica, obstaculizado por restricciones políticas y comerciales que van más allá de las salvaguardias técnicas.

La Geopolítica de los Isótopos: Uranio, Plutonio y el Poder Invisible

Detrás de las instalaciones, los tratados y las inspecciones se encuentra la materia prima del poder nuclear:

- El uranio natural es abundante, pero solo el isótopo U-235 (menos del 1%) es físil. Para ser utilizado en reactores (3–5%) o en armas (>90%), debe ser enriquecido — un proceso técnicamente exigente y estratégicamente sensible.

- El plutonio-239 puede generarse en reactores a partir del uranio y extraerse mediante reprocesamiento, otra tecnología delicada de doble uso (civil o militar).

Controlar estas tecnologías significa controlar el acceso a la frontera entre la energía y el armamento.

El Club de Proveedores y el Condicionamiento Tecnológico

Además del TNP, existe el llamado Grupo de Suministradores Nucleares (NSG, por sus siglas en inglés), una asociación informal de países que controlan el comercio de materiales y equipos nucleares.

Este grupo:

- Regula el acceso de otros países a tecnología de punta;

- Impone condiciones adicionales para las exportaciones, a menudo basadas en consideraciones políticas más que técnicas;

- Es uno de los principales mecanismos a través del cual las grandes potencias limitan la expansión de la tecnología nuclear en países emergentes, incluso cuando estos cumplen con el OIEA.

El sistema internacional de no proliferación es indispensable, pero está lejos de ser perfecto.

Equilibrar el derecho soberano al desarrollo con la seguridad global es un desafío constante — y, en ocasiones, un campo de batalla diplomático.

Quienes controlan el uranio, el plutonio y los protocolos de inspección, en última instancia, controlan el acceso al poder.

CICLO DEL COMBUSTIBLE NUCLEAR

con principales puntos de control internacional destacados

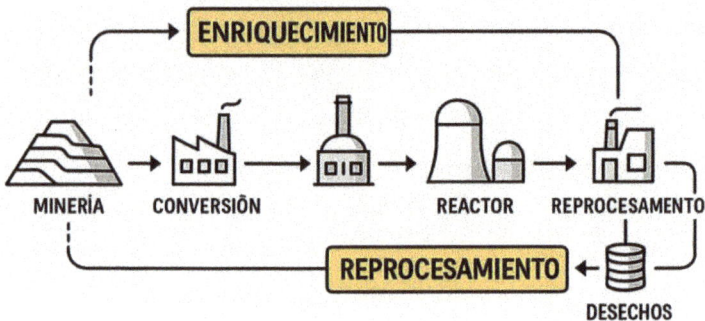

Diagrama ilustrativo del ciclo del combustible nuclear, destacando los principales puntos de control internacional (como el enriquecimiento y el reprocesamiento).

Acceso al uranio y la carrera por las cadenas de suministro

Contrario a la creencia popular, la energía nuclear no comienza en laboratorios ni en centrales eléctricas. Comienza bajo tierra, con un metal pesado de número atómico 92: el uranio.

El uranio es la materia prima esencial para la mayoría de los reactores nucleares actuales, y su ciclo de vida incluye:

- Extracción (minería),

- Conversión química,

- Enriquecimiento isotópico,

- Fabricación del combustible,

- Y finalmente, retorno como residuo o material reprocesado.

Controlar esta cadena es, por tanto, un imperativo estratégico para cualquier país que aspire a una autonomía energética basada en la energía nuclear.

Principales Productores de Uranio en el Mundo

Actualmente, la producción mundial de uranio está concentrada en unos pocos países, lo que hace que el suministro sea vulnerable a choques políticos, inestabilidad y manipulaciones comerciales.

Tabla 54: Principales Productores de Uranio (2023)

País	Participación en la Producción Global (%)
Kazajistán	40%
Canadá	15%
Namibia	11%
Australia	8%
Uzbekistán	6%
Níger	4%
Otros	16%

Fuente: Elaboración propia basada en los datos de la Tabla Resumen al final del capítulo.

Aunque países como Estados Unidos, Rusia y China poseen reservas, dependen en gran medida de las importaciones para mantener activos sus programas nucleares.

La Geopolítica de las Cadenas de Suministro Nuclear

La extracción de uranio es solo el comienzo. Las etapas siguientes — conversión, enriquecimiento, transporte y reconversión del combustible — están dominadas por un club restringido de países con infraestructura técnica y acuerdos bilaterales robustos.

- Enriquecimiento: Liderado por Rusia (Rosatom), Francia (Orano), Estados Unidos (Centrus, Urenco) y China.

- Conversión y fabricación: Concentradas en Europa Occidental, Estados Unidos, Rusia y Japón.

- Transporte y logística: Sujetos a estrictos protocolos del OIEA, pero vulnerables a sanciones, guerras y sabotajes.

Rusia, por ejemplo, controla más del 40% de la capacidad global de enriquecimiento de uranio comercial y mantiene acuerdos para construir, suministrar e incluso operar plantas nucleares en decenas de países — un instrumento geopolítico disfrazado de cooperación energética.

Tabla 55: Servicios Estratégicos del Ciclo del Combustible Nuclear

Servicio	Países Líderes	Observaciones
Enriquecimiento de Uranio	Rusia, Francia, EE.UU., China	Rusia controla ~40% de la capacidad global
Conversión Química	Francia, Canadá, China	Etapa previa al enriquecimiento
Fabricación de Combustible	Japón, Francia, Rusia, EE.UU.	Producción de barras de combustible nuclear

| Transporte Nuclear | Varios países europeos, EE.UU. | Altamente regulado por el OIEA |

El Riesgo de la Dependencia y la Carrera por la Autonomía

La guerra en Ucrania expuso de forma dramática los riesgos de depender de proveedores estratégicos de uranio y servicios nucleares.

Como resultado, varios países:

- Han relanzado proyectos nacionales de minería;

- Buscan diversificar sus proveedores (por ejemplo, Canadá, Australia, Namibia);

- Y aspiran a desarrollar sus propias capacidades de enriquecimiento y reciclaje de combustible.

Este nuevo contexto ha acelerado una carrera por la seguridad energética nuclear, particularmente en Europa, Estados Unidos y la región del Indo-Pacífico.

El Ciclo como Cadena Crítica: Del Mineral al Reactor

La cadena de suministro nuclear es larga, compleja y vulnerable. Por ello, asegurar cada eslabón es una prioridad de seguridad nacional.

Una interrupción en cualquier etapa (minería, enriquecimiento, transporte) puede paralizar todo un sistema eléctrico nacional.

En el mundo nuclear, no basta con tener tecnología. Es esencial tener acceso al combustible — e independencia en su transformación.

Infografía ilustrativa que muestra claramente el ciclo secuencial de la cadena de suministro de combustible nuclear.

La energía como arma: el caso de Rusia

La Federación Rusa no es solo un país con vastos recursos naturales. Es un gigante energético con una estrategia geopolítica propia, que utiliza la energía como herramienta de disuasión, influencia y presión política.

Aunque históricamente el gas natural ha sido el principal "arma energética" de Rusia (con exportaciones masivas a Europa), el sector nuclear ha emergido en las últimas décadas como un nuevo vector de influencia silenciosa pero profunda.

Rosatom: El Brazo Nuclear del Estado Ruso

Rosatom, la corporación estatal rusa para la energía nuclear, es mucho más que una empresa.

Actúa como un brazo geopolítico del Kremlin, ofreciendo:

- Construcción de reactores nucleares completos (llave en mano);

- Financiamiento favorable a países socios;

- Suministro continuo de combustible nuclear;

- Y, en algunos casos, operación y mantenimiento de las plantas durante todo su ciclo de vida.

Con más de 70 proyectos internacionales activos o planificados, Rosatom es el mayor exportador mundial de tecnología nuclear civil.

Un Modelo de Influencia Energética

La estrategia de Rusia es simple y eficaz:

1. Construir centrales nucleares en países en desarrollo (por ejemplo, Turquía, Egipto, Bangladesh, Hungría);

2. Ofrecer financiación asequible y conocimientos técnicos;

3. Mantener el suministro exclusivo de combustible y servicios técnicos, creando dependencia a largo plazo.

Este modelo se conoce como "Diplomacia Nuclear" — una forma de poder blando con consecuencias duras.

De la Cooperación a la Dependencia

Los países que contratan plantas de Rosatom se vuelven dependientes del uranio enriquecido ruso y de su logística.

Incluso en países de la Unión Europea (como Hungría y Eslovaquia), los reactores tipo VVER de origen ruso siguen operativos, con suministro continuo desde Moscú.

La crisis energética posterior a la invasión de Ucrania (2022) demostró el peso de la dependencia europea de la energía rusa — no solo del gas, sino también del sector nuclear.

Blindaje Político a través de la Energía Nuclear

Rusia utiliza los acuerdos nucleares para:

- Fortalecer alianzas estratégicas;
- Reducir la influencia de potencias occidentales en regiones clave (Medio Oriente, África, Sudeste Asiático);
- Obtener apoyo político en foros internacionales, intercambiando asistencia técnica por votos o posturas neutrales en momentos de tensión global.

En este contexto, la energía nuclear no es solo tecnología — es lealtad diplomática.

Riesgos y Tensiones

El uso de la energía nuclear como arma geopolítica conlleva riesgos:

- Instrumentalización de contratos civiles con fines políticos;

- Posibilidad de cortes de suministro en caso de sanciones o conflictos;

- Ausencia de alternativas rápidas para países dependientes de Rosatom.

Por ello, muchos países están hoy:

- Replanteándose sus contratos con proveedores rusos;

- Intentando diversificar sus fuentes de combustible nuclear;

- Y desarrollando capacidades nacionales para reducir su vulnerabilidad.

Rusia ha transformado la energía nuclear en un poderoso instrumento de influencia internacional.

A través de Rosatom, ofrece no solo energía, sino una red de dependencia estratégica silenciosa y duradera.

En un mundo dividido, la energía nuclear se ha convertido en algo más que ciencia: se ha convertido en una extensión de la geopolítica.

Tabla 56: Presencia Global de Rosatom y Dependencia Nuclear de Rusia

País	Tipo de Cooperación	Observaciones
Hungría	Construcción y operación de reactores VVER-1200 (Paks II)	Financiamiento y suministro de combustible ruso
Turquía	Planta de Akkuyu (4 reactores VVER-1200)	Proyecto llave en mano: Rosatom operará durante décadas
Egipto	Planta El-Dabaa (4 reactores)	Acuerdo a largo plazo; financiación parcial rusa
Bangladesh	Planta Rooppur (2 VVER-1200)	Tecnología, construcción y operación por Rosatom
India	Cooperación técnica y construcción (Kudankulam)	Reactores rusos en asociación con empresas indias
China	Varios acuerdos de cooperación y construcción	Relación estratégica y proyectos conjuntos de I+D
Irán	Construcción y operación de Bushehr	Transferencia tecnológica supervisada por el OIEA
Vietnam	Planificado (suspendido)	Proyecto cancelado por razones económicas
Argelia	Acuerdos preliminares de cooperación	Ningún proyecto iniciado aún

Sudeste Asiático (varios)	Negociación de proyectos futuros	Expansión estratégica en curso

Fuente: Elaboración propia basada en los datos de la Tabla Resumen al final del capítulo.

El papel de Estados Unidos, China y Francia en la nueva carrera nuclear

Exportar centrales nucleares es mucho más que una transacción tecnológica. Es una forma de:

- Establecer relaciones a largo plazo con gobiernos extranjeros;

- Influir en las políticas energéticas, industriales e incluso diplomáticas de los países socios;

- Y competir por esferas de influencia global, donde se entrelazan la energía, la seguridad y la cooperación científica.

En el siglo XXI, esta carrera se ha intensificado. Rusia domina ampliamente, pero Estados Unidos, China y Francia buscan reforzar o recuperar su papel en este silencioso y decisivo juego de ajedrez.

Estados Unidos: Tradición, Declive y Potencial Renacimiento

Durante décadas, EE.UU. fue líder mundial en la exportación de tecnología nuclear. Sin embargo:

- El sector privado enfrentó una desaceleración interna y pérdida de competitividad externa;

- Los altos costos y las demoras regulatorias dificultaron nuevos proyectos;
- La fusión de Westinghouse con grupos extranjeros generó inestabilidad comercial.

En los últimos años, el gobierno estadounidense ha cambiado estratégicamente:

- Apoyo público al desarrollo de Reactores Modulares Pequeños (SMR);
- Alianzas con países estratégicos como Polonia, Rumanía y Ucrania;
- Diplomacia energética activa para contener la expansión de Rosatom.

La energía nuclear ha vuelto a la agenda estadounidense como pieza de seguridad energética e influencia geopolítica.

China: Ascenso Silencioso y Agresivo

China está invirtiendo fuertemente en su sector nuclear interno y busca exportar el modelo Hualong One (HPR-1000) a países en desarrollo, ofreciendo:

- Generoso financiamiento estatal;
- Plazos de entrega más cortos;
- Infraestructura asociada (capacitación, equipamiento, cadenas logísticas).

Proyectos en curso o en negociación incluyen:

- Pakistán (plantas en operación y expansión),

- Argentina (negociaciones técnicas),

- Varios países de África y del Sudeste Asiático.

La estrategia china refleja el modelo de la Nueva Ruta de la Seda: energía a cambio de alineamiento político y apertura económica.

Francia: Tradición Técnica y Diplomacia Nuclear

Francia, a través de Orano (antes Areva) y EDF, es históricamente una potencia nuclear con fuerte reputación técnica.

Exporta Reactores Presurizados Europeos (EPR), centrando su acción en:

- Reino Unido (Hinkley Point C),

- China (Taishan),

- India (Jaitapur, en negociación).

El enfoque francés se caracteriza por:

- Altos estándares técnicos y ambientales;

- Menor agresividad comercial en comparación con China o Rusia;

- Diplomacia nuclear centrada en Europa, Asia y África francófona.

Tabla 57: Exportadores de Tecnología Nuclear y Estrategias Geopolíticas

País Exportador	Tecnología Principal	Estrategia de Exportación	Países Prioritarios
Rusia	VVER (Rosatom)	Financiamiento total, operación directa	Turquía, Egipto, Hungría, Bangladesh
China	Hualong One (HPR-1000)	Plazos cortos, fuerte apoyo estatal	Pakistán, África, Sudeste Asiático
EE.UU.	AP1000, SMR	Alianzas estratégicas y seguridad	Polonia, Ucrania, Rumanía, Canadá
Francia	EPR, EPR2	Tradición técnica y cooperación europea	Reino Unido, China, India, África francófona

Fuente: Elaboración propia basada en los datos de la Tabla Resumen al final del capítulo.

La exportación de tecnología nuclear es hoy una de las herramientas más poderosas de influencia internacional a largo plazo.

Cada central construida representa décadas de cooperación técnica, contratos de suministro, formación de personal y alineamiento político.

En el ajedrez geopolítico del siglo XXI, la energía nuclear es el caballo de batalla de las potencias — y cada reactor es una pieza que conquista territorio diplomático.

Tabla 58: Regímenes de Control de Exportaciones Nucleares

Régimen	Objetivo	Miembros Clave
Grupo de Suministradores Nucleares (NSG)	Prevenir la proliferación mediante el control de exportaciones	48 países (ej.: EE.UU., Reino Unido, Francia)
Comité Zangger	Lista de materiales y tecnologías nucleares controladas	Signatarios del TNP
Arreglo de Wassenaar	Control de bienes y tecnologías sensibles	42 países diversos

Fuente: Elaboración propia basada en los datos de la Tabla Resumen al final del capítulo.

Tabla 59: Flujos de Exportación de Tecnología Nuclear por País

País Exportador	Principales Destinos	Sistemas Tecnológicos
Francia	China, India	Reactores PWR, EPR
Rusia	India, Finlandia	Reactores VVER
EE.UU.	EAU, Japón	Reactores AP1000

Fuente: Elaboración propia basada en los datos de la Tabla Resumen al final del capítulo.

Alianzas estratégicas y diplomacia energética

Contrario a lo que podría parecer, la energía nuclear no aísla — acerca a los países. La complejidad técnica, los riesgos y los costes implicados requieren asociaciones, confianza mutua y alineamiento político a largo plazo. Por eso, la energía nuclear está cada vez más presente en tratados bilaterales, alianzas multilaterales y foros de libre comercio y defensa.

El Caso EE. UU.–India: Cooperación Nuclear con Valor Geopolítico

Uno de los ejemplos más emblemáticos es el Acuerdo de Cooperación Nuclear Civil entre Estados Unidos e India, firmado en 2008.

Pilares del acuerdo:

- Reconocimiento del derecho de la India al uso pacífico de la energía nuclear, pese a no ser signataria del TNP;

- Apertura al comercio y transferencia de tecnología nuclear civil;

- Compromiso de la India con inspecciones del OIEA en instalaciones civiles.

Objetivo implícito:

- Fortalecer la asociación estratégica entre las dos democracias más grandes del mundo;

- Contener la influencia de China en Asia;

- Integrar a la India en el sistema nuclear civil global sin exigir el desmantelamiento de su programa militar.

Este acuerdo sentó un precedente histórico: un país fuera del TNP pero con credenciales aceptables se integró al "sistema nuclear civil global".

Energía y Acuerdos de Libre Comercio

La energía nuclear también empieza a aparecer como cláusula técnica o estratégica en acuerdos multilaterales y tratados regionales.

Ejemplos:

- El T-MEC (Tratado entre México, Estados Unidos y Canadá) incluye cláusulas sobre energía, infraestructura e interconectividad tecnológica, con impacto indirecto en las cadenas de suministro nuclear.

- Los acuerdos UE–Japón y UE–Corea del Sur incluyen componentes técnicos relacionados con la energía nuclear civil (normalización, seguridad, innovación).

Estos acuerdos suelen incluir:

- Transferencia segura de tecnología;

- Formación/certificación conjunta de operadores;

- Integración en cadenas logísticas energéticas sensibles.

Energía Nuclear y Alianzas de Seguridad

La energía nuclear también es una herramienta para consolidar alianzas militares, incluso cuando los reactores son civiles.

OTAN:

- Muchos países miembros utilizan tecnología nuclear compartida con EE. UU.;

- Existen protocolos de nuclear sharing que incluyen armas, pero también cooperación civil estratégica (Alemania, Países Bajos, Bélgica, Italia).

AUKUS (Australia–Reino Unido–EE.UU.):

- Acuerdo de defensa que incluye la transferencia de tecnología para submarinos nucleares a Australia;

- Marca la entrada de la tecnología nuclear militar en alianzas del siglo XXI, aunque Australia siga sin armas nucleares.

Quad (EE. UU.–India–Japón–Australia):

Cooperación en seguridad del Indo-Pacífico que incluye asociaciones energéticas, incluida la energía nuclear civil.

La Energía como Eje de las Alianzas Tecnológicas del Siglo XXI

En el siglo XXI, la seguridad energética y la innovación tecnológica son los nuevos pilares de la diplomacia global.

Y la energía nuclear civil está en el centro de ese movimiento.

Tabla 60: Acuerdos Estratégicos y Diplomacia Nuclear

Acuerdo / Alianza	Participantes	Tipo de Cooperación	Objetivo Estratégico
Acuerdo EE. UU.–India (2008)	EE. UU. e India	Cooperación nuclear civil fuera del TNP	Acercar India a Occidente y contener a China

Nuclear Sharing en la OTAN	EE.UU. y países europeos de la OTAN	Compartición de armas y cooperación técnica	Disuadir amenazas nucleares, integrar aliados
AUKUS	Australia, Reino Unido, EE. UU.	Submarinos nucleares y cooperación militar	Contrarrestar la influencia china en el Indo-Pacífico
Quad (Diálogo de Seguridad)	EE.UU., Japón, India, Australia	Alianza energética y tecnológica	Estabilización y seguridad regional
UE–Japón / UE–Corea del Sur	Unión Europea y socios asiáticos	Tecnología nuclear civil y normas	Integración técnica y energética
T-MEC (ex TLCAN)	EE. UU., México, Canadá	Integración energética e infraestructura	Seguridad energética y logística de suministro

Fuente: Elaboración propia basada en los datos de la Tabla Resumen al final del capítulo.

Tabla 61: Impacto de la Energía Nuclear Civil

Tema	Impacto de la Energía Nuclear Civil
Transición Energética	Generación sin carbono y base para las renovables
Cooperación Científica	Formación de personal, I+D conjunta, innovación
Seguridad Tecnológica	Cadenas de suministro sensibles y seguras
Autonomía Estratégica	Reducción de la dependencia de combustibles fósiles
Diplomacia Bilateral	Herramienta de acercamiento y confianza mutua

En el siglo XX, la energía nuclear fue un arma. En el siglo XXI, es diplomacia, innovación y soberanía.

La energía nuclear se ha convertido en un vector de acercamiento estratégico entre naciones, integrando tratados, alianzas militares y acuerdos tecnológicos.

Cada contrato nuclear es más que energía — es un puente entre países.

Tabla 62: Impacto Geopolítico de los Proyectos Nucleares

Proyecto	País Anfitrión	Impactos Clave
Acuerdo Nuclear Rusia–India	India	Fortalecimiento de alianzas y dependencia tecnológica
EPR en China	China	Avance tecnológico y asociaciones con EDF
Barakah (EAU)	EAU	Diversificación energética y diplomacia energética

El nuevo orden energético global y el papel de la energía nuclear

El siglo XXI ha traído una transformación profunda en los paradigmas energéticos globales:

- La descarbonización se ha convertido en un imperativo climático y político.

- La autonomía energética es ahora una cuestión de seguridad nacional.

- La competencia por tecnologías limpias y estratégicas se ha intensificado entre las grandes potencias.

En este contexto, la energía nuclear resurge como un pilar central — y a menudo subestimado — de este nuevo orden energético global.

La Energía Nuclear entre la Emergencia Climática y la Realpolitik

Durante décadas, la energía nuclear fue debatida en términos morales, técnicos o emocionales. Hoy, se evalúa bajo la urgencia climática y la seguridad estratégica.

Desde el punto de vista climático:

- Es una de las pocas fuentes capaces de generar electricidad estable, a gran escala y sin emisiones.

- Complementa a los renovables intermitentes (solar, eólica) con una base firme.

Desde el punto de vista geopolítico:

- Reduce la dependencia de combustibles fósiles importados;

- Disminuye la vulnerabilidad ante choques energéticos externos;

- Fortalece la soberanía tecnológica e industrial de los Estados.

Resultado: países que antes dudaban están ahora reconsiderando o relanzando sus programas nucleares.

Tabla 63: Evolución de las Políticas Nucleares por País o Bloque

Tendencia	Países / Bloques
Abandono total de lo nuclear	Alemania, Bélgica
Reconsideración estratégica	Japón, Italia, España
Mantenimiento o expansión	Francia, Reino Unido, EE.UU.
Expansión agresiva	China, Rusia, India, Corea del Sur
Nuevos entrantes	Brasil, Turquía, Egipto, Bangladesh

Fuente: Elaboración propia basada en los datos de la Tabla Resumen al final del capítulo.

La transición energética global no es homogénea — es multipolar, asimétrica y profundamente geopolítica.

El Papel de la Energía Nuclear en la Nueva Matriz Energética

Las matrices energéticas del futuro cercano se basarán en cuatro pilares complementarios:

1. Renovables intermitentes (solar, eólica, hidráulica);

2. Fuentes despachables de bajas emisiones (como la nuclear);

3. Redes elétricas inteligentes e interconectadas;

4. Almacenamiento de energía e hidrógeno verde.

En este modelo, la energía nuclear cumple dos funciones esenciales:

- Estabilizador del sistema eléctrico;

- Reserva estratégica en tiempos de crisis o escasez.

Gráfico 50: Inversión Energética Global: Energía Nuclear vs Renovables (2015–2023)

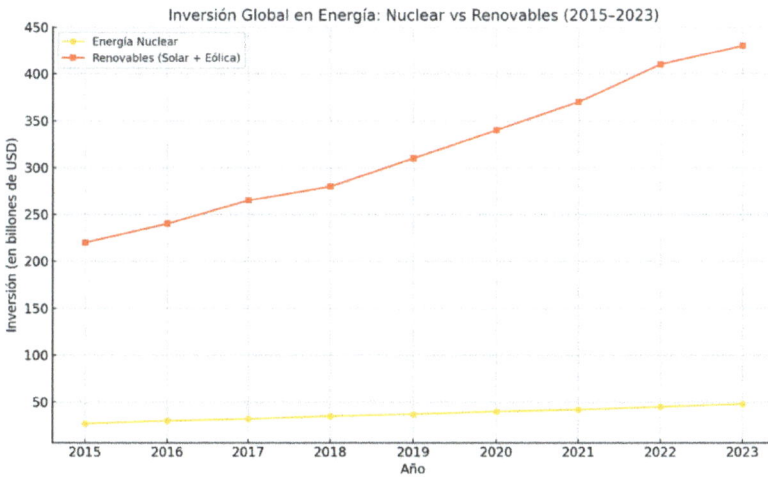

Inversión Global en Energía: Nuclear vs Renovables (2015-2023)

Fuente: Elaboración propia basada en los datos de la Tabla Resumen al final del capítulo.

Un Factor de Influencia Geopolítica e Industrial

En un mundo donde:

- La tecnología es soberanía,

- Los recursos son armas,

- Y la energía es diplomacia,

La energía nuclear es un multiplicador del poder nacional.

Ya sea como fuente de energía, vector de exportación o herramienta diplomática, el país que domina la tecnología nuclear también domina parte del futuro. La energía nuclear ya no es solo un tema para ingenieros o activistas. Es una pieza clave en la disputa por el siglo XXI.

En el corazón del nuevo orden energético global, la energía nuclear representa no solo electricidad — sino autonomía, seguridad e influencia.

Tabla 64: Bloques Geopolíticos y su Posición Frente a la Energía Nuclear

Bloque / Región	Posición Actual	Observaciones
Unión Europea	Mixta / Dividida	Francia lidera la expansión; Alemania y otros retroceden.
América del Norte	Refuerzo estratégico	EE.UU. invierte en SMR; Canadá en alianzas internacionales.
Asia-Pacífico	Fuerte expansión	Crecimiento sostenido de China, India y Corea del Sur.
América Latina	Crecimiento moderado	Brasil fortalece el sector con proyectos civiles y navales.
África	Inicio de integración	Egipto lidera con apoyo ruso; creciente interés regional.
Oriente Medio	Diversificación energética	EAU, Irán, Arabia Saudí y Turquía invierten en nuclear.

Fuente: Elaboración propia basada en los datos de la Tabla Resumen al final del capítulo.

Conclusión del Capítulo – Geopolítica Nuclear: Energía, Poder e Influencia Global

La energía nuclear, más que una simple fuente de electricidad es hoy un símbolo de soberanía, prestigio y autonomía estratégica. Desde sus orígenes, ha servido como fundamento del poder internacional — a veces como instrumento de disuasión, otras como herramienta de cooperación técnica o como vector de influencia diplomática.

En este capítulo vimos que:

- Dominar el ciclo nuclear puede conferir respeto geopolítico incluso sin armas nucleares (disuasión latente);

- El Consejo de Seguridad de la ONU cristaliza el monopolio de quienes dominaron primero el átomo;

- Tratados como el TNP y organismos como el OIEA regulan el acceso a la tecnología — no siempre de forma imparcial;

- El control del uranio y de las cadenas de suministro se ha convertido en un nuevo frente estratégico;

- Rusia, China, EE. UU. y Francia compiten hoy por la influencia global a través de la exportación de tecnología nuclear;

- Alianzas estratégicas como AUKUS, la OTAN y los acuerdos EE. UU.–India demuestran que la energía nuclear es también diplomacia y seguridad.

En un mundo multipolar y en transición, quienes controlan la energía nuclear no solo iluminan ciudades — influyen sobre naciones.

Este capítulo demuestra que la energía nuclear ya no pertenece únicamente al ámbito técnico, sino que forma parte del gran juego del poder que define el siglo XXI.

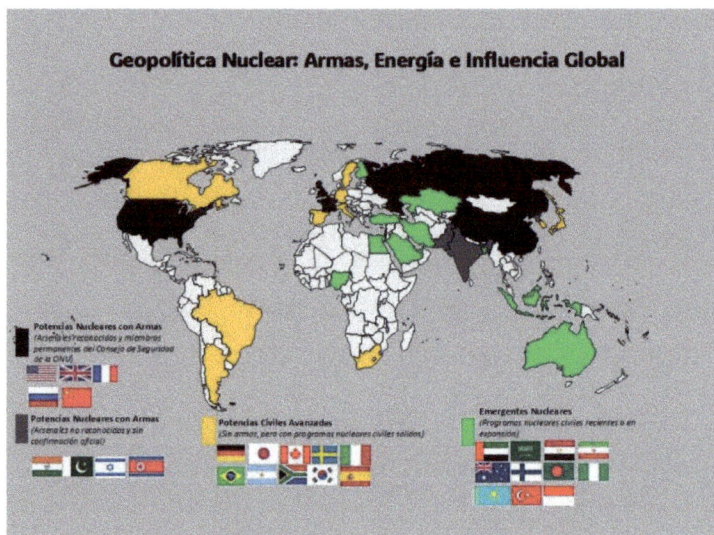

Tabla 65: Fuentes Consultadas en el Capítulo 7

Fuente	Referencia
Organismo Internacional de Energía Atómica (OIEA)	Informes y publicaciones oficiales sobre energía nuclear, no proliferación y salvaguardias.

Agencia de Energía Nuclear (NEA/OCDE)	Estudios sobre política nuclear, tecnología e implicaciones geopolíticas.
Asociación Nuclear Mundial (WNA)	Datos sobre producción de uranio, reactores nucleares y cadenas de suministro internacionales.
Departamento de Energía de EE.UU. (DOE)	Informes sobre política energética nuclear de EE.UU., SMR e innovación tecnológica.
Agencia Internacional de Energía (AIE)	Perspectivas energéticas globales, incluido el papel de la energía nuclear en la transición energética.
Corporación Estatal de Energía Atómica Rosatom	Materiales públicos sobre proyectos internacionales y estrategia de exportación nuclear de Rusia.
World Nuclear News (WNN)	Noticias y actualizaciones sobre desarrollos nucleares globales y tendencias de la industria.
Comisión de Energías Alternativas y Energía Atómica de Francia (CEA)	Publicaciones sobre tecnología nuclear, innovación y diplomacia.
Administración de Información Energética (EIA)	Estadísticas e informes sobre generación nuclear, recursos de uranio y proyecciones.
Ministerio de Energía de la República Popular China	Documentos estratégicos sobre la expansión de la energía nuclear en China.
Comisión Europea	Documentos sobre la posición de la Unión Europea respecto a la energía nuclear y la seguridad del suministro.
Artículos Académicos y Revistas Especializadas	Diversos artículos científicos que analizan la geopolítica nuclear, la

	seguridad energética y la diplomacia tecnológica.

Preparación para el próximo capítulo – La energía nuclear en el mundo: ¿quién ganó y quién perdió?

Una Comparación Estratégica de las Decisiones Nucleares

A lo largo del tiempo, cada país ha adoptado estrategias diferentes en relación con la energía nuclear:

- Algunos invirtieron fuertemente y hoy recogen los frutos en forma de energía limpia, seguridad energética y liderazgo tecnológico;

- Otros sucumbieron al miedo o a la presión política, desmantelaron sus programas — y ahora enfrentan altos costos, dependencia externa y fragilidad industrial.

Este nuevo capítulo propone un análisis comparativo y objetivo, acompañado de ejemplos emblemáticos.

Busca responder si las decisiones energéticas fueron verdaderos actos de soberanía... o errores estratégicos.

Nos adentraremos en varios casos para comprender el impacto real de las decisiones nacionales — tanto en el presente como en el futuro.

Capítulo 8 – La energía nuclear en el mundo: ¿quién ganó y quién perdió?

Este capítulo comparará cuatro modelos estratégicos de energía adoptados por países que:

- Abandonaron la energía nuclear por razones políticas o ideológicas;

- Invirtieron con cautela en función de criterios técnicos y científicos;

- Apostaron fuertemente con objetivos claros de soberanía y desarrollo;

- Rechazaron siquiera considerar la nuclear como una alternativa.

Se invitará al lector a reflexionar sobre las consecuencias prácticas, económicas, climáticas y geopolíticas de esas elecciones.

En el vasto panorama energético del siglo XXI, cada país construye su camino en función de prioridades nacionales, percepciones de riesgo, presiones políticas y ambiciones estratégicas. Y entre todas las decisiones que un Estado puede tomar, pocas son tan decisivas y simbólicas como la opción — o el rechazo— de la energía nuclear.

Mientras algunas naciones ven en la nuclear un pilar de seguridad energética, soberanía y transición climática, otras la consideran una amenaza latente, una carga política o un legado no deseado de la Guerra Fría. Las decisiones tomadas a lo largo de las últimas décadas revelan divergencias profundas entre países, cuyos efectos se han hecho ahora visibles, medibles y, en algunos casos, irreversibles.

En este capítulo, proponemos una reflexión comparativa entre cuatro países que siguieron estrategias energéticas radicalmente diferentes:

Alemania: Un país que, tras el accidente de Fukushima, decidió abandonar completamente la energía nuclear, apostando por las renovables y el gas natural —con consecuencias económicas y climáticas significativas.

Finlandia: Una nación que, con prudencia técnica y consenso político, mantuvo y expandió su programa nuclear, logrando seguridad energética y bajas emisiones en un modelo estable y transparente.

Emiratos Árabes Unidos: Un caso sorprendente de un país exportador de petróleo que, con visión y rapidez, apostó decididamente por la energía nuclear como símbolo de modernidad, sostenibilidad y proyección internacional.

Portugal: Un ejemplo europeo de rechazo total a la energía nuclear, apostando exclusivamente por las renovables —una opción idealista y bien intencionada desde el punto de vista ambiental, pero que plantea interrogantes sobre autonomía, intermitencia y equilibrio tecnológico.

Estas cuatro trayectorias revelan no solo decisiones técnicas, sino visiones distintas de futuro. Detrás de cada modelo energético hay factores como:

- Cultura política y ambiental,

- Estructura económica,

- Capacidad técnica y científica,

- Geografía y recursos naturales disponibles,

- Y, sobre todo, la percepción del riesgo-beneficio a largo plazo.

La pregunta que plantea este capítulo es simple, pero crucial:

¿Quién ganó y quién perdió?

¿Ganaron quienes aseguraron estabilidad energética y bajas emisiones?

¿Ganaron quienes preservaron su independencia política frente a grandes proveedores?

¿O ganaron quienes conquistaron la opinión pública, incluso con altos costos económicos?

A lo largo de las secciones siguientes, analizaremos datos reales, políticas públicas y resultados tangibles. No para juzgar, sino para comprender. Porque, al final, las decisiones energéticas son siempre un reflejo de las prioridades y valores de una nación.

Alemania – El Abandono de la Energía Nuclear y el Auge de la Vulnerabilidad

Un giro histórico con implicaciones globales

En 2011, tras el accidente de Fukushima, Alemania anunció una de las decisiones energéticas más radicales del siglo XXI: el cierre total de sus centrales nucleares para el año 2023.

Motivada por un fuerte sentimiento antinuclear ya presente en la sociedad alemana desde Chernóbil, la canciller Angela Merkel —científica de formación y hasta entonces defensora de la energía nuclear— revirtió por completo la política energética del país, lanzando la llamada *Energiewende* (Transición Energética).

La apuesta: sustituir la energía nuclear por fuentes renovables (eólica y solar), apoyadas temporalmente por el gas natural.

El objetivo: descarbonizar la economía sin comprometer la seguridad energética.

El resultado: mucho más ambiguo de lo esperado.

Consecuencias inmediatas y contradicciones estructurales

A pesar de la retórica ambiental, el abandono de la energía nuclear generó efectos prácticos contradictorios:

Aumento de las emisiones de CO_2: La reducción de la capacidad nuclear fue compensada parcialmente con un mayor uso de carbón y lignito, ambos altamente contaminantes.

Dependencia del gas ruso: Para mantener la estabilidad de la red, Alemania reforzó contratos con Gazprom y se volvió altamente dependiente de la energía importada de Rusia.

Inestabilidad en la red: La intermitencia de las renovables requirió subsidios masivos, mecanismos de respaldo e importaciones de electricidad —principalmente de Francia (que usaba... energía nuclear).

Altos costos para los consumidores: Los precios de la energía aumentaron significativamente, presionando tanto a la industria como a los hogares.

Creciente fragilidad industrial: Las empresas intensivas en energía comenzaron a trasladar su producción a países con menores costos, como China.

Gráfico 51: Evolución de las Emisiones de CO_2 en Alemania

Evolución de las Emisiones de CO_2 en Alemania (2005-2023)

Fuente: Elaboración propia basada en los datos de la Tabla Resumen al final del capítulo.
Gráfico de la evolución de emisiones de CO_2 en Alemania (2005–2023), destacando el año de la decisión del abandono nuclear (2011).

El país que prometió liderar la transición energética se volvió dependiente de los combustibles fósiles rusos y de la energía nuclear francesa.

Gráfico 52: Evolución de la Matriz Eléctrica en Alemania

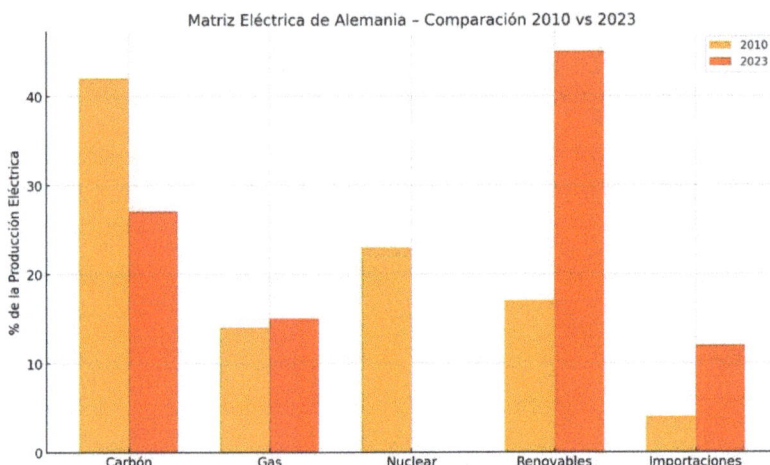

Matriz Eléctrica de Alemania – Comparación 2010 vs 2023

Fuente: Elaboración propia basada en los datos de la Tabla Resumen al final del capítulo.

Gráfico comparativo de la matriz eléctrica alemana entre 2010 (pre-abandono) y 2023 (post-abandono).

Geopolítica Energética Expuesta por la Guerra

La invasión de Ucrania en 2022 marcó un punto de inflexión. Alemania se encontró sin margen de maniobra, enfrentando:

- La necesidad urgente de reducir las importaciones rusas;

- La imposibilidad de compensar con renovables a tiempo;

- La ausencia de centrales nucleares que pudieran ofrecer seguridad eléctrica doméstica.

La decisión de abandonar la energía nuclear resultó ser, desde un punto de vista geopolítico, una grave vulnerabilidad estratégica.

Gráfico 53: Evolución de la Dependencia Energética Externa de Alemania

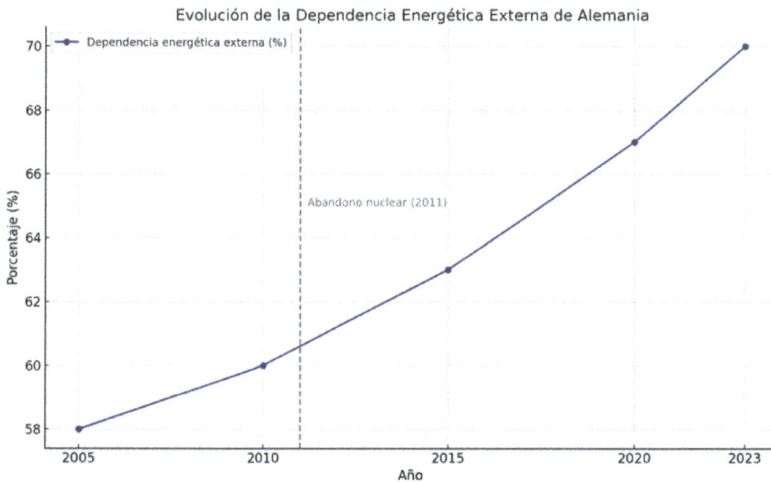

Fuente: Elaboración propia basada en los datos de la Tabla Resumen al final del capítulo.

Gráfico que muestra la evolución de la dependencia energética externa de Alemania, destacando el período posterior al abandono de la energía nuclear.

¿Un Debate Reactivado... Demasiado Tarde?

Hoy en día, varios expertos y sectores políticos en Alemania se preguntan si el cierre completo de las centrales nucleares fue:

- Una respuesta emocional y precipitada al miedo posterior a Fukushima;

- O una oportunidad histórica perdida para liderar la transición energética europea con equilibrio.

Incluso con la creciente presión para revertir la decisión, el desmantelamiento de la infraestructura, la pérdida de capital humano técnico y años de desinversión hacen que cualquier retorno sea altamente improbable.

Tabla 66: Resumen de Impactos

Indicador	Situación Actual (2023–2024)
Emisiones de CO_2	Más altas que en 2010
Mezcla Eléctrica	Alta intermitencia, con uso residual de carbón
Importaciones de Energía	Muy elevadas, especialmente gas y electricidad
Costes para el Consumidor	Entre los más altos de Europa
Satisfacción Pública	Dividida; escepticismo creciente
Industria	Bajo presión, con deslocalización de la producción al exterior

Fuente: Elaboración propia basada en los datos de la Tabla Resumen al final del capítulo.

Alemania es un ejemplo contundente de cómo decisiones políticas impulsadas por la ideología y la presión pública — incluso si son bien intencionadas — pueden conducir a consecuencias prácticas profundamente contraproducentes.

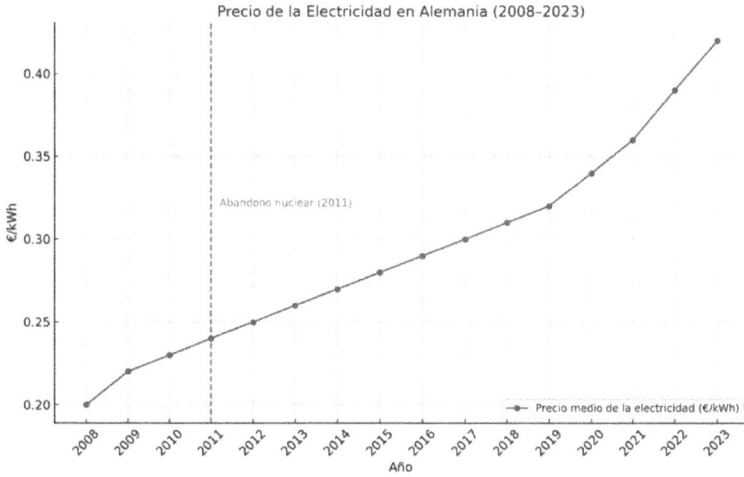

Fuente: Elaboración propia basada en los datos de la Tabla Resumen al final del capítulo.

Gráfico de la evolución de los precios de la electricidad en Alemania (2008–2023), destacando el período posterior al abandono de la energía nuclear.

La salida nuclear, lejos de representar un avance ecológico, condujo a la dependencia, la inestabilidad y la inconsistencia — en un país que se había comprometido a liderar el futuro energético de Europa.

Finlandia – Persistencia Técnica y Seguridad Estratégica

Un compromiso coherente con la ciencia, la seguridad y la estabilidad.

Tabla 67: Indicadores Clave de la Política Energética de Finlandia

Indicador	Situación Actual (2023–2024)

Emisiones de CO_2	Entre las más bajas per cápita de la UE
Matriz Eléctrica	>40% nuclear, >40% hidroeléctrica
Importaciones Energéticas	Mínimas; alta autonomía
Costos de Electricidad	Estables, moderadamente altos (estándar nórdico)
Satisfacción Pública	Alta; apoyo creciente a la energía nuclear
Gestión de Residuos	Referencia mundial (Onkalo)

Fuente: Elaboración propia basada en los datos de la Tabla Resumen al final del capítulo.

Mientras algunos países retrocedieron ante presiones ideológicas o desastres mediáticos, Finlandia adoptó un enfoque diferente: pragmático, científico y orientado al largo plazo.

En un panorama energético global marcado por la incertidumbre, Finlandia eligió el camino de la resiliencia técnica, manteniendo y modernizando su programa nuclear con un amplio respaldo político y social.

Hoy, Finlandia es considerada un modelo de éxito en la gestión nuclear civil, al combinar:

- Seguridad operacional rigurosa;

- Transparencia institucional;

- Y una confianza pública sostenida por décadas de coherencia.

Gráfico 55: Evolución de la Matriz Energética de Finlandia

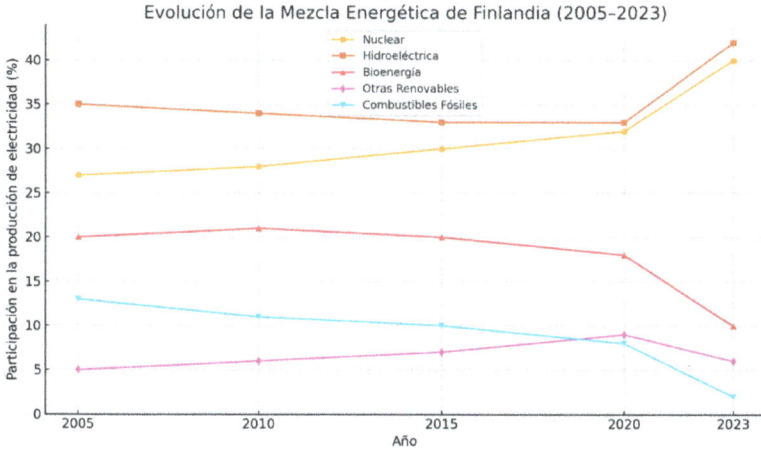

Gráfico 55: Evolución de la Matriz Energética de Finlandia

Fuente: Elaboración propia basada en los datos de la Tabla Resumen al final del capítulo.

Gráfico que muestra la evolución de la matriz energética de Finlandia (2005–2023), ilustrando claramente el aumento de la participación nuclear y la reducción de los combustibles fósiles.

El Programa Nuclear Finlandés: Pilares de una Política Estable

Finlandia inició su camino nuclear en los años 70. Hoy opera cinco reactores nucleares, el más reciente de los cuales — Olkiluoto 3— entró en funcionamiento en 2023, convirtiéndose en el mayor reactor operativo de Europa.

Aspectos clave del enfoque finlandés:

- Autonomía técnica parcial: Aunque depende de consorcios e importaciones, Finlandia cuenta con agencias nacionales sólidas y una cultura técnica avanzada.

- Gestión rigurosa de residuos: Es pionera mundial en almacenamiento geológico profundo (proyecto Onkalo), que sirve como referencia en seguridad e innovación.

- Consulta pública y aceptación social: El proceso de toma de decisiones incluyó audiencias públicas, estudios independientes y campañas de información, promoviendo la transparencia y el consenso.

En Finlandia, la energía nuclear se percibe como parte de la solución —no como un problema a evitar—.

Beneficios concretos de la política nuclear

La política energética de Finlandia ha generado beneficios medibles:

- Bajas emisiones de carbono: Aproximadamente el 90% de la electricidad de Finlandia no emite carbono, combinando energía nuclear e hidroeléctrica.

- Alta seguridad energética: Finlandia produce casi toda su electricidad a nivel nacional, reduciendo las vulnerabilidades externas.

- Estabilidad tarifaria: Aunque los precios de la energía son elevados debido a factores nórdicos, se mantienen estables y previsibles.

- Creciente confianza en la energía nuclear: Según encuestas recientes, más del 60% de la población apoya la energía nuclear, uno de los niveles más altos de Europa.

Gráfico 56: Evolución de las Emisiones de CO_2 en Finlandia

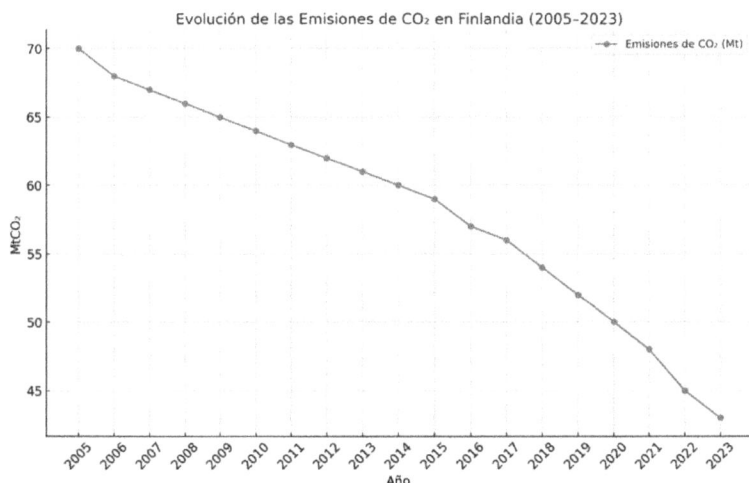

Evolución de las Emisiones de CO_2 en Finlandia (2005-2023)

Fuente: Elaboración propia basada en los datos de la Tabla Resumen al final del capítulo.
Gráfico que muestra la evolución de las emisiones de CO_2 en Finlandia (2005–2023), con una tendencia descendente clara y constante a lo largo de los años.

Gráfico 57: Evolución de la Dependencia Energética de Finlandia

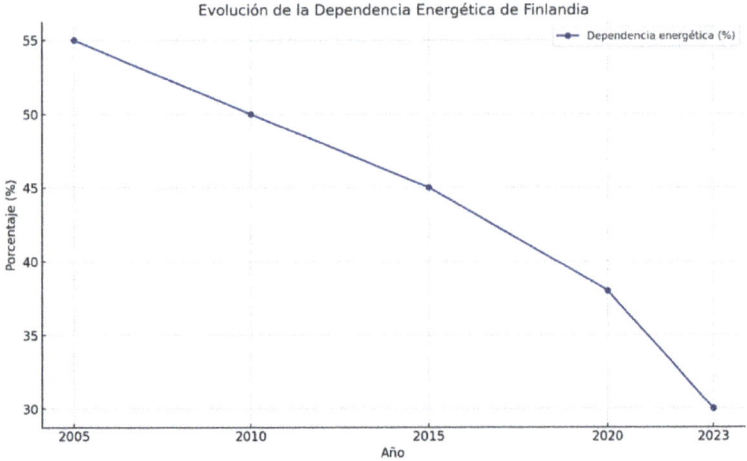

Evolución de la Dependencia Energética de Finlandia

Fuente: Elaboración propia basada en los datos de la Tabla Resumen al final del capítulo.

Gráfico que muestra la evolución de la dependencia energética de Finlandia, destacando una clara reducción durante las dos últimas décadas.

Explicación – ¿Por qué la electricidad es más cara en los países nórdicos?

Los precios más altos de la electricidad en países como Finlandia, Dinamarca y Suecia no están directamente relacionados con la ineficiencia energética ni con la dependencia externa — todo lo contrario. Estos precios resultan de un conjunto de factores estructurales y culturales, conocidos informalmente como el **"factor nórdico"**:

1. **Impuestos ambientales y energéticos elevados** – destinados a financiar infraestructuras y promover la eficiencia.

2. **Red eléctrica robusta y descentralizada** – costosa de mantener debido a largas distancias y baja densidad poblacional.

3. **Altos estándares de fiabilidad y calidad** – que requieren inversión continua.

4. **Clima extremo** – que exige un uso intensivo de calefacción eléctrica y respaldo constante.

5. **Exportación al mercado europeo** – los precios locales están parcialmente influenciados por los mecanismos del mercado europeo y los intercambios regionales.

En resumen, se paga más por una electricidad más limpia, fiable y con menor huella ambiental — el precio de la excelencia técnica y climática nórdica.

Gráfico 58: Precios medios de la electricidad doméstica en la UE (2023)

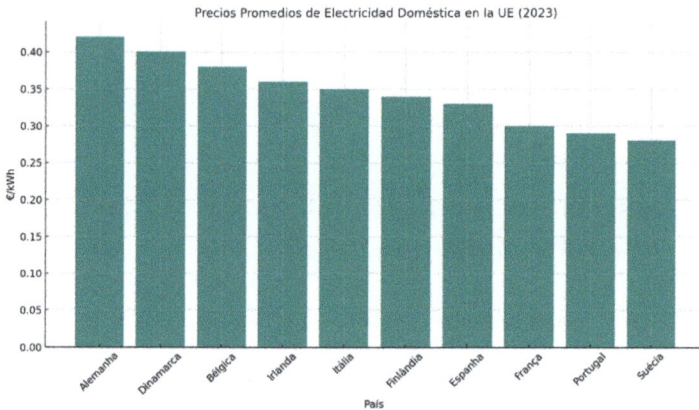

Precios Promedios de Electricidad Doméstica en la UE (2023)

Fuente: Elaboración propia basada en los datos de la Tabla Resumen al final del capítulo.

Gráfico comparativo de los precios de la electricidad doméstica en la Unión Europea (2023), mostrando a Finlandia con valores altos, aunque todavía por debajo de los picos observados en países como Alemania y Dinamarca.

El Proyecto Olkiluoto 3: Desafío técnico, victoria política

El reactor Olkiluoto 3 (EPR) es un proyecto ambicioso:

- Enfrentó importantes retrasos y sobrecostes, lo que inicialmente generó críticas;

- Pero una vez que entró en funcionamiento, se convirtió en un hito de la ingeniería europea;

- Reforzó la base energética de Finlandia y redujo aún más la necesidad de importaciones.

Producción del reactor Olkiluoto 3:

Olkiluoto 3 es un Reactor Presurizado Europeo (EPR) con una capacidad neta de:

- 1.600 MW (megavatios)
- Es actualmente el reactor nuclear operativo más grande de Europa

Este único reactor es capaz de producir aproximadamente el 14% de toda la electricidad consumida en Finlandia — una clara demostración de la escala y estabilidad de la energía nuclear en un país con clima riguroso.

Este caso muestra que, incluso con desafíos, la perseverancia técnica da frutos — especialmente cuando se apoya en una visión estratégica y respaldo público.

Finlandia demuestra que la energía nuclear, cuando está bien planificada y gestionada, no es un riesgo — es una ventaja estratégica.

Al resistir la presión ideológica y centrarse en la ciencia, ha:

- Reducido emisiones,
- Asegurado estabilidad,
- Y se ha preparado para el futuro con resiliencia.

Mientras otros retrocedieron por miedo, Finlandia avanzó metódicamente — y ahora está cosechando los frutos de esa persistencia.

Emiratos Árabes Unidos – Compromiso Acelerado, Resultados Visibles

Aportar el espíritu visionario del jeque **Mohammed bin Rashid Al Maktoum** — especialmente a través de la metáfora del **"león y la gacela"** — añade fuerza, identidad y emoción a este caso ejemplar de desarrollo estratégico.

"Cada mañana en África, una gacela se despierta. Sabe que debe correr más rápido que el león más rápido, o será asesinada.

Cada mañana, un león se despierta. Sabe que debe correr más que la gacela más lenta, o morirá de hambre.

No importa si eres el león o la gacela — cuando el sol sale, más te vale estar corriendo."

— *My Vision*, Jeque Mohammed bin Rashid Al Maktoum

Esta visión de movimiento constante, anticipación y valentía encaja perfectamente con lo que los Emiratos Árabes Unidos (EAU) encarnaron al decidir invertir en energía nuclear: un país pequeño pero ágil, ambicioso y decidido a no depender del azar, sino de su propia visión.

La Gacela y el León: La Carrera por el Progreso

"No importa si eres el león o la gacela — cuando el sol sale, más te vale estar corriendo."

— Jeque Mohammed bin Rashid Al Maktoum, *My Vision*

Con esta poderosa metáfora, el líder visionario de Dubái describe la naturaleza del progreso: no hay lugar para la inercia en el siglo XXI. En un mundo de competencia global, los países que desean garantizar la prosperidad para las futuras generaciones deben correr — estratégicamente, con audacia y visión.

Y eso es precisamente lo que los Emiratos Árabes Unidos han hecho durante las últimas dos décadas. De un país tradicionalmente dependiente de la exportación de petróleo, surgió una nación que apuesta por la innovación, la sostenibilidad y la independencia energética.

La elección por la energía nuclear fue rápida, bien ejecutada y estratégicamente concebida — un ejemplo de cómo la voluntad política, unida a una gestión técnica eficiente, puede transformar realidades.

El Proyecto Barakah: Visión, Velocidad y Ejecución

En 2008, los EAU anunciaron la creación de un programa nuclear civil con objetivos muy claros:

- Diversificar la matriz energética;

- Preservar los recursos fósiles para la exportación;

- Reducir las emisiones de carbono;

- Formar una nueva generación de ingenieros y técnicos nacionales.

Poco después, en 2009, el consorcio KEPCO (Corea del Sur) ganó la licitación para construir cuatro reactores APR-1400 en Barakah, en la región desértica de Al Dhafra.

Resultados:

- De 2020 a 2023: Los cuatro reactores fueron comisionados secuencialmente, dentro de los plazos ajustados.

- Capacidad instalada total: alrededor de 5.600 MW, equivalente al 25% de la electricidad del país.

- Cero emisiones locales de CO_2 durante la operación.

- Establecimiento de una agencia reguladora independiente (FANR) y formación de cientos de profesionales nacionales.

Estrategia Energética Integrada

A diferencia de muchos países que tratan la energía nuclear como una alternativa aislada, los EAU la incorporaron como parte de un plan energético integral.

La Estrategia Energética 2050 prevé:

- Aumentar las renovables (solar) para complementar la nuclear;

- Uso racional del gas natural;

- Promoción de la eficiencia energética en edificios, transporte e industria;

- Formación de profesionales nacionales y alianzas con universidades internacionales.

Los Emiratos no vieron la energía nuclear como un fin en sí mismo, sino como un medio para alcanzar estabilidad, innovación y liderazgo.

Un Caso Ejemplar en la Geopolítica Árabe

Gráfico 59: Evolución de la Matriz Eléctrica en los EAU

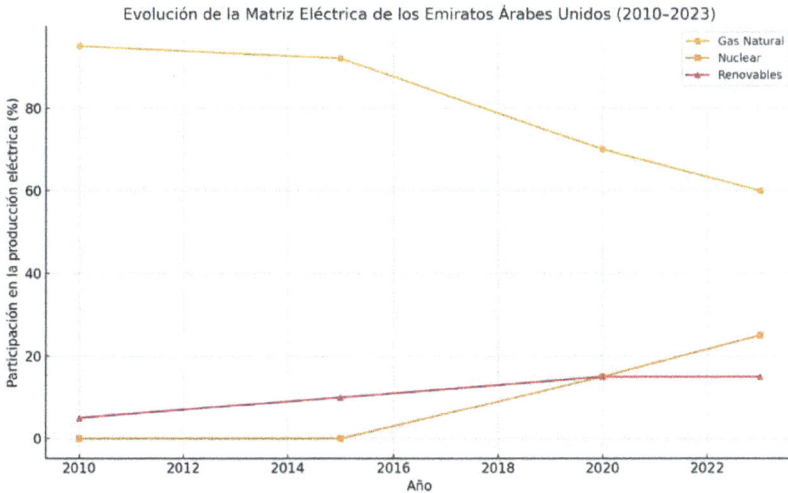

Evolución de la Matriz Eléctrica de los Emiratos Árabes Unidos (2010-2023)

Fuente: Elaboración propia basada en los datos de la Tabla Resumen al final del capítulo.

Gráfico que muestra la evolución de la matriz eléctrica de los Emiratos Árabes Unidos (2010–2023), destacando el aumento de la participación nuclear y el descenso del gas natural.

El ingreso de los EAU al club de las naciones nucleares civiles no pasó desapercibido:

- Se convirtieron en el primer país árabe en operar reactores comerciales a gran escala;

- Establecieron confianza internacional a través de un compromiso claro con la no proliferación (TNP, OIEA);

- Reforzaron su influencia geopolítica regional demostrando que el desarrollo tecnológico y energético puede ir de la mano con la estabilidad política.

Indicadores Clave

Tabla 68: Indicadores de la Política Energética de los EAU

Indicador	Situación Actual (2023–2024)
Emisiones de CO_2	Reducción significativa gracias a la energía nuclear
Mezcla Eléctrica	25% nuclear, 10% renovables, el resto gas natural
Importaciones de Energía	Prácticamente nulas; autosuficiencia eléctrica
Costes de Electricidad	Estables y competitivos a nivel regional
Satisfacción Pública	Alta; la energía nuclear es bien recibida por la sociedad
Transferencia de Tecnología	Alta cooperación con Corea del Sur y EE. UU.

Fuente: Elaboración propia basada en los datos de la Tabla Resumen al final del capítulo.

Liderazgo, Visión y Ejecución: El Ejemplo de los EAU

El caso de los Emiratos Árabes Unidos demuestra que cuando hay liderazgo, visión y ejecución, lo imposible se vuelve posible.

En un escenario donde muchos aún dudan, los EAU optaron por correr — como la gacela y el león de Sheikh Mohammed — y, en esa carrera, lograron lo que muchas naciones más antiguas o ricas aún no han conseguido: una matriz energética moderna, limpia y soberana.

El éxito del programa nuclear de Barakah no es solo un logro energético — es la expresión de una nación que decidió tomar el control de su destino.

Gráfico 60: Evolución de las Emisiones de CO_2 en los EAU

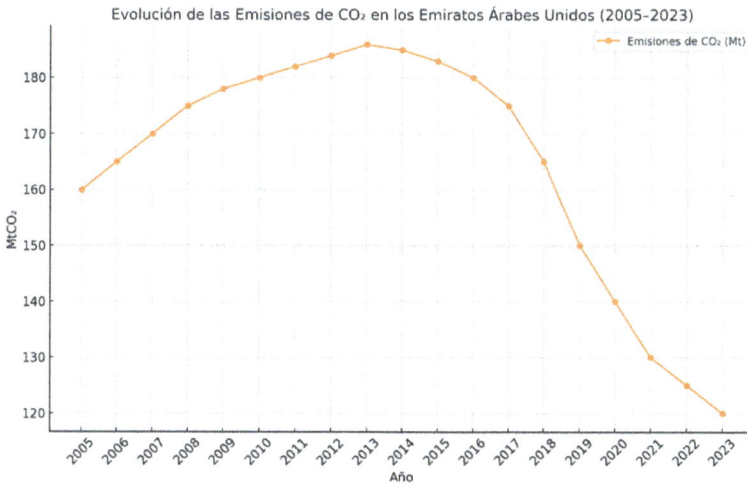

Evolución de las Emisiones de CO_2 en los Emiratos Árabes Unidos (2005-2023)

Fuente: Elaboración propia basada en los datos de la Tabla Resumen al final del capítulo.

Gráfico que muestra la evolución de las emisiones de CO_2 en los Emiratos Árabes Unidos (2005–2023), destacando una clara reducción tras la introducción del programa nuclear.

¿Por qué la electricidad es más cara en los EAU que en los países vecinos?

Gráfico 61: Precios Promedio de Electricidad Residencial en la Región del Golfo

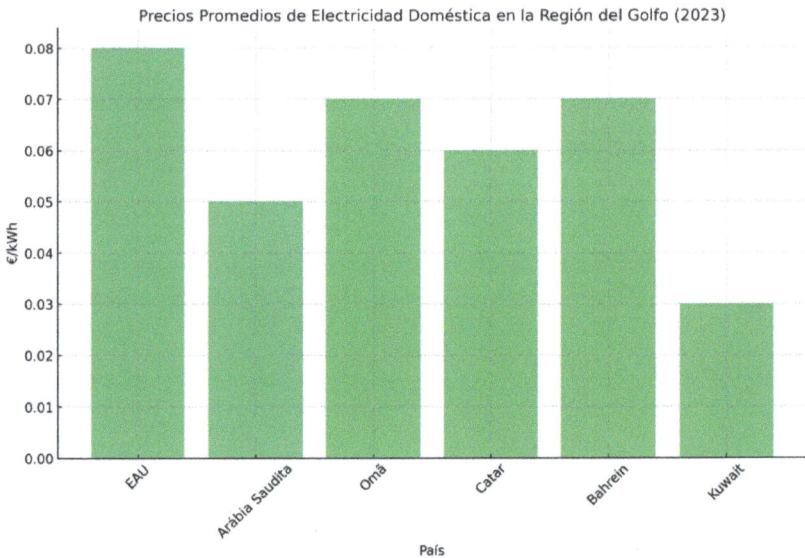

Precios Promedios de Electricidad Doméstica en la Región del Golfo (2023)

Fuente: Elaboración propia basada en los datos de la Tabla Resumen al final del capítulo.

Gráfico comparativo de los precios de electricidad residencial en la región del Golfo (2023) — destacando a los Emiratos Árabes Unidos como uno de los países con tarifas estables y competitivas en el contexto regional.

A primera vista, podría parecer contradictorio que los Emiratos Árabes Unidos tengan una de las tarifas eléctricas más altas del Golfo y, al mismo tiempo:

- Atraigan grandes inversiones industriales y agrícolas;

- Mantengan una alta competitividad regional;

- Y sigan siendo un referente en estabilidad energética e infraestructura moderna.

La explicación requiere contexto técnico, económico y estratégico — y puede estructurarse en tres niveles:

1. Una Política de Precios Más Realista y Racional

Mientras muchos países del Golfo aún mantienen subsidios generalizados y distorsionantes a la electricidad (como Kuwait y Arabia Saudita), los EAU han adoptado en los últimos años una política de reformas tarifarias graduales, alineando los precios con el costo real de producción — un enfoque más sostenible a largo plazo.

En los EAU, los consumidores pagan más... pero la estructura energética es más transparente, eficiente y resiliente.

2. Altos Estándares de Calidad, Estabilidad y Cobertura

El precio también refleja:

- La enorme capacidad de reserva instalada (para garantizar estabilidad en condiciones climáticas desérticas);

- La rápida modernización de la red eléctrica, digitalización y mantenimiento constante;

- La inversión en infraestructura resiliente al calor extremo, la arena y la corrosión.

- Además, el país cuenta con un sistema tarifario escalonado y detallado — lo que da la ilusión de precios altos, aunque el consumo básico sigue siendo accesible.

3. Visión Estratégica: La Energía como Pilar del Desarrollo

A pesar de costos ligeramente superiores frente a sus vecinos, los EAU ofrecen:

- Estabilidad energética total (sin apagones);

- Previsibilidad tarifaria (sin sorpresas ni crisis);

- Integración de fuentes limpias (nuclear y solar);

- Un entorno regulatorio claro que atrae la confianza de los inversores.

En otras palabras, lo que los inversores obtienen no es solo energía barata, sino energía confiable, limpia y accesible, junto con estabilidad institucional y geopolítica.

Para quienes buscan cultivar tomates en el desierto o instalar una fábrica de alta tecnología, esto vale mucho más que unos pocos céntimos por kWh.

Comparación con el Escenario Global

Aunque la electricidad es más cara regionalmente, los precios en los EAU son mucho más bajos que en Europa o Asia. Y, si excluimos los subsidios ocultos de los países vecinos, los EAU presentan una estructura energética mucho más racional y sostenible.

Aunque los precios de electricidad en los EAU están entre los más altos del Golfo, deben verse como una señal de madurez energética y atractivo económico. El país ha creado un entorno donde los inversores tienen asegurado lo siguiente:

- Disponibilidad de energía las 24 horas,

- Excelencia en infraestructura,

- Diversificación energética (nuclear + solar),

- Y estabilidad política y económica.

Los EAU no subsidian la energía — subsidian el futuro.

Complemento Analítico: Precios de la Electricidad en los EAU – ¿Costo o Estrategia?

Una observación recurrente es que los EAU tienen tarifas eléctricas más altas que sus vecinos del Golfo, como Arabia Saudita o Kuwait. Sin embargo, esta diferencia de costo no debe interpretarse como una debilidad económica, sino como parte de una estrategia energética e institucional más madura.

Mientras que varios países de la región todavía operan con subsidios generalizados e insostenibles, los EAU han optado por un enfoque más transparente, escalonado y técnicamente sólido:

- Los precios reflejan el costo real de generación y distribución — incluyendo energía nuclear, solar e infraestructura de clase mundial.

- La red nacional es resiliente al clima extremo, altamente digitalizada y extensamente modernizada.

- El país promueve la eficiencia y la previsibilidad tarifaria para garantizar estabilidad a largo plazo, incluso con una demanda creciente.

Además, el diferencial tarifario se compensa con un entorno institucional confiable, seguridad jurídica, conectividad logística y una reputación internacionalmente consolidada como centro de negocios, tecnología e innovación.

Los Emiratos no solo ofrecen energía — ofrecen fiabilidad, previsibilidad y visión estratégica.

Esto explica por qué el país atrae inversiones agrícolas en zonas desérticas, parques industriales de alta energía, centros de datos y laboratorios de alta tecnología — incluso con un costo por kWh más alto que en países vecinos.

En el contexto global, los precios de electricidad en los EAU siguen muy por debajo de los de Europa o Asia, reforzando el atractivo del país.

Tabla 69: Precios de la Electricidad Residencial en Distintos Países

País	Precio Medio (€/kWh) en 2023
Alemania	0,42
Portugal	0,29
Finlandia	0,34
EAU	0,08
Arabia Saudita	0,05
Kuwait	0,03

Fuente: Elaboración propia basada en los datos de la Tabla Resumen al final del capítulo.

El Verdadero Valor de la Electricidad en los EAU

En los Emiratos, el precio de la electricidad no refleja únicamente el coste de la energía, sino el valor del servicio energético nacional: fiable, diversificado, limpio y orientado al futuro.

Los EAU no subvencionan el presente. Invierten en el futuro.

Y quienes invierten con visión... atraen al mundo entero.

Portugal – Idealismo medioambiental y exclusión nuclear

Un país solar, pero a la sombra del pragmatismo energético

Portugal es, en muchos aspectos, un caso único en Europa. Con un enorme potencial solar, una extensa costa atlántica, baja densidad poblacional y una población bien formada, el país posee condiciones ideales para una matriz energética equilibrada, soberana e innovadora.

Sin embargo, desde la década de 1970, Portugal optó por excluir la energía nuclear de sus opciones estratégicas, incluso cuando muchos de sus vecinos —como España y Francia— siguieron caminos mixtos que combinaban renovables y energía nuclear.

Esta decisión, inicialmente tomada por precaución, evolucionó hacia una postura política rígida e ideológica, que se ha mantenido hasta hoy.

Actualmente, Portugal es el único país de Europa Occidental sin centrales nucleares ni un plan oficial para integrar esta tecnología en su matriz energética.

¿Por qué Portugal rechazó la energía nuclear?

La exclusión de la energía nuclear en Portugal se basó en varios factores:

1. Miedo popular e historia política

La memoria del accidente de Chernóbil (1986) y, más tarde, de Fukushima (2011) reforzó los temores sociales.

Movimientos ecologistas vinculados a partidos de extrema izquierda, activos e influyentes políticamente, cimentaron una visión antinuclear como parte de la identidad ecológica nacional.

Narrativas mediáticas influenciadas por estos grupos radicales se impusieron sin espacio para un debate genuino.

2. Dimensiones territoriales y demográficas

Se ha argumentado que Portugal es "demasiado pequeño" para albergar centrales nucleares —un argumento cuestionable si se comparan ejemplos como Bélgica, Eslovenia o Finlandia.

3. Las renovables como bandera política

Desde los años 2000, con la liberalización del sector eléctrico, Portugal ha invertido fuertemente en energía eólica y solar, con amplio apoyo de la Unión Europea.

El discurso político evolucionó hacia la afirmación de que "Portugal no necesita energía nuclear porque tiene suficientes renovables" —una visión seductora pero incompleta.

Consecuencias prácticas de la exclusión nuclear

Aunque la inversión en renovables ha tenido éxito en varios aspectos, la ausencia de energía nuclear ha generado vulnerabilidades significativas:

- Alta intermitencia: La producción renovable fluctúa intensamente con el clima, lo que obliga a importar electricidad y usar gas natural como respaldo.

- Dependencia energética externa: Portugal sigue importando electricidad de España y gas de mercados internacionales.

- Altos precios para el consumidor: Las tarifas eléctricas están entre las más elevadas de Europa, a pesar de la abundancia de sol y viento.

- Emisiones residuales persistentes: Aunque bajas, las emisiones del sector energético no han sido eliminadas debido al uso continuado de gas natural.

Portugal se enorgullece de ser verde —pero depende de lo que le venden los demás.

Gráfico 62: *Evolución de las Emisiones de CO_2 en Portugal*

Evolución de las Emisiones de CO_2 en Portugal (2005-2023)

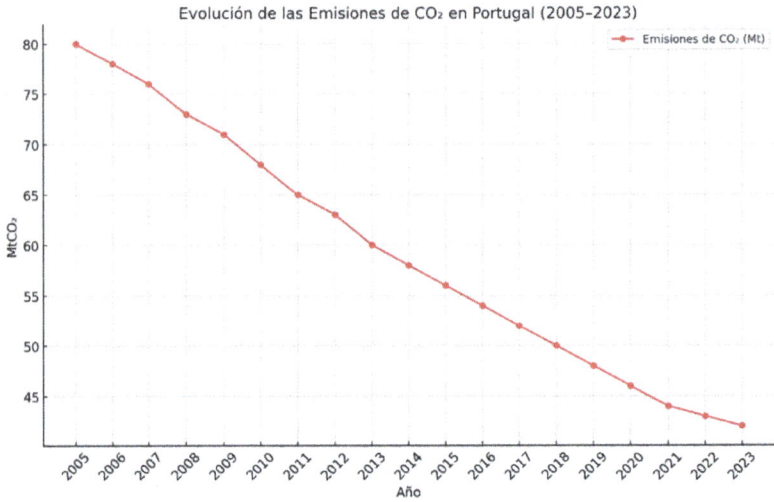

Fuente: Elaboración propia basada en los datos de la Tabla Resumen al final del capítulo.
Gráfico que muestra la evolución de las emisiones de CO_2 en Portugal (2005–2023), ilustrando una tendencia descendente, aunque con emisiones residuales debido al uso continuado del gas natural.
Gráfico 63: Cronograma del Cierre de las Centrales de Carbón

Cierre Progresivo de Centrales de Carbón en Portugal

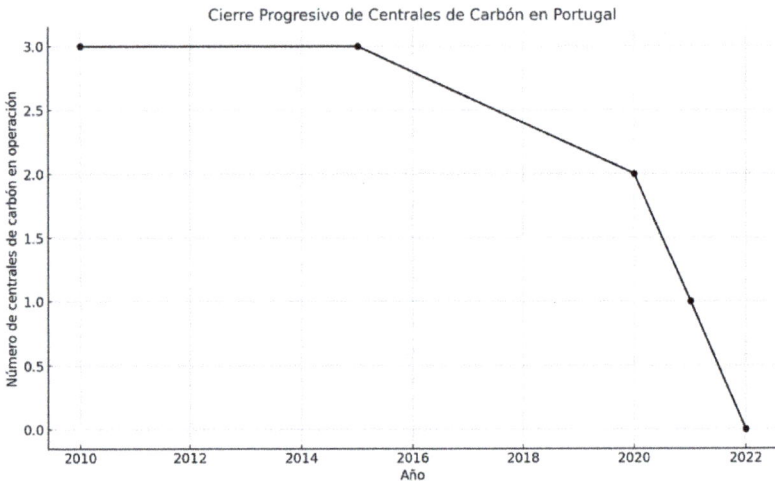

417

Gráfico que muestra el plan de cierre de las centrales térmicas de carbón en Portugal, ilustrando su eliminación gradual hasta 2022.

Tabla 70: Indicadores Clave de la Política Energética de Portugal

Indicador	Situación Actual (2023–2024)
Emisiones de CO_2	Reducidas, pero no nulas (uso de gas natural)
Mezcla Eléctrica	60% renovables, 30% gas natural, 10% importaciones
Capacidad Nuclear	Nula
Importaciones Energéticas	Alta dependencia del gas español y argelino
Precios de la Electricidad	Entre los 5 más altos de la UE
Aceptación Pública de la Nuclear	Baja, pero en crecimiento en círculos técnicos

El Debate que (Casi) No Existe

- El Instituto Superior Técnico, la Orden de Ingenieros y empresarios de la industria pesada ya están abogando por un debate responsable sobre la energía nuclear.

- La crisis energética de 2022, provocada por la guerra en Ucrania, reavivó el interés por fuentes energéticas estables y seguras.

Portugal es un país con los recursos, el talento y la historia necesarios para convertirse en un líder energético equilibrado. Pero la exclusión total de la energía nuclear puede estar limitando esa ambición.

Entre el idealismo y el pragmatismo, Portugal necesita un debate maduro — no sobre ser o no ser nuclear, sino sobre ser soberano, sostenible y justo.

Gráfico 64: Mezcla Eléctrica de Portugal

Matriz Eléctrica de Portugal – 2023

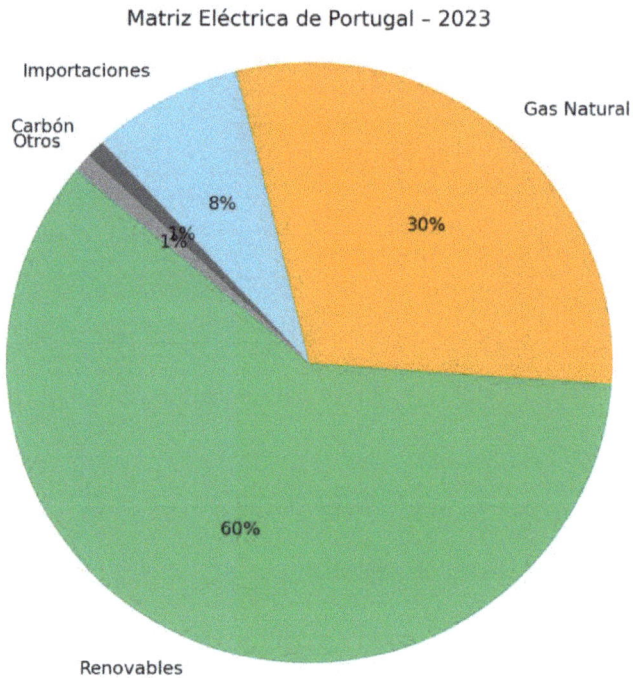

Gráfico de la mezcla eléctrica de Portugal en 2023, que muestra el predominio de las fuentes renovables, aunque con una fuerte dependencia del gas natural.

Transiciones Energéticas en Portugal

Tabla 71: Línea de Tiempo – Hitos de las Transiciones Energéticas en Portugal

Año	Hito Energético
1993	Inicio de la red de gas natural y liberalización del sector energético.
1997	Puesta en marcha del primer gasoducto internacional (Gasoducto Magreb–Europa).
1999	Creación de REN e inicio de la planificación energética a largo plazo.
2003	Entrada en operación de los primeros parques eólicos a gran escala.
2005	Portugal se adhiere al Protocolo de Kioto e impulsa la inversión en renovables.
2007	Gran expansión eólica con tarifas de alimentación (Feed-in Tariffs).
2009	Aprobación de la presa de Baixo Sabor bajo el Plan Nacional de Presas.
2010	Inicio de la diversificación solar con producción fotovoltaica de pequeña escala.

2012	Liberalización total del mercado eléctrico.
2015	Comienza la programación del cierre de las plantas de carbón.
2020	Portugal cierra casi todas sus centrales de carbón.
2022	La crisis energética global reaviva el debate sobre fuentes estables y seguridad energética.
2023	La mezcla energética supera el 60% de renovables y aún no hay planes nucleares.

Fuente: Elaboración propia con base en los datos presentados en la Tabla Resumen al final de este capítulo.

Transición 1: La Llegada del Gas Natural (Década de 1990)

A finales de los años 80 y principios de los 90, Portugal inició su primera 'transición energética moderna' con la introducción del gas natural como sustituto a gran escala del carbón y del fuelóleo.

Principales promotores:

- Luís Mira Amaral (ministro de Industria y Energía bajo Cavaco Silva);

- Ribeiro da Silva (su enérgico secretario de Estado), técnico e ideólogo de la racionalización energética.

Objetivos:

- Modernizar la producción eléctrica;

- Reducir las emisiones de contaminantes clásicos;

- Atraer inversiones industriales con energía "limpia" y previsible.

Resultado:

Portugal se volvió dependiente de infraestructuras costosas (gasoductos, terminales de GNL, centrales de ciclo combinado) y de proveedores externos, especialmente Argelia y Nigeria.

La red fue modernizada, pero se creó una nueva dependencia — esta vez fósil e importada.

Gráfico 65: Evolución de la Dependencia Energética de Portugal

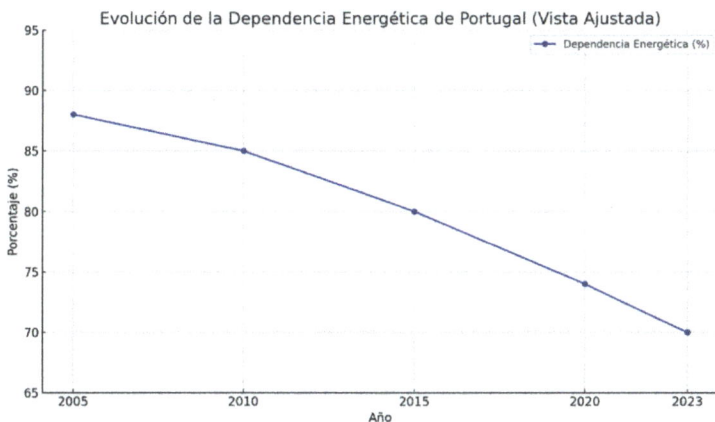

Evolución de la Dependencia Energética de Portugal (Vista Ajustada)

Gráfico que muestra la evolución de la dependencia energética de Portugal, con avances notables en las últimas dos décadas, aunque el país aún depende significativamente de las importaciones.

Transición 2: El Auge de las Energías Renovables (2000–2010)

Bajo los gobiernos de José Sócrates, y más tarde con António Costa como figura de continuidad, Portugal adoptó plenamente la transición renovable — enfocándose particularmente en:

- Energía eólica a gran escala (principalmente terrestre);

- Nuevas presas hidroeléctricas de última generación;

- Energía solar fotovoltaica con incentivos y tarifas reguladas (feed-in tariffs).

Narrativa política: Portugal se convertiría en un líder mundial en energía verde.

Realidad técnica: La generación renovable creció significativamente — pero sin resolver el problema de la intermitencia, requiriendo el mantenimiento continuo de plantas de gas de ciclo combinado como respaldo.

Gráfico 66: Evolución de los Precios de la Electricidad en Portugal

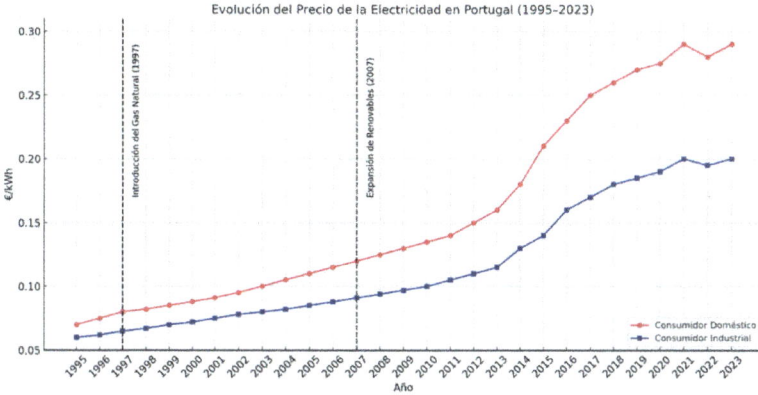

Evolución del Precio de la Electricidad en Portugal (1995-2023)

Fuente: Elaboración propia basada en los datos de la Tabla Resumen al final del capítulo.

Gráfico que muestra la evolución de los precios de la electricidad en Portugal (1995–2023), destacando los momentos de las dos grandes transiciones energéticas.

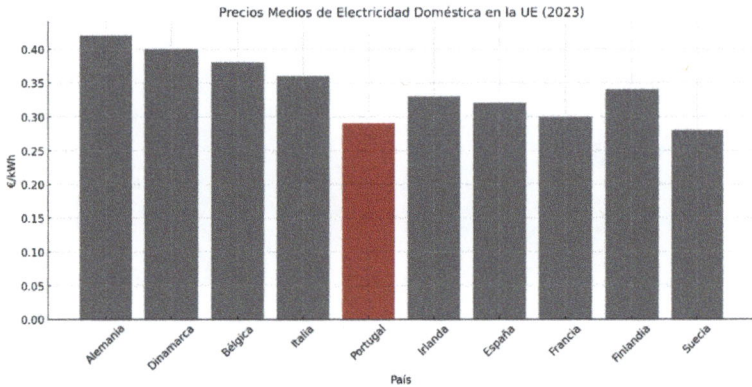

Precios Medios de Electricidad Doméstica en la UE (2023)

Fuente: Elaboración propia basada en los datos de la Tabla Resumen al final del capítulo.

Gráfico comparativo de los precios de la electricidad en la Unión Europea (2023), con Portugal destacado — entre los países con las tarifas más altas.

¿Qué Quedó por Hacer?

- Portugal nunca consideró la energía nuclear como parte de su solución base;

- Falta una visión energética centrada en la soberanía y estabilidad a largo plazo;

- El debate se politizó en lugar de ser técnico.

Explicación – Contratos de Feed-in Tariff (FiT)

Los contratos Feed-in Tariff (FiT) son mecanismos de política energética utilizados para fomentar la producción de electricidad a partir de fuentes renovables.

Funcionan de la siguiente manera: el Estado o un operador público garantiza la compra de electricidad producida por productores independientes (como parques eólicos o solares) a un precio fijo, generalmente superior al valor de mercado, durante un período contractual (normalmente entre 15 y 25 años).

Objetivos principales:

1. Estimular la inversión privada en tecnologías limpias y sostenibles;

2. Reducir los riesgos de mercado para los nuevos productores de energía;

3. Acelerar la adopción de fuentes renovables antes de que sean competitivas por sí mismas.

En Portugal, este modelo fue ampliamente utilizado entre 2005 y 2012, principalmente para impulsar la energía eólica, hidroeléctrica y solar.

Los contratos se firmaron con tarifas muy ventajosas para los productores, con los costes trasladados indirectamente a los consumidores a través de las facturas de electricidad, tarifas de acceso a la red y cargos de interés económico general (CIEG).

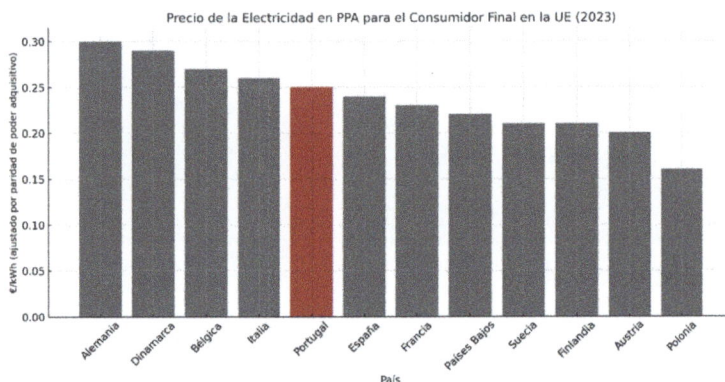

Fuente: Elaboración propia basada en los datos de la Tabla Resumen al final del capítulo.

Gráfico comparativo de los precios de la electricidad ajustados por Paridad de Poder Adquisitivo (PPA) en la Unión Europea — con Portugal destacado.

Este gráfico muestra cómo, incluso ajustado al coste de vida, Portugal sigue estando entre los países con precios más altos para los consumidores finales, reforzando los argumentos críticos de nuestro análisis.

¿Qué es la PPA (Paridad de Poder Adquisitivo)?

La Paridad de Poder Adquisitivo (PPA) es un método utilizado para ajustar los precios de bienes y servicios entre diferentes países, teniendo en cuenta el costo de vida local.

En lugar de simplemente comparar precios nominales (por ejemplo, el precio de la electricidad en euros por kWh), la PPA responde a la pregunta:

"¿Qué puede realmente comprar un ciudadano promedio con sus ingresos locales?"

¿Por qué es importante la PPA?

Comparar precios sin considerar el poder adquisitivo puede llevar a interpretaciones erróneas.

El mismo precio puede representar una carga liviana en un país rico, pero una pesada en un país con menores ingresos.

Ejemplo práctico:

- 0,29 €/kWh en Portugal y 0,30 €/kWh en Alemania pueden parecer similares.

- Pero el ingreso promedio en Alemania es mucho más alto que en Portugal.

- Resultado: la carga real de la factura eléctrica es más pesada en Portugal, incluso si el precio nominal es ligeramente inferior.

Al comparar los precios de la electricidad ajustados por PPA, podemos entender el esfuerzo económico real que enfrentan los consumidores — tanto domésticos como industriales — en cada país.

En resumen, la PPA nos permite comparar países en "condiciones equitativas", revelando dónde la energía es verdaderamente más costosa para el bolsillo de las personas.

¿Qué ganó el país con todo esto?

Aspectos positivos:

- Reducción significativa de emisiones de CO_2;

- Internacionalización de algunas empresas (p. ej., EDP Renováveis);

- Reconocimiento de la "marca verde" de Portugal.

Aspectos críticos:

- Las facturas eléctricas han aumentado continuamente desde los años 90;

- El país no ganó competitividad — al contrario, la perdió;

- Los costos de la red y subsidios se internalizaron en el precio final;

- Hubo poca transparencia en los contratos, rentas garantizadas y tasas superpuestas (p. ej., CIEG, CUST, ERSE, CESE...).

¿Resultado?

Portugal se convirtió en campeón de la transición... y subcampeón en los precios de la energía.

Comentario Especial – El Apagón del 28 de Abril de 2025: Una Lección Dura para Portugal

El apagón nacional del 28 de abril de 2025 expuso brutalmente la fragilidad del sistema energético de Portugal — una consecuencia directa de décadas de decisiones políticas irresponsables.

Es cierto que la Península Ibérica está fuertemente interconectada internamente.

También es cierto que las conexiones entre la Península Ibérica y el resto de Europa siguen siendo escasas e insuficientes.

Pero nada de esto excusa la dependencia total de Portugal de la red eléctrica y la producción española.

Según los informes, el apagón ocurrió mientras Portugal importaba el 30% de sus necesidades eléctricas.

Y las preguntas que surgen son devastadoras:

- ¿No había sol en el país que se autodenomina "potencia solar"?

- ¿No había viento en el "campeón europeo de las renovables"?

- ¿La sequía era tan grave que las hidroeléctricas no pudieron responder?

¿Cómo es posible que la nación que presume de ser autosuficiente en energía — e incluso de convertirse nuevamente en exportadora neta — colapse ante la mínima perturbación en la red del país vecino

La respuesta es brutal: Todo fue una mentira.

Una narrativa cuidadosamente construida para favorecer a los lobbies energéticos — y, quizás, sostenida por la corrupción arraigada que desde hace décadas marca este sector.

Las raíces de este fiasco pueden rastrearse claramente hasta figuras políticas específicas:

José Sócrates, quien durante su gobierno lanzó una expansión renovable imprudente e ideologizada sin garantizar seguridad de carga base;

António Costa, quien no solo perpetuó los mismos errores, sino que también fue directamente responsable del cierre prematuro de las centrales de carbón, debilitando la resiliencia energética de Portugal — y quien ahora preside el Consejo Europeo, un cargo que debería inspirar reflexión y vergüenza, no promoción.

¿Y mientras tanto, quién sufre?

El consumidor común y el sector productivo pagan precios energéticos al nivel de países ricos — mientras Portugal sigue entre los más pobres de la Unión Europea.

El apagón del 28 de abril no es solo un incidente aislado.

Es una advertencia.

Un espejo frente a una clase política que eligió consignas idealistas en lugar de una política energética seria, soberana y sostenible.

Apagón de la Península Ibérica: Un Análisis Técnico

Aislamiento Energético de la Península Ibérica

La Península Ibérica opera como una "isla energética" dentro del sistema eléctrico europeo, con interconexiones limitadas con el resto de Europa, especialmente con Francia. Actualmente, la capacidad de interconexión entre España y Francia es solo del 2%, muy por debajo del objetivo europeo del 15% para 2030.

Causas Probables del Apagón

El apagón fue provocado por una pérdida repentina de 15.000 megavatios de generación eléctrica en apenas cinco segundos, lo que representaba alrededor del 60% de la producción de España en ese momento. Esta caída abrupta condujo a una falla en cascada que también afectó a Portugal debido a la interconexión eléctrica entre ambos países. Aunque las causas exactas aún se están investigando, una hipótesis es que una sobrecarga de producción renovable, especialmente solar y eólica contribuyó a la inestabilidad...

Capacidad de Recuperación: Black Start

La recuperación del sistema eléctrico tras un apagón total depende de la capacidad de "black start", es decir, de que ciertas centrales eléctricas puedan reiniciar la generación sin apoyo externo de la red. En Portugal, esta capacidad es limitada, con solo algunas plantas, principalmente hidroeléctricas, capaces de cumplir esta función. La escasez de plantas con capacidad de black start puede haber prolongado el tiempo necesario para restablecer el suministro eléctrico.

Dependencia Energética e Importaciones

En el momento del apagón, Portugal importaba cerca del 30% de su electricidad desde España, principalmente de fuentes solares. Esta alta dependencia de las importaciones energéticas, combinada con la volatilidad de las fuentes renovables, puede haber agravado los efectos del apagón en el territorio portugués.

Protocolos de Seguridad e Interconexiones

Las interconexiones eléctricas entre Portugal y España están regidas por protocolos de seguridad que, ante fluctuaciones significativas de voltaje o frecuencia, desconectan automáticamente los sistemas para evitar daños mayores. Durante el apagón, estos mecanismos de protección se activaron, aislando aún más los sistemas eléctricos de ambos países y dificultando una restauración rápida.

Este evento destaca la necesidad urgente de reforzar la infraestructura eléctrica de la Península Ibérica, aumentar la capacidad de interconexión con el resto de Europa, e invertir en tecnologías que aseguren mayor estabilidad y resiliencia en el sistema eléctrico — especialmente a medida que las fuentes renovables adquieren un papel cada vez más predominante en la matriz energética.

Sobrecarga de
produoción de
energias renováves
intermitentes

Falta de capacidad de
"black start" en
centrais eléctricas
portuguesas

Protocolos de seguridad
que resultaron en la
desconexión automática
de las interligacias elétricas

FRANCIA

1.600 MW

2.800 MW

4.000 MW

3.000 MW

ESPAÑA

PORTUGAL

12h29 — Pérdida subita de 15.000 MW
de generación eléctrica en
España, equivalente al 60% de
de producción nacional

12h28 — Desconexión automática
de red eléctrica ibérica
do restante de Europa

600 MW

16h09 — Inicio de recuperación
parcial de suministro
electrico en algunas regiones

23h00 — Restablecimiento de
99.35% de suministro electrico
en España

En el momento del apagón
Portugal importaba máss de
30% da su electricidade de
España

65%

35%

Produoción   Importación
doméstica   de España

900 MW

Análisis Comparativo – Cuatro Estrategias, Cuatro Resultados

Tabla Comparativa – Indicadores Clave

Tabla 72: Tabla Comparativa – Estrategias Energéticas y Resultados

Indicador	Alemania	Finlandia	EAU	Portugal
Nuclear en la matriz energética	0% (cerrado)	30%	25%	0%

Emisiones de CO$_2$ (per cápita)	Altas	Moderadas	Moderadas-bajas	Moderadas
Precio de electricidad (PPA)	Muy alto	Alto	Moderado	Alto
Dependencia externa	Alta	Reducida	Baja	Alta
Estabilidad de la red	Buena	Excelente	Excelente	Buena (intermitente)
Aceptación pública del nuclear	Baja	Alta	Alta	Baja
Visión estratégica a largo plazo	Inconsistente	Clara y constante	Ambiciosa y coherente	Idealista, sin base técnica

Fuente: Elaboración propia basada en los datos de la Tabla Resumen al final del capítulo.

Nota: Datos aproximados con base en fuentes oficiales (Eurostat, WNA, IEA, REN, ERSE, FANR).

Fortalezas y Debilidades de Cada Modelo

Alemania

- Fortaleza: Capacidad de movilización e inversión en energías renovables.

- Debilidad: Abandono de la energía nuclear sin asegurar estabilidad energética — lo que resultó en dependencia del carbón, el gas y precios altos.

Finlandia

- Fortaleza: Equilibrio entre nuclear y renovables, soberanía energética e inversión en nuevas tecnologías.

- Debilidad: Alto coste de vida y aislamiento geográfico, que limitan las interconexiones.

Emiratos Árabes Unidos

- Fortaleza: Planificación a largo plazo, ejecución ejemplar, independencia energética y liderazgo regional.

- Debilidad: Tarifas más altas en el contexto del Golfo (aunque sostenibles) y el reto futuro de diversificación industrial.

Portugal

- Fortaleza: Alta cuota de renovables y sólido desempeño ambiental.

- Debilidad: Altos precios de la electricidad, dependencia externa y falta de una base estable para la producción.

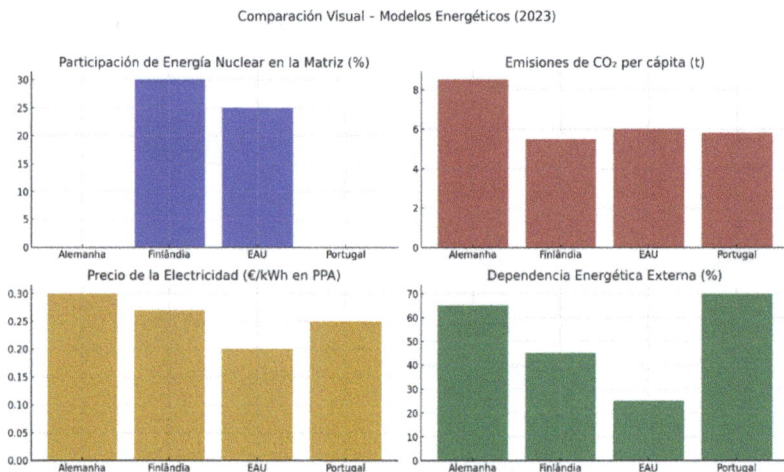

Gráfico 69: Comparación entre los Distintos Modelos Energéticos

Comparación Visual – Modelos Energéticos (2023)

Fuente: Elaboración propia basada en los datos de la Tabla Resumen al final del capítulo.

Infografía visual comparativa con los cuatro modelos energéticos (Alemania, Finlandia, EAU y Portugal), que representa:

- Participación de la energía nuclear en la matriz,

- Emisiones de CO_2 per cápita,

- Precio de la electricidad ajustado por PPA,

- Nivel de dependencia energética externa.

Índice de Esfuerzo Energético: Precio vs Ingreso per Cápita (2023)

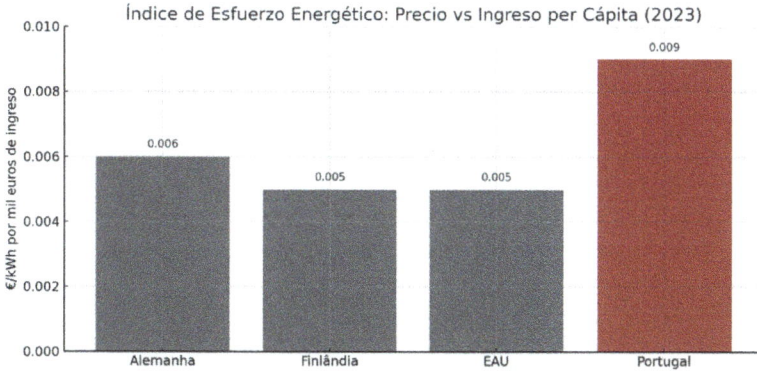

Fuente: Elaboración propia basada en los datos de la Tabla Resumen al final del capítulo.

Gráfico del Índice de Esfuerzo Energético, que relaciona el precio ajustado de la electricidad (PPA) con el ingreso per cápita de cada país.

Este gráfico muestra cuánto pesa 1 kWh en el bolsillo de los ciudadanos, en proporción a su ingreso — y revela que, proporcionalmente, Portugal es el país que más 'sufre' por el costo de la electricidad entre los cuatro comparados.

Gráfico 71: Crecimiento del PIB vs. Precio de la Electricidad

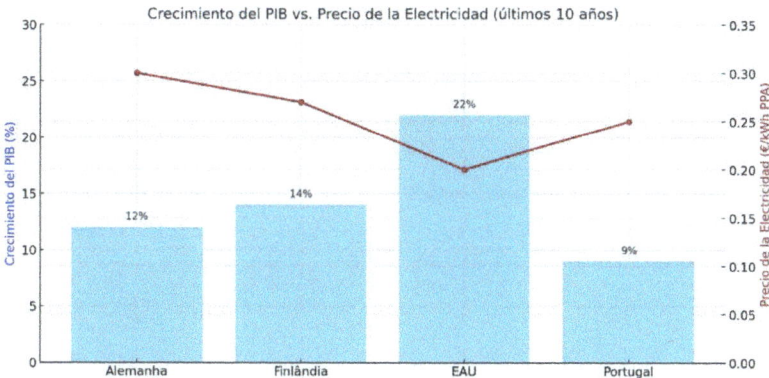

Crecimiento del PIB vs. Precio de la Electricidad (últimos 10 años)

438

Fuente: Elaboración propia basada en los datos de la Tabla Resumen al final del capítulo.

Gráfico comparativo del crecimiento del PIB en los últimos 10 años vs. precio de la electricidad (ajustado por PPA) para los cuatro países analizados.

¿Energía Cara, Crecimiento Limitado?

Este gráfico muestra claramente que los países con una visión energética más estratégica (como los EAU) lograron un mayor crecimiento manteniendo precios energéticos bajos, mientras que otros — como Portugal y Alemania — experimentaron un crecimiento modesto junto con tarifas elevadas.

Y sí, con la debida cautela, es posible establecer una relación plausible y bien fundamentada entre el menor crecimiento económico y los altos precios de la electricidad, especialmente en países con alta dependencia energética y reducida maniobrabilidad industrial.

Esfuerzo Energético: Precio vs. Ingreso Per Cápita

La comparación entre precios de la electricidad y crecimiento económico en los últimos 10 años sugiere un patrón preocupante:

Los países con precios de electricidad altos — ajustados por paridad de poder adquisitivo — registraron un crecimiento económico más modesto durante el período analizado.

Esto es particularmente evidente en:

- Portugal, con un crecimiento acumulado de solo 9% y uno de los costos energéticos relativos más altos de la UE;

- Alemania, que enfrentó un crecimiento tímido (12%) a pesar de ser una de las economías más robustas — cargada por tarifas infladas causadas por la salida nuclear y la dependencia del gas.

En contraste:

- Los Emiratos Árabes Unidos, con una energía abundante, diversificada y bien gestionada, crecieron un 22% en el mismo período.

- Finlandia, con un modelo equilibrado entre renovables y nuclear, también mantuvo un crecimiento superior al promedio de la Eurozona.

Por supuesto, la economía depende de múltiples factores — como demografía, política fiscal, innovación y exportaciones — pero la energía es un factor transversal y decisivo, especialmente:

- Para las industrias pesadas y manufactureras,

- Para los costos de producción nacional,

- Para la atracción de inversión extranjera,

- Y para el ingreso disponible de los hogares.

Cuando la energía es cara, todo lo demás se encarece — y el crecimiento se dificulta.

Así, aunque no podemos afirmar una causalidad directa absoluta, los datos apoyan firmemente una correlación entre energía asequible y crecimiento económico sostenido.

Negar esta relación sería ignorar los fundamentos físicos de la economía.

La Dimensión del Tiempo: ¿Pensamiento Cortoplacista o Visión de Largo Plazo?

Una lección fundamental de esta comparación es que las decisiones energéticas deben evaluarse en el largo plazo.

La solución más "moderna" o "popular" no siempre es la más eficaz.

Los países que invirtieron en continuidad, estabilidad y diversificación tecnológica (como Finlandia y los EAU) ahora están cosechando resultados más sólidos.

Las transiciones energéticas basadas en la ideología — en lugar de en la ciencia y la ingeniería — tienden a ser costosas, tanto económica como geopolíticamente.

Conclusión del presente capítulo – Decisiones que cuestan, estrategias que rinden frutos

En este capítulo, exploramos cuatro trayectorias energéticas profundamente distintas:

- **Alemania**, que abandonó la energía nuclear por razones políticas y volvió al carbón y al gas;

- **Finlandia,** que combinó ciencia, estrategia y tecnología para garantizar soberanía y estabilidad;

- **Emiratos Árabes Unidos**, que invirtió con visión y pragmatismo, incluso sin una tradición nuclear;

- **Portugal**, que apostó todo a las renovables sin una base técnica sólida — y sin un Plan B.

La comparación de sus resultados revela algo obvio pero a menudo olvidado:

La energía no es una ideología — es infraestructura, competitividad y soberanía.

Cuando las decisiones energéticas se basan en:

- Emociones,

- Presiones mediáticas,

- Cálculos electorales,

- O convicciones no respaldadas por datos,

... los resultados inevitablemente afectan los presupuestos familiares, los costos empresariales y el crecimiento limitado de las naciones.

El Precio de las Buenas Intenciones Mal Planificadas

Portugal y Alemania son ejemplos de idealismo energético sin una estrategia sólida.

Los precios de la electricidad se han convertido en unos de los más altos de Europa, y la dependencia externa persiste.

La energía verde se convirtió, paradójicamente, en un factor de desigualdad en lugar de un motor de progreso accesible.

La Fuerza de una Visión Informada

Finlandia y los Emiratos Árabes Unidos, por otro lado, demuestran que:

- Un país pequeño o con un clima adverso también puede liderar — si estudia y planifica cuidadosamente;

- La energía nuclear civil, cuando se gestiona bien, puede coexistir con las renovables y hacerlas más viables;

- Las decisiones técnicas, y no ideológicas, crean sociedades más sostenibles — y más justas.

La energía limpia y barata es posible — pero exige coraje político, inteligencia técnica y humildad ante los hechos.

Al Lector

El mensaje que dejamos es simple:

- Estudiar importa.

- Comparar importa.

- Cuestionar también importa.

Quienes aspiran a un país mejor, más justo y más sostenible...

... deberían comenzar preguntándose:

"¿En qué estamos basando nuestras decisiones energéticas?"

Tabla 73: Fuentes consultadas en el Capítulo 8

Fuente	Descripción	Uso en el capítulo
Eurostat	Agencia estadística de la Unión Europea	Datos de emisiones de CO_2, precios de electricidad y dependencia energética
IEA – Agencia Internacional de Energía	Agencia energética mundial	Perfiles energéticos nacionales, datos de matriz, proyecciones
World Nuclear Association (WNA)	Asociación Global de Energía Nuclear	Datos sobre capacidad nuclear y proyectos en los países analizados
REN – Redes Energéticas Nacionais (Portugal)	Operador de red de Portugal	Matriz eléctrica y datos sobre la transición energética portuguesa
ERSE – Entidad Reguladora de los Servicios Energéticos (Portugal)	Regulador portugués de energía y gas	Tarifas eléctricas y evolución de precios en Portugal
Destatis (Alemania)	Oficina Nacional de Estadística de Alemania	Datos macroeconómicos y energéticos de Alemania
BMWK (Alemania)	Ministerio de Economía y Protección Climática	Política energética alemana, eliminación nuclear y renovables
FANR (EAU)	Autoridad Federal de Regulación Nuclear (EAU)	Proyecto Barakah y datos de licencias nucleares
Estrategia Energética de los EAU 2050	Documento estratégico nacional de energía de los EAU	Planificación energética y objetivos nucleares/renovables

Statistics Finland	Oficina Nacional de Estadísticas de Finlandia	Matriz energética, crecimiento económico y datos de emisiones
VTT Technical Research Centre of Finland	Centro Tecnológico de Investigación de Finlandia	Estudios sobre energía nuclear, renovables y seguridad energética
DGEG – Portugal	Autoridad energética portuguesa	Datos históricos y evolución del sector energético
IAEA	Agencia Internacional de Energía Atómica	Datos globales sobre capacidad nuclear y regulación
EPOV	Observatorio Europeo de la Pobreza Energética	Indicadores del impacto de los precios eléctricos en el consumo doméstico
Banco Mundial	Institución financiera internacional	Datos sobre PIB y crecimiento económico
OCDE	Organización para la Cooperación y el Desarrollo Económicos	Ingresos, precios de electricidad y datos de desarrollo

Preparación para el Próximo Capítulo – La Transición Energética y el Papel de las Tierras Raras

El mundo está atravesando una transformación profunda e inevitable: el paso de un modelo energético basado en combustibles fósiles hacia un sistema más limpio, resiliente y sostenible.

Este proceso, conocido como **la transición energética**, no es solo un cambio tecnológico — es una reestructuración civilizacional que abarca economía, política, geopolítica, ciencia, seguridad y ecología.

En este camino, la energía nuclear resurge como un pilar estratégico.

Con bajas emisiones de carbono y alta densidad energética, la energía nuclear tiene el potencial de ofrecer un suministro eléctrico estable a gran escala, complementando a las fuentes intermitentes como la solar y la eólica.

Sin embargo, para lograr una transición energética verdaderamente eficaz, es necesario destacar otro factor a menudo olvidado: **los minerales críticos y las tierras raras.**

En el próximo capítulo, exploraremos:

- Qué es realmente la transición energética y por qué es tan urgente;

- El papel crucial de la energía nuclear en esta transformación;

- La dependencia estratégica de minerales críticos y tierras raras para la producción de tecnologías limpias;

- Los desafíos geopolíticos, ambientales y sociales asociados a la extracción, el procesamiento y el suministro de estos recursos;

- Y finalmente, la interconexión entre soberanía energética, seguridad climática y control de las cadenas de suministro globales.

La transición energética no es solo una carrera por la tecnología limpia.

Es una nueva fiebre del oro — pero esta vez, con isótopos, tierras raras y megavatios en el centro de la competencia.

Capítulo 9 – La Transición Energética y el Papel de las Tierras Raras

Este capítulo conectará la necesidad de sustituir los combustibles fósiles con el papel crucial de los minerales críticos y de las tierras raras en la tecnología energética moderna.

¿Qué es la Transición Energética?

La transición energética es un proceso estructural de cambio en la forma en que la humanidad produce, distribuye y consume energía. Implica un desplazamiento progresivo desde un modelo basado en combustibles fósiles —como el carbón, el petróleo y el gas natural— hacia un sistema energético más sostenible, diversificado y con bajas emisiones de carbono, que incorpore fuentes renovables, electrificación y eficiencia energética.

¿Por qué es necesaria la Transición Energética?

La necesidad de una transición energética eficaz surge de tres grandes desafíos globales:

Crisis Climática – La quema de combustibles fósiles es el principal motor del aumento de las concentraciones de gases de efecto invernadero (GEI) en la atmósfera, provocando el calentamiento global y fenómenos meteorológicos extremos.

Seguridad Energética – La dependencia de los combustibles fósiles hace que los países sean vulnerables a shocks geopolíticos y a la volatilidad de los precios de la energía.

Sostenibilidad de los Recursos – El carbón, el petróleo y el gas son recursos finitos, y su extracción tiene graves impactos ambientales.

Los Principales Pilares de la Transición Energética

La transición energética no es un proceso único ni lineal, sino que implica diversas estrategias simultáneas:

1. Descarbonización – Reducción de las emisiones de CO_2 mediante la sustitución de fuentes fósiles por energías limpias.

2. Electrificación – Ampliación del uso de la electricidad en sectores tradicionalmente dependientes de combustibles fósiles, como el transporte y la calefacción.

3. Eficiencia Energética – Mejora del rendimiento de los sistemas energéticos para reducir el desperdicio y optimizar la demanda.

4. Diversificación de la Matriz Energética – Integración de fuentes diversas para reducir la dependencia de un solo tipo de energía.

5. Almacenamiento y Redes Inteligentes – Desarrollo de baterías avanzadas y sistemas de gestión energética para abordar la intermitencia de las renovables.

Diferentes Enfoques de Transición Energética

No todos los países siguen el mismo camino en la transición energética. Los enfoques varían según los recursos naturales disponibles, las políticas energéticas y los desafíos socioeconómicos:

- **Unión Europea** – Ha adoptado objetivos ambiciosos de descarbonización y expansión de las renovables, con el objetivo de alcanzar la neutralidad de carbono para 2050.

- **Estados Unidos** – Combina fuentes renovables con inversión en nuevas tecnologías nucleares.

- **China** – Lidera en energías renovables pero sigue utilizando intensivamente el carbón.

- **Países de Oriente Medio** – A pesar de su dependencia del petróleo, están invirtiendo en energía solar e hidrógeno verde.

Transición Energética: ¿Gradual o Disruptiva?

La transición puede producirse de dos formas principales:

- **Gradual** – Cambios incrementales y progresivos que garantizan la estabilidad energética, pero pueden resultar lentos.

- **Disruptiva** – Transformaciones abruptas impulsadas por crisis o avances tecnológicos revolucionarios.

Ambos enfoques presentan desafíos. El cambio gradual puede ser demasiado lento para mitigar los impactos climáticos, mientras que las disrupciones pueden provocar inestabilidad económica y social.

La transición energética es uno de los mayores desafíos del siglo XXI. Requiere inversiones masivas, innovación tecnológica y cooperación global. Ninguna fuente energética por sí sola resolverá la ecuación de la sostenibilidad: será esencial una combinación equilibrada de renovables, energía nuclear y nuevas tecnologías de almacenamiento.

A lo largo de este capítulo, exploraremos cómo la energía nuclear y los minerales críticos desempeñan un papel vital en esta transformación.

La Energía Nuclear y la Transición Energética

La energía nuclear ha sido uno de los temas más debatidos dentro de la transición energética. Mientras algunos países han reducido su participación nuclear, otros continúan ampliándola como una alternativa confiable y baja en carbono para garantizar la seguridad energética y reducir las emisiones de gases de efecto invernadero.

Expansión de la Energía Nuclear en la Transición Energética

A pesar de desafíos como los elevados costes iniciales y las preocupaciones sobre los residuos nucleares, muchas naciones están invirtiendo en el sector nuclear como una solución para descarbonizar sus economías. En los últimos años, países como Francia, China, Rusia e India han ampliado significativamente su capacidad nuclear, mientras que Estados Unidos y el Reino Unido están trabajando para revitalizar su infraestructura nuclear mediante nuevas tecnologías.

Ventajas Estratégicas de la Energía Nuclear

- **Alta Densidad Energética** – Una pequeña cantidad de combustible nuclear genera grandes cantidades de electricidad.

- **Operación Continua** – A diferencia de fuentes intermitentes como la solar y la eólica, la nuclear proporciona electricidad constante.

- **Menor Ocupación Territorial** – Los reactores nucleares requieren menos espacio que las plantas solares o eólicas para producir la misma cantidad de energía.

- **Resiliencia Geopolítica** – Reduce la dependencia de combustibles fósiles importados, reforzando la seguridad energética.

Nuevas Tecnologías y el Futuro del Sector Nuclear

Los avances tecnológicos están moldeando el futuro de la energía nuclear. Los reactores modulares pequeños (SMR) prometen mayor seguridad, flexibilidad y menores costes, mientras que la investigación avanzada sobre reactores de torio y la fusión nuclear busca ofrecer alternativas más sostenibles y seguras.

La Urgencia de un Crecimiento Exponencial de la Energía Nuclear

Los datos de los últimos 20 años muestran que fuentes renovables como la solar y la eólica han crecido de forma exponencial, mientras que la energía nuclear ha crecido de manera mucho más modesta. Esto crea un desafío crítico: aunque las renovables son esenciales para la transición energética, su intermitencia y baja densidad energética hacen que una matriz basada exclusivamente en estas fuentes sea insuficiente.

La energía nuclear, por otro lado, ofrece generación eléctrica estable, bajas emisiones de carbono y alta densidad energética, convirtiéndose en un componente esencial para alcanzar los objetivos de descarbonización. Sin una expansión acelerada del sector nuclear, los objetivos climáticos globales estarán seriamente en riesgo, ya que depender exclusivamente de renovables significaría afrontar problemas relacionados con el almacenamiento de energía, la infraestructura y la capacidad de respuesta a la demanda.

Los países que más han avanzado en la transición energética y reducido sus emisiones de CO_2 —como Francia y Suecia— lo han logrado gracias a la fuerte presencia de la energía nuclear en su mix eléctrico. La estancación del sector nuclear en varias regiones durante las últimas décadas ha obstaculizado los esfuerzos de descarbonización. A menos que el crecimiento nuclear iguale el de las renovables, alcanzar la neutralidad de carbono para 2050 será una meta inalcanzable.

Por tanto, para garantizar un futuro energético seguro, sostenible y libre de carbono, es esencial que la energía nuclear crezca a un ritmo comparable al observado para la solar y la eólica en las últimas décadas. Tecnologías emergentes como los SMR (Reactores Modulares Pequeños), los reactores avanzados de torio y la fusión nuclear pueden desempeñar un papel clave en este proceso.

La transición energética no puede depender únicamente de soluciones intermitentes. La complementariedad entre renovables y nuclear es la única estrategia viable para garantizar electricidad confiable, limpia y asequible para todos.

Gráfico 72: Mix Energético Mundial – 2023

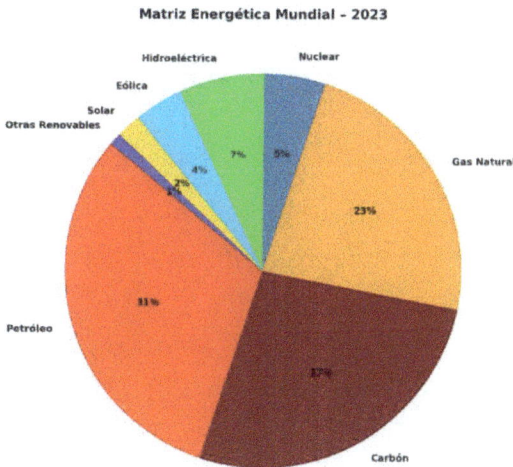

Matriz Energética Mundial - 2023

Fuente: Elaboración propia basada en los datos de la Tabla Resumen al final del capítulo.

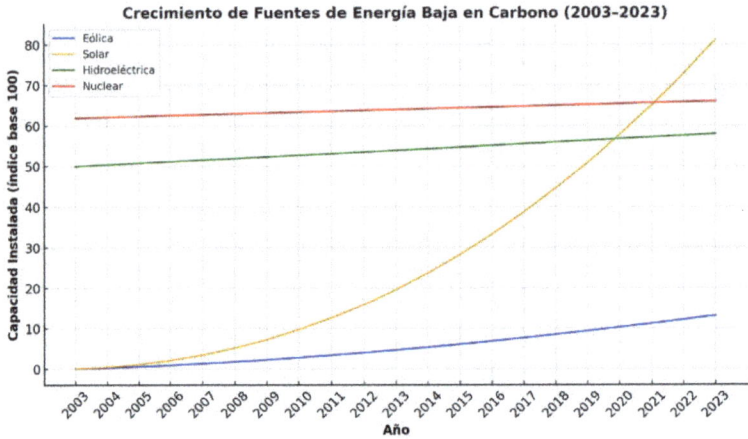

Crecimiento de Fuentes de Energía Baja en Carbono (2003-2023)

Fuente: Elaboración propia basada en los datos de la Tabla Resumen al final del capítulo.

La Urgencia de un Crecimiento Exponencial de la Energía Nuclear

Los datos del gráfico que proyecta el crecimiento económico global y las correspondientes necesidades energéticas dejan claro que la única forma de satisfacer la creciente demanda energética sin comprometer los objetivos de neutralidad de carbono es mediante una expansión masiva de la energía nuclear.

Gráfico 74: Proyección del Crecimiento Económico, la Demanda Energética y la Neutralidad de Carbono (2020–2050)

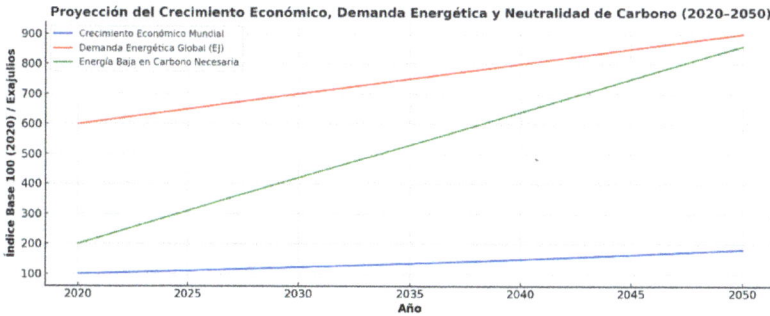

Fuente: Elaboración propia basada en los datos de la Tabla Resumen al final del capítulo.

El crecimiento exponencial de fuentes renovables como la solar y la eólica es crucial, pero su intermitencia y dependencia de las condiciones climáticas limitan su capacidad de proporcionar electricidad de forma confiable y continua. Para garantizar la estabilidad del sistema eléctrico mundial y posibilitar un desarrollo económico sostenible, la energía nuclear debe crecer al mismo ritmo —o incluso superior— que las renovables.

Si la capacidad nuclear continúa creciendo lentamente, el mundo se verá obligado a depender del gas natural y otras fuentes fósiles para cerrar la brecha entre oferta y demanda, lo que socavaría gravemente los esfuerzos de descarbonización. La experiencia de países como Francia y Suecia, que redujeron drásticamente sus emisiones mediante el uso intensivo de energía nuclear, demuestra que este es el camino más eficaz hacia un sistema energético limpio y resiliente.

La expansión acelerada de la energía nuclear es la única alternativa viable para garantizar un futuro energético sostenible capaz de satisfacer la demanda global sin comprometer los objetivos climáticos.

La energía nuclear puede desempeñar un papel crucial en la transición energética, especialmente como complemento confiable de las renovables. A pesar de los desafíos, los avances tecnológicos indican que el sector puede crecer de forma segura y sostenible en los próximos años.

La Necesidad de Minerales Críticos y Tierras Raras

Los minerales críticos y las tierras raras son esenciales para la transición energética. Estos materiales son fundamentales para la producción de paneles solares, turbinas eólicas, baterías de iones de litio, reactores nucleares avanzados y diversas otras tecnologías energéticas. Sin estas materias primas, el avance de la energía limpia se vería gravemente comprometido.

Geopolítica de los Minerales Críticos

Los minerales críticos —incluidas las tierras raras, el litio, el cobalto, el níquel y el grafito— se han vuelto vitales para la transición energética y para industrias estratégicas como la electrificación del transporte, el almacenamiento de energía y la fabricación de semiconductores. Sin embargo, su producción y refinación están altamente concentradas en un reducido número de países.

- **China**: Posee entre el 60 y el 70 % de la extracción mundial de tierras raras y más del 85 % de la capacidad de refinación. También lidera la refinación de grafito y domina la cadena de suministro de baterías de iones de litio.

- **República Democrática del Congo (RDC)**: Produce alrededor del 70 % del cobalto mundial, un mineral esencial para baterías avanzadas.

- **Indonesia y Filipinas**: Productores clave de níquel, fundamental para la fabricación de baterías de alto rendimiento.

- **Australia y Chile**: Controlan en conjunto la mayoría de la producción de litio, esencial para baterías de vehículos eléctricos.

- **Rusia**: Proveedor clave de níquel y paladio, ambos esenciales para diversas aplicaciones industriales y tecnológicas.

Esta concentración de la producción y refinación en tan pocos países genera riesgos geopolíticos y vulnerabilidades estratégicas para Occidente.

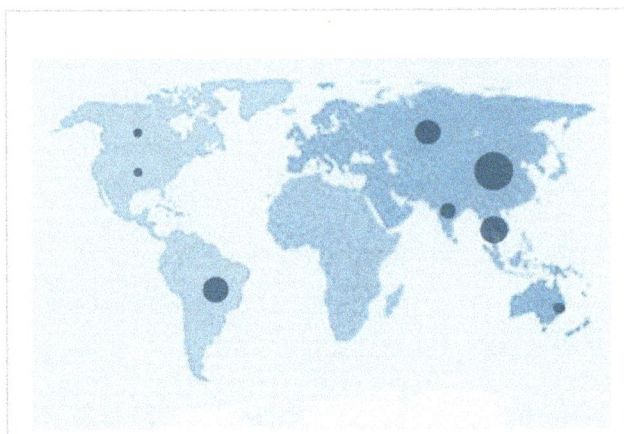

Infografía que muestra los principales depósitos de tierras raras en el mundo.

Tabla 74: Países Líderes con Depósitos Significativos de Tierras Raras

País	Reservas Estimadas (millones de toneladas)	Notas Clave
China	44	Mayor productor y refinador del mundo; domina la cadena de valor.
Vietnam	22	Reservas extensas y producción en aumento en los últimos años.
Brasil	21	Depósitos de alto potencial en el estado de Amazonas y Minas Gerais.
Rusia	19	Reservas significativas; la minería se ve afectada por sanciones.

India	6.9	Reservas costeras; la producción aún es limitada.
Australia	4.2	Exportador destacado; destaca la mina Mount Weld.
Estados Unidos	2.3	Mina Mountain Pass (California); enfoque reciente en la reindustrialización.
Canadá	2.0 (estimado)	Potencial sin explotar; proyectos bajo revisión ambiental.

Fuente: Elaboración propia basada en los datos de la Tabla Resumen al final del capítulo.

Dependencia Occidental de China y Riesgos para la Cadena de Suministro

El dominio de China en la extracción y refinación de minerales críticos no es solo una ventaja económica, sino también una poderosa herramienta geopolítica. Occidente depende en gran medida del suministro chino para industrias como:

- Vehículos eléctricos (VE)
- Turbinas eólicas
- Paneles solares
- Semiconductores y equipos electrónicos avanzados
- Tecnología de defensa y aeroespacial

Los riesgos de esta dependencia incluyen:

Manipulación de precios y acceso: China ya ha restringido las exportaciones de elementos estratégicos como el galio y el germanio para presionar a sus rivales geopolíticos.

Bloqueos comerciales y sanciones: En un escenario de conflicto global o tensiones comerciales, Pekín podría utilizar el control sobre estos minerales como palanca diplomática.

Falta de capacidad de refinación alternativa: Incluso si Occidente extrae estos minerales en países aliados, la falta de infraestructura local de refinación sigue siendo un cuello de botella crítico.

Estados Unidos, la Unión Europea y otros países están cada vez más preocupados por estos riesgos y buscan formas de reducir esta vulnerabilidad.

Gráfico 75: Principales Productores de Tierras Raras (2023)

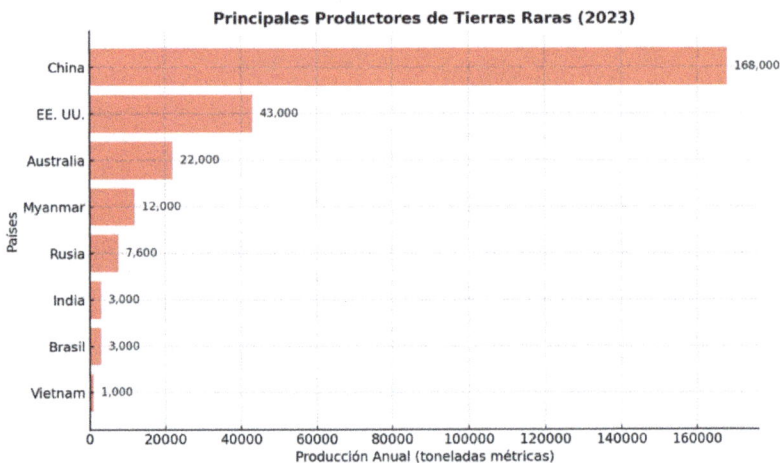

Principales Productores de Tierras Raras (2023)

País	Producción Anual (toneladas métricas)
China	168.000
EE. UU.	43.000
Australia	22.000
Myanmar	12.000
Rusia	7.600
India	3.000
Brasil	3.000
Vietnam	1.000

Tabla 75: Principales Productores de Tierras Raras (2023)

País	Participación Global (%)
China	70%
Estados Unidos	14%
Australia	6%
Myanmar	5%
Otros	5%

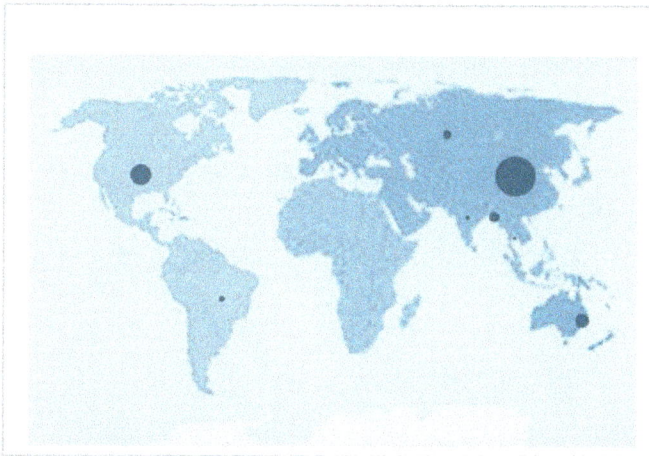

Mapa que muestra los principales países con capacidad de producción de tierras raras. China domina abrumadoramente el sector, con aproximadamente el 85 % de la capacidad global, seguida por Malasia, EE. UU., Australia y un pequeño centro de refinación en Estonia.

Estrategias para Reducir esta Dependencia

Ante esta vulnerabilidad estratégica, se están desarrollando diversas iniciativas para diversificar la cadena de suministro y reducir la dependencia de China. Las principales estrategias incluyen:

1. Minería Responsable y Expansión de la Producción en Países Aliados

- Fomentar la exploración y extracción de tierras raras en países como Australia, Canadá, Brasil y Estados Unidos.

- Desarrollo de normativas ambientales equilibradas que permitan una extracción sostenible sin impactos ecológicos significativos.

2. Inversión en Refinación y Procesamiento de Minerales Fuera de China

- Construcción de plantas de refinación en Europa y América del Norte para disminuir la dependencia de China.

- Alianzas estratégicas con países como Japón y Corea del Sur, que ya tienen experiencia en la refinación de ciertos minerales.

3. Reciclaje de Minerales Críticos

- Programas para recuperar tierras raras y metales valiosos de baterías usadas, equipos electrónicos desechados y turbinas eólicas retiradas.

- Avances tecnológicos que hagan el reciclaje más eficiente y rentable.

4. Nuevas Fuentes de Extracción

- Minería en aguas profundas, explorando nódulos polimetálicos en el fondo oceánico, aunque con importantes desafíos ambientales.

- Extracción de minerales de fuentes alternativas, como relaves mineros antiguos y nuevas formaciones geológicas.

5. Acuerdos Geopolíticos y Alianzas

- Creación de bloques alternativos de suministro, como la Alianza para la Seguridad de los Minerales (MSP) liderada por Estados Unidos.

- Acuerdos bilaterales entre la UE y países productores para garantizar un suministro estable de materiales estratégicos.

Tabla 76: Estrategias para Reducir la Dependencia de China

Estrategia	Ejemplo	Objetivo
Diversificación de proveedores	Australia, Brasil, Canadá	Reducir la concentración geográfica
Reciclaje de materiales	UE, Japón	Economía circular y menor extracción
Inversión en sustitutos	MIT, startups europeas	Materiales alternativos no críticos

Fuente: Elaboración propia basada en los datos de la Tabla Resumen al final del capítulo.

¿Qué son las Tierras Raras y por qué son Esenciales?

Las tierras raras son un grupo de 17 elementos químicos de la Tabla Periódica, entre ellos el lantano, neodimio, terbio y disprosio. A pesar del nombre, estos elementos no son exactamente 'raros' en la corteza terrestre, pero están dispersos en bajas concentraciones, lo que hace su extracción y separación difícil y costosa.

¿Por qué son Importantes?

Las tierras raras son esenciales para la tecnología moderna debido a sus propiedades magnéticas, ópticas y eléctricas únicas. Desempeñan un papel insustituible en varias industrias estratégicas, entre ellas:

1. Transición Energética

- Los imanes de neodimio se utilizan en turbinas eólicas y motores de vehículos eléctricos.

- El disprosio mejora la resistencia térmica de estos imanes.

2. Electrónica y Semiconductores

- Smartphones, portátiles y pantallas de televisión usan fósforos de tierras raras para mostrar colores vivos.

- Chips y componentes electrónicos dependen de estos materiales para su conductividad y miniaturización.

3. Defensa y Tecnología Militar

- Sensores avanzados, sistemas de radar y guiado de misiles utilizan tierras raras.

- El F-35 y otros aviones militares modernos dependen de materiales basados en estos elementos.

4. Medicina y Salud

- El gadolinio se emplea en imágenes por resonancia magnética (IRM) para obtener imágenes más nítidas.

El Monopolio Chino y la Carrera Global

China controla aproximadamente el 85 % de la refinación mundial de tierras raras y utiliza este dominio como herramienta geopolítica. Occidente y otras potencias se apresuran a desarrollar alternativas, incluidas nuevas minas, reciclaje y acuerdos estratégicos con países ricos en recursos como Australia, Brasil y Canadá.

Las tierras raras no son simplemente materiales comunes — son los pilares de la tecnología moderna. Sin ellas, la transición energética, la era digital y el avance de la industria de defensa serían imposibles. La creciente competencia por su control podría redefinir el equilibrio de poder global en las próximas décadas.

Tabla 77: Capacidad Global de Refinación de Tierras Raras

País	Capacidad de refinación (%)
China	85%
Malasia	6%

Estados Unidos	5%
Australia	2%
Estonia	2%

Fuente: Elaboración propia basada en los datos de la Tabla Resumen al final del capítulo.

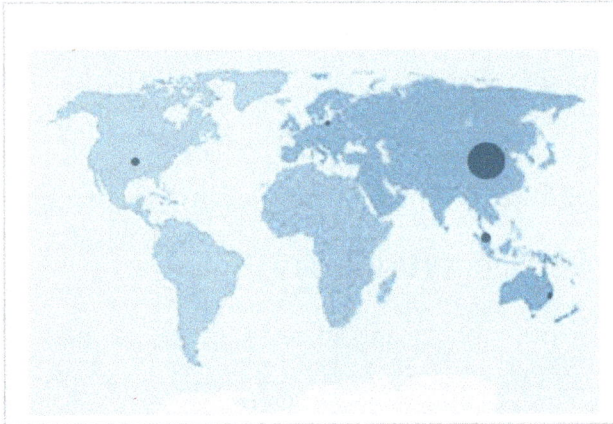

Recursos Geológicos en Europa

Europa no posee una producción significativa de tierras raras, pero esto no significa que estos minerales estén ausentes del continente. La cuestión obedece a una combinación de factores geológicos, políticos, medioambientales y estratégicos. Desglosemos el problema:

1. Recursos geológicos en Europa

Europa cuenta con yacimientos de tierras raras, aunque son más pequeños y menos accesibles que los de otras regiones. Algunos ejemplos son:

- **Noruega y Suecia**: Yacimientos de tierras raras, especialmente en el norte de Escandinavia.

- **Groenlandia (Dinamarca)**: Se han descubierto ricas reservas, pero la extracción afronta barreras medioambientales y políticas.

- **Francia y España**: Se han identificado pequeños yacimientos que, por ahora, no se exploran comercialmente.

La realidad es que, aunque estos recursos existen, los depósitos más ricos y económicamente viables se encuentran en China, Australia y América.

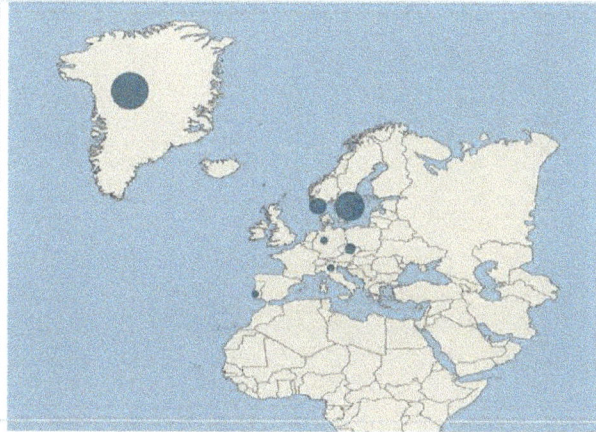

Mapa que destaca los principales yacimientos de tierras raras en Europa

Nota: En Italia y Portugal solo se han detectado trazas hasta la fecha, sin volúmenes estimados.

Tabla 78: Principales yacimientos de tierras raras en Europa

Ubicación	País	Volumen estimado (Mt REO)	Estado actual
Kvanefjeld (Ilimaussaq)	Groenlandia	~1,5	Uno de los mayores del mundo; políticamente sensible.
Kiruna (Per Geijer)	Suecia	>1,0	Descubierto en 2023; considerado el mayor de la UE.
Norra Kärr	Suecia	~0,6	Alto potencial; enfrenta oposición medioambiental.
Tanbreez	Groenlandia	>1,0	Proyecto privado; rico en tierras raras pesadas.
Complejo Fen	Noruega	~0,5	En desarrollo; rocas carbonatitas.
Tisová	Chequia	~0,2	En evaluación; mineral asociado a subproductos.
Krásno y Mariánské Lázně	Chequia	—	Exploración preliminar.
Storkwitz	Alemania	~0,03	Depósito conocido; ambientalmente sensible.
Piamonte	Italia	—	Trazas de reservas en regiones alpinas.

Serra de Monchique (trazas)	Portugal	—	Ocurrencias esporádicas; sin exploración activa.

Fuente: Elaboración propia basada en los datos de la Tabla Resumen al final del capítulo.

2. Razones políticas y medioambientales de la falta de producción

La principal razón por la que Europa no produce tierras raras no es la falta de minerales, sino las estrictas políticas medioambientales y los altos costes de extracción y refinado.

Legislación medioambiental restrictiva:

- El proceso de minería y refinado de tierras raras genera desechos tóxicos y radiactivos.

- Europa aplica normativas estrictas que encarecen y burocratizan la extracción.

- La presión de grupos ecologistas dificulta la apertura de nuevas minas.

Dependencia estratégica de China y otros países:

- Durante décadas, Europa optó por importar tierras raras de China por ser más barato y menos problemático ambientalmente.

- Ante las crecientes tensiones geopolíticas, la UE considera ahora esa dependencia un riesgo estratégico.

470

Altos costes de extracción en Europa:

- Además de las regulaciones, los costes de extraer y refinar en Europa son mayores que en China o Australia.

- La inversión necesaria para hacer rentable la producción solo ahora empieza a ser considerada.

3. La nueva carrera europea por los minerales críticos

Con la creciente rivalidad entre Occidente y China, la Unión Europea está cambiando de postura e invirtiendo en la minería de tierras raras. Algunas iniciativas incluyen:

Proyectos de minería de tierras raras en Noruega y Suecia:

- Suecia anunció en 2023 el descubrimiento del mayor depósito europeo cerca de Kiruna.

- Noruega desarrolla tecnologías para una minería sostenible.

Alianzas estratégicas de la UE con países mineros:

- Acuerdos con Canadá, Australia y Brasil para asegurar un suministro estable sin depender de China.

Inversión en reciclaje de minerales críticos:

- Recuperación de tierras raras de baterías desechadas y equipos electrónicos como alternativa a la minería tradicional.

¿Europa vuelve a quedarse atrás en la carrera tecnológica?

La transición energética y la revolución digital han desencadenado una nueva competencia global por los llamados minerales críticos, entre los cuales las tierras raras son los más estratégicos. A pesar de contar con yacimientos importantes, Europa se ha rezagado en la minería y el refinado de estos materiales esenciales para vehículos eléctricos, turbinas eólicas, semiconductores y tecnologías de defensa.

La realidad europea: existen recursos, pero faltan estrategia y voluntad política:

A diferencia de la narrativa que sostiene que Europa no posee tierras raras, existen depósitos importantes en Suecia, Noruega, Groenlandia, Francia y España. El problema no es geológico, sino que radica en barreras medioambientales, la burocracia y la excesiva dependencia de China.

China domina el refinado a nivel mundial

Incluso si Europa extrajera sus propias tierras raras, no tiene capacidad para refinarlas. Actualmente, el 85 % del procesamiento mundial se realiza en China.

Retraso en las decisiones estratégicas

Mientras Estados Unidos, Australia y Canadá expanden rápidamente sus cadenas de suministro, la Unión Europea sigue actuando con lentitud y sin una postura unificada.

Desafíos medioambientales y burocráticos

El proceso de extracción y refinado genera residuos tóxicos, lo que hace que la legislación medioambiental de la UE dificulte la aprobación de nuevos proyectos.

Los grupos ecologistas bloquean iniciativas, incluso cuando se proponen soluciones más sostenibles.

Suecia y Noruega: ¿la nueva esperanza europea?

En 2023, Suecia anunció el mayor hallazgo europeo cerca de Kiruna. El país pretende acelerar la exploración, aunque expertos estiman la producción real dentro de 10-15 años. Noruega planea minería terrestre y submarina, pero encara resistencia medioambiental. Mientras tanto, Europa sigue dependiendo de China, exponiendo su industria a restricciones comerciales e inestabilidad geopolítica.

¿Producirá Europa tierras raras en el futuro?

Sí, Europa está reconsiderando su posición y buscando formas de iniciar una producción local, pero aún pasarán años antes de que pueda volverse competitiva. La cuestión medioambiental sigue siendo un gran desafío, y la estrategia europea está más enfocada en el reciclaje y en los acuerdos comerciales que en la minería a gran escala.

Si Europa quiere garantizar su independencia tecnológica y energética, deberá acelerar sus esfuerzos para desarrollar sus propias fuentes de tierras raras. De lo contrario, seguirá siendo vulnerable a la manipulación del mercado y a las restricciones impuestas por China.

Ha surgido una controversia en Europa respecto a la intención del presidente Trump de adquirir Groenlandia, que permanece bajo administración danesa. Ahora parece claro que la intención de Estados Unidos era proteger y explotar las potencialmente vastas reservas de tierras raras y minerales críticos de la isla.

El argumento de proteger **la seguridad nacional de EE.UU.** podría implicar que los europeos no harán nada con los recursos encontrados allí —o peor aún, que podrían caer bajo influencia china o rusa.

La falta de acción —o incluso la inacción— por parte de los europeos y de la propia UE en estos asuntos estratégicos está llevando a EE. UU. a actuar con decisión para proteger intereses que, en última instancia, también afectan a Europa.

La UE, aún aferrada a su mentalidad de "corrección política" y reacia a asumir la disrupción o el poder asertivo, sigue condicionada por narrativas ambientalistas obsoletas que no resuelven nada. Corre el riesgo de ser superada por naciones con visiones claras y estrategias concretas.

Muy posiblemente veamos a Groenlandia convertirse en el 51º estado de los Estados Unidos —quizás para alegría de sus 70.000 habitantes.

Tabla 79: Dispositivos cotidianos que utilizan tierras raras y metales críticos

Equipo	Tierras Raras Utilizadas	Metales Críticos Utilizados

Smartphones	Neodimio, Europio, Terbio, Itrio	Litio, Níquel, Cobalto
Vehículos eléctricos	Neodimio, Disprosio, Lantano	Litio, Níquel, Cobalto, Grafito
Turbinas eólicas	Neodimio, Disprosio, Praesodimio	Níquel, Cobalto
Computadoras y portátiles	Itrio, Europio, Terbio	Litio, Cobre
TV y monitores	Itrio, Europio, Terbio	Cobre, Aluminio
Auriculares y altavoces	Neodimio, Disprosio	Cobre, Aluminio

Fuente: Elaboración propia basada en los datos de la Tabla Resumen al final del capítulo.

Estos ejemplos demuestran que casi todo lo que utilizamos a diario contiene alguna cantidad de tierras raras, lo que las hace indispensables para la tecnología moderna.

La geopolítica de los minerales críticos se ha convertido en un factor clave en la lucha por la dominación tecnológica y energética del siglo XXI. Si Occidente no reduce su dependencia de China, podría enfrentar vulnerabilidades estratégicas significativas en las próximas décadas.

Impactos Ambientales y Sociales de la Extracción de Minerales

La extracción de tierras raras y metales críticos es esencial para la transición energética y muchas tecnologías modernas. Sin embargo, el proceso de minería y refinado conlleva importantes desafíos ambientales y sociales. Esta sección explora los principales problemas y alternativas sostenibles para una minería más limpia.

Desafíos en la Minería de Tierras Raras y Metales Críticos

La minería de tierras raras es especialmente compleja porque estos elementos no se encuentran en altas concentraciones y suelen estar mezclados con otros materiales. Los principales desafíos incluyen:

- Procesos químicos de separación altamente contaminantes

  o Los minerales extraídos deben someterse a procesos químicos agresivos para separar los metales útiles, lo que genera grandes volúmenes de residuos tóxicos.

- Bajas concentraciones de elementos

  o La extracción de tierras raras requiere la remoción de grandes cantidades de roca y suelo para obtener pequeñas cantidades del material deseado.

- Dependencia de pocos países

  o China domina el sector, mientras que otras regiones enfrentan dificultades para hacer viable económicamente la minería.

- Trabajo informal y explotación

  o En países como la República Democrática del Congo (RDC), la extracción de cobalto se realiza en condiciones inhumanas, con frecuencia utilizando trabajo infantil.

Impactos Ambientales: Deforestación, Contaminación del Agua y Desechos Radiactivos

1. Deforestación y Degradación del Suelo

- La minería a gran escala destruye ecosistemas naturales, especialmente bosques tropicales.

- La apertura de minas provoca erosión y dificulta la recuperación de la vegetación.

2. Contaminación del Agua

- El uso de productos químicos en la separación mineral contamina ríos y acuíferos.

- Elementos como torio y uranio presentes en los minerales pueden volver el agua radiactiva.

3. Residuos Tóxicos y Radiactivos

- La minería de tierras raras en China ha generado estanques de residuos altamente contaminantes.

- La mala gestión amenaza la biodiversidad y comunidades locales.

4. Impactos en la Salud de las Poblaciones Locales

- Enfermedades respiratorias y cáncer por exposición a metales pesados.

- Pueblos indígenas y comunidades tradicionales desplazadas por la minería.

Alternativas Sostenibles y Tecnologías de Extracción Más Limpias

1. Minería de Bajo Impacto y Procesos Más Eficientes

- Minería selectiva y de precisión: Tecnologías avanzadas como sensores geológicos e inteligencia artificial permiten una extracción más eficiente y localizada, con menor alteración del terreno.

- Procesamiento en seco: Nuevas técnicas eliminan la necesidad de grandes volúmenes de agua en el refinado, reduciendo la contaminación y los residuos.

- Uso de materiales biodegradables: Se están reemplazando productos químicos tóxicos por sustancias más suaves y biodegradables en los procesos de separación.

2. Reciclaje de Minerales Críticos

- Reutilización de componentes electrónicos: Se pueden recuperar grandes cantidades de tierras raras de baterías usadas, motores de vehículos eléctricos y aparatos electrónicos desechados.

- Nuevas técnicas de recuperación: Las empresas están desarrollando procesos químicos más eficientes para extraer metales valiosos de residuos industriales y electrónicos.

- Cadenas de suministro circulares: Fomentar el reciclaje y la reutilización de metales críticos puede reducir significativamente la necesidad de nuevas minas y prolongar la vida útil de los recursos.

3. Minería en Aguas Profundas (con regulación estricta)

- Exploración controlada de nódulos polimetálicos: El fondo marino alberga vastas reservas de metales críticos como níquel, cobalto y manganeso. Las empresas están investigando métodos de exploración de bajo impacto.

- Tecnologías robóticas de bajo impacto: Se están desarrollando vehículos autónomos submarinos y robots mineros para minimizar la alteración de los ecosistemas marinos.

- Monitoreo ambiental riguroso: Las regulaciones internacionales se están reforzando para garantizar que la exploración de recursos marinos sea sostenible y transparente.

4. Extracción Biológica y Nanotecnología (¡innovación de vanguardia!)

- Biorremediación en minería: Científicos utilizan bacterias y microorganismos especializados para disolver minerales sin productos químicos agresivos.

- Nanotecnología en la extracción de minerales: Se emplean nanomateriales para separar los minerales con mayor precisión, reduciendo pérdidas y mejorando la eficiencia.

- Fitominería: Se están desarrollando investigaciones sobre el uso de plantas hiperacumuladoras para extraer metales del suelo —un proceso conocido como fitoextracción— que podría ser una alternativa sostenible a la minería tradicional.

5. Transición hacia Energías Renovables en la Minería

- Energía solar y eólica para operaciones mineras: Las empresas están invirtiendo en fuentes renovables para reducir la huella de carbono de la minería.

- Almacenamiento energético para operaciones remotas: Las tecnologías de almacenamiento permiten que las minas funcionen con energía limpia incluso en ubicaciones fuera de la red eléctrica.

- Reducción de emisiones de CO_2: El uso de vehículos eléctricos y equipos impulsados por hidrógeno está reduciendo drásticamente las emisiones de gases de efecto invernadero en la industria minera.

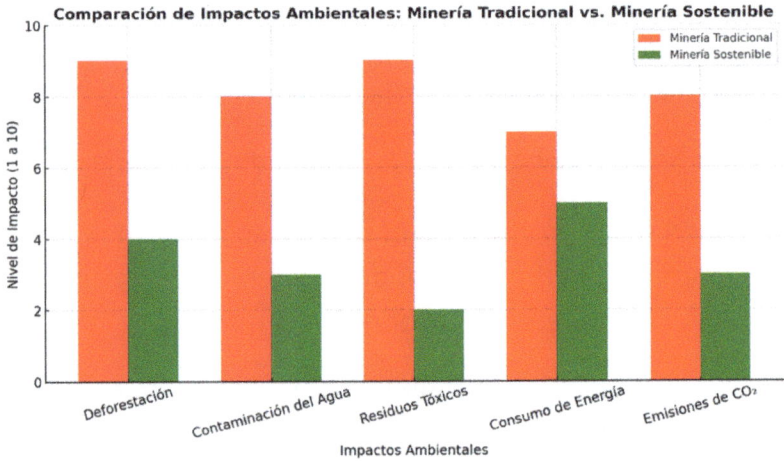

Comparación de Impactos Ambientales: Minería Tradicional vs. Minería Sostenible

Fuente: Elaboración propia basada en los datos de la Tabla Resumen al final del capítulo.

Cuadro comparativo que muestra cómo las nuevas tecnologías pueden reducir significativamente los impactos ambientales.

Tabla 80: Soluciones Sostenibles en la Minería

Problema Ambiental	Solución Sostenible
Deforestación	Minería selectiva y reforestación de las áreas afectadas
Contaminación del Agua	Uso de filtros y biorremediación para la purificación del agua
Residuos Tóxicos	Gestión avanzada de residuos y reciclaje de minerales críticos
Consumo Energético	Uso de fuentes de energía renovable en las operaciones mineras

Emisiones de CO_2	Reducción del transporte de mineral y eficiencia energética en el procesamiento

Fuente: Elaboración propia basada en los datos de la Tabla Resumen al final del capítulo.

Diferencia entre Tierras Raras y Metales Críticos

Aunque los términos 'tierras raras' y 'metales críticos' se utilizan a menudo como sinónimos, tienen definiciones distintas:

Tierras raras: Grupo de 17 elementos químicos de la Tabla Periódica, incluidos lantano, neodimio, terbio y disprosio. Se usan ampliamente en dispositivos electrónicos, vehículos eléctricos y turbinas eólicas por sus propiedades magnéticas y ópticas únicas.

Metales críticos: Término más amplio que incluye tierras raras, litio, cobalto, níquel, grafito y otros elementos esenciales para la tecnología moderna. Se consideran críticos por su alta importancia industrial y riesgo de escasez o dependencia geopolítica.

Los metales críticos son fundamentales para la transición energética y la innovación tecnológica, y requieren soluciones sostenibles para su extracción y refinación.

La minería de tierras raras está atravesando una transformación sostenible impulsada por innovaciones tecnológicas y una creciente responsabilidad ambiental. Las nuevas prácticas y regulaciones aseguran que la extracción de estos minerales esenciales se realice de forma cada vez más limpia y eficiente, permitiendo que la industria siga suministrando materiales clave para la transición energética y la innovación sin comprometer el medio ambiente ni a las comunidades locales.

El Futuro de la Transición Energética

La transición energética está en constante evolución, impulsada por la innovación tecnológica y la búsqueda de soluciones sostenibles. El futuro de este sector dependerá de los avances científicos, de nuevos materiales y del papel estratégico de la energía nuclear.

Avances Tecnológicos y Búsqueda de Soluciones Sostenibles

La innovación tecnológica ha sido uno de los pilares fundamentales para acelerar la transición energética. Entre los principales desarrollos se destacan:

- **Nuevos procesos de extracción y refinación ambientalmente responsables**: Se están desarrollando tecnologías avanzadas para reducir la huella de carbono en la minería y refinación de minerales críticos.

- **Mejora del reciclaje de materiales estratégicos**: Nuevas técnicas permiten recuperar metales esenciales de dispositivos electrónicos y baterías usadas, reduciendo la necesidad de extracción mineral.

- **Avances en baterías y almacenamiento de energía**: El desarrollo de baterías de estado sólido y nuevas químicas, como las baterías de sodio-ion, podría reducir la dependencia de minerales críticos como el litio y el cobalto.

- **Uso creciente del hidrógeno verde**: El hidrógeno producido a partir de fuentes renovables puede sustituir los combustibles fósiles en sectores industriales y almacenamiento energético.

- **Inteligencia Artificial y Big Data en la optimización energética**: La digitalización de los sistemas energéticos mejora la eficiencia en el consumo y la distribución, reduciendo el desperdicio.

Tabla 81: Aplicaciones de las Tierras Raras en la Transición Energética

Elemento	Uso Tecnológico	Sector
Neodimio	Imánes permanentes de alta potencia	Turbinas eólicas, vehículos eléctricos
Disprosio	Estabilidad térmica de los imanes	Vehículos eléctricos
Itrio	Fósforos y superconductores	Paneles solares, sensores
Terbio	Fósforos y dispositivos magnéticos	Iluminación LED, tecnología militar

Fuente: Elaboración propia basada en los datos de la Tabla Resumen al final del capítulo.

El Papel del Hidrógeno en la Transición Energética

El hidrógeno ha surgido como un componente esencial en la búsqueda de soluciones energéticas sostenibles, ofreciendo alternativas para descarbonizar diversos sectores de la economía. Su versatilidad permite aplicaciones que van desde la generación de electricidad hasta su uso como combustible en procesos industriales y transporte.

La producción de hidrógeno se clasifica en función de las fuentes energéticas utilizadas y las emisiones asociadas:

- **Hidrógeno Verde**: Producido mediante electrólisis del agua utilizando electricidad procedente de fuentes renovables como la solar y la eólica. Este método no genera emisiones de carbono, lo que lo convierte en una opción limpia y sostenible.

- **Hidrógeno Azul**: Obtenido a partir de combustibles fósiles como el gas natural, con tecnologías de captura y almacenamiento de carbono (CCS) aplicadas para reducir las emisiones de CO_2.

- **Hidrógeno Gris**: También derivado de combustibles fósiles, pero sin CCS, lo que resulta en emisiones significativas de gases de efecto invernadero.

Aplicaciones del Hidrógeno en la Transición Energética

El hidrógeno tiene el potencial de transformar varios sectores, ayudando a reducir las emisiones de carbono:

- **Industria Pesada:** Sectores como el acero, el cemento y los productos químicos pueden utilizar hidrógeno como fuente de calor de alta temperatura y como materia prima, sustituyendo los combustibles fósiles.

- **Transporte:** El hidrógeno es prometedor para vehículos pesados como camiones, autobuses, trenes y barcos, donde la electrificación directa es difícil. Los vehículos de pila de combustible ofrecen gran autonomía y tiempos de recarga rápidos.

- **Almacenamiento de Energía:** El hidrógeno puede actuar como portador de energía, convirtiendo el exceso de electricidad renovable durante períodos de baja demanda en combustible almacenable que puede generar electricidad o calor posteriormente.

Desafíos y Perspectivas

A pesar de su potencial, la adopción masiva del hidrógeno enfrenta desafíos:

- **Costes de Producción**: El hidrógeno verde sigue siendo más caro que los métodos tradicionales. Se necesitan inversiones en I+D para reducir costes y hacerlo competitivo.

- **Infraestructura**: Es necesaria una infraestructura robusta para la producción, almacenamiento, transporte y distribución de hidrógeno.

- **Eficiencia Energética:** Los procesos de conversión de energía del hidrógeno implican pérdidas, por lo que mejorar la eficiencia es clave para maximizar los beneficios.

Aun así, con el avance de las tecnologías y el apoyo político, se espera que el hidrógeno juegue un papel central en la transición hacia una matriz energética más limpia y sostenible.

El hidrógeno se ha destacado como una alternativa prometedora para descarbonizar el sector del transporte, ofreciendo eficiencia energética y reducción significativa de emisiones de gases de efecto invernadero.

Por ejemplo, los vehículos alimentados con hidrógeno verde han demostrado reducciones de emisiones de GEI del 87 %, 85 % y 89 % en comparación con los mismos vehículos propulsados por diésel con 7 % de biodiésel.

Además, estudios indican que la eficiencia de las pilas de combustible alimentadas directamente con hidrógeno puro es mayor que las que usan hidrógeno procedente de reformado de hidrocarburos.

Motores de Combustión Interna (ICE):

Emisiones de CO_2: Los vehículos con ICE que usan combustibles fósiles como gasolina o diésel generan emisiones significativas de CO_2.

Vehículos de Pila de Combustible de Hidrógeno (FCEV):

Emisiones de CO_2: Cuando funcionan con hidrógeno verde, los FCEV pueden reducir las emisiones de GEI hasta un 87 % en comparación con vehículos diésel con 7 % de biodiésel.

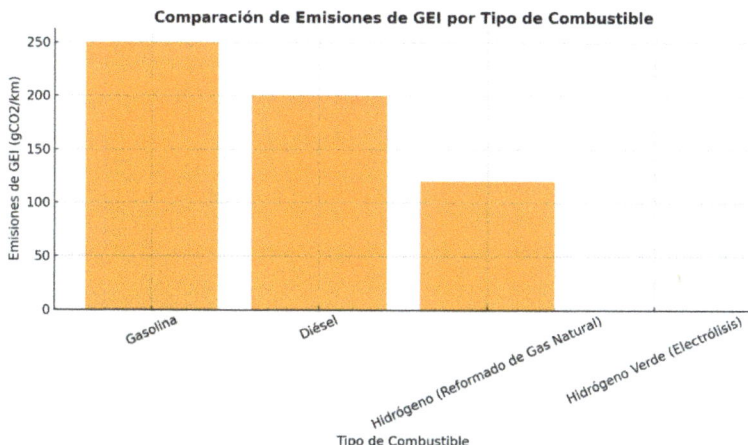

Comparación de Emisiones de GEI por Tipo de Combustible

Fuente: Elaboración propia basada en los datos de la Tabla Resumen al final del capítulo.

Gráfico que compara las emisiones de gases de efecto invernadero (GEI) entre motores de combustión (gasolina y diésel) y motores impulsados por hidrógeno (hidrógeno reformado de gas natural e hidrógeno verde mediante electrólisis).

El Alto Costo del Hidrógeno Verde y el Desafío de la Intermitencia Renovable

El hidrógeno verde, producido mediante electrólisis del agua utilizando electricidad procedente de fuentes renovables, es considerado con frecuencia la alternativa más sostenible entre los distintos tipos de hidrógeno. Sin embargo, el gráfico muestra que su coste de producción es significativamente más elevado en comparación con el hidrógeno gris y el azul. Este alto coste se debe, en gran medida, a la dependencia de fuentes de energía renovable que, aunque limpias, presentan desafíos técnicos y económicos específicos.

Gráfico 78: Comparación de Costes de Producción de Hidrógeno por Tipo

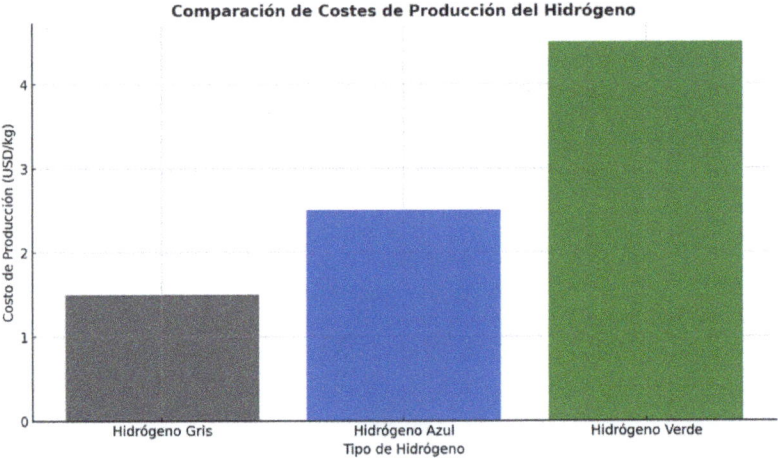

Comparación de Costes de Producción del Hidrógeno

Fuente: Elaboración propia basada en los datos de la Tabla Resumen al final del capítulo.

Gráfico que compara los costes de producción de los distintos tipos de hidrógeno (gris, azul y verde) en dólares por kilogramo.

Desafíos del Hidrógeno Verde: Intermitencia y Eficiencia Energética

Una de las principales razones del alto coste del hidrógeno verde es la **intermitencia** de las fuentes renovables. Tecnologías como la solar y la eólica no generan energía de forma continua, ya que dependen de condiciones climáticas variables. Esto significa que la electrólisis no siempre puede operar a plena capacidad, lo que reduce la eficiencia operativa y encarece el proceso. Para superar esta limitación, son necesarias soluciones como el almacenamiento de energía en baterías o la integración con redes eléctricas que puedan compensar los periodos de baja producción, alternativas que incrementan los costes.

Además, la infraestructura para la producción, almacenamiento y transporte del hidrógeno verde aún está en fase de desarrollo y carece de escala, lo que mantiene los precios elevados. En cambio, el hidrógeno gris, producido a partir de gas natural sin captura de carbono, sigue siendo la opción más económica, ya que utiliza tecnologías consolidadas y se beneficia de una cadena de suministro bien establecida. El hidrógeno azul, una alternativa intermedia, tiene un coste superior al gris debido al proceso de captura y almacenamiento de carbono, pero sigue siendo más competitivo que el verde.

A medida que la tecnología avance y disminuyan los costes de las energías renovables, se espera que el hidrógeno verde se vuelva más accesible. No obstante, para que esta transición tenga lugar, será necesario invertir en infraestructura, investigación e innovación con el fin de afrontar el desafío de la intermitencia y hacer que el hidrógeno verde sea económicamente viable a gran escala.

Eficiencia Energética en la Producción de Hidrógeno

Uno de los principales desafíos de la producción de hidrógeno, especialmente del hidrógeno verde, es la **gran cantidad de energía eléctrica** necesaria para generarlo. Este factor tiene un impacto directo en la viabilidad económica y en la eficiencia energética del proceso.

La electrólisis del agua, el método utilizado para producir hidrógeno verde, presenta una eficiencia energética que varía entre el 60 % y el 80 % en las tecnologías más avanzadas. Esto significa que, por cada 100 unidades de electricidad consumidas, solo entre 60 y 80 se convierten efectivamente en hidrógeno; el resto se pierde en forma de calor u otros factores del proceso.

En la práctica, la producción de 1 kg de hidrógeno requiere entre 50 y 55 kWh de electricidad. Ese kilogramo de hidrógeno contiene aproximadamente 33,6 kWh de energía química, lo que refleja una pérdida considerable en el proceso. Esta relación puede compararse con otras formas de almacenamiento de energía, como las baterías, que alcanzan eficiencias superiores al 90 %.

Impacto en la viabilidad del hidrógeno verde:

Costo de la electricidad: Dado que la electricidad es el mayor coste en la producción de hidrógeno verde, la viabilidad económica del proceso depende en gran medida del precio de la electricidad renovable disponible. Si la electricidad es cara, la producción de hidrógeno se vuelve económicamente inviable.

Almacenamiento y conversión: Tras su producción, el hidrógeno debe almacenarse y transportarse, procesos que también consumen energía y reducen aún más la eficiencia global. Además, cuando el hidrógeno se reutiliza para generar electricidad (por ejemplo, en pilas de combustible), se produce una nueva pérdida de energía, lo que resulta en una eficiencia global inferior al 40 % —menor que la de los sistemas basados en baterías.

Uso directo de la electricidad: En muchas aplicaciones, como el transporte, puede ser más eficiente utilizar directamente la electricidad (a través de baterías) en lugar de convertirla en hidrógeno, especialmente si la infraestructura lo permite.

Gráfico 79: Eficiencia en la Producción de Hidrógeno Verde

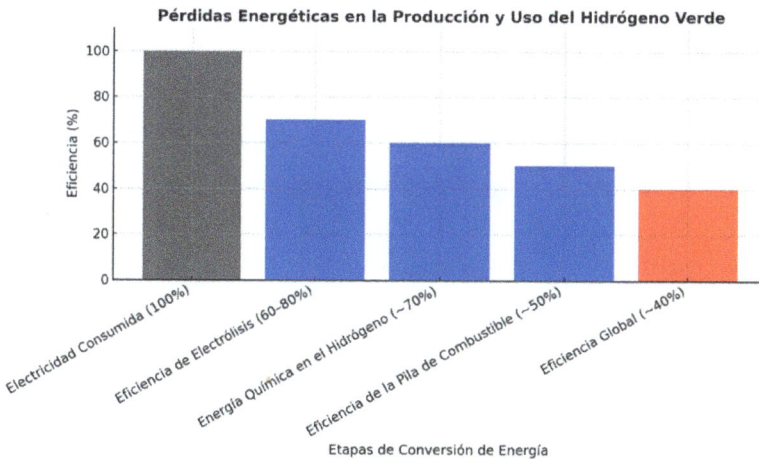

Pérdidas Energéticas en la Producción y Uso del Hidrógeno Verde

Fuente: Elaboración propia basada en los datos de la Tabla Resumen al final del capítulo.

¿Existe una solución para mejorar la eficiencia?

El avance en **electrólisis de alta temperatura** y el uso de excedentes de electricidad procedente de fuentes renovables (cuando hay una sobreproducción eólica o solar) puede **reducir significativamente los costes** y hacer el proceso más eficiente. Además, la investigación en **nuevos catalizadores** y tecnologías de conversión podría mejorar la tasa de eficiencia energética en el futuro.

La producción de hidrógeno verde requiere una cantidad considerable de electricidad, con **pérdidas inevitables a lo largo del proceso**. Esto plantea la cuestión de cuándo y en qué contextos el hidrógeno es realmente la mejor opción frente a otras soluciones energéticas, como el almacenamiento en baterías. Sin embargo, a medida que disminuyen los costes de la electricidad renovable y avanzan las tecnologías de electrólisis, la viabilidad del hidrógeno como **vector energético sostenible** podría aumentar de forma significativa.

La Posibilidad de que Nuevos Materiales Sustituyan a las Tierras Raras en el Futuro

Investigación sobre Sustitutos Sintéticos de Tierras Raras en Motores e Imanes

Las tierras raras se utilizan ampliamente en la producción de motores eléctricos de alto rendimiento e imanes permanentes, fundamentales para turbinas eólicas, vehículos eléctricos y otros dispositivos de alta tecnología. Sin embargo, la dependencia de estos elementos ha impulsado la investigación de materiales alternativos que puedan ofrecer propiedades magnéticas y eléctricas similares sin los desafíos de extracción y suministro global.

- Imanes de ferrita y compuestos avanzados: Algunos esfuerzos de investigación buscan desarrollar imanes de ferrita dopados con elementos alternativos, reduciendo la necesidad de neodimio y disprosio.

- Nanomateriales y aleaciones sintéticas: Científicos están investigando compuestos híbridos que imitan el comportamiento de los imanes de tierras raras sin depender de materiales críticos.

Materiales Alternativos que Reducen la Dependencia de Minerales Críticos

Más allá de los imanes, otras aplicaciones que utilizan tierras raras están siendo rediseñadas para depender menos de estos elementos.

- Aleaciones metálicas avanzadas: Algunos estudios exploran aleaciones a base de hierro y cobalto que presentan alta coercitividad y podrían reemplazar los imanes de neodimio-hierro-boro (NdFeB).

- Elementos de transición como alternativas: Metales como el manganeso y el cobalto están siendo estudiados como posibles sustitutos en diversas aplicaciones industriales.

- Óxidos y cerámicas avanzadas: Algunos sectores están invirtiendo en el desarrollo de materiales cerámicos que pueden cumplir funciones similares a las tierras raras, especialmente en catalizadores y sistemas electrónicos.

Uso de Superconductores para Eliminar la Necesidad de Metales Raros en Ciertas Aplicaciones

Un enfoque revolucionario para reducir la dependencia de tierras raras es el avance de los materiales superconductores.

- Motores superconductores: La investigación en motores eléctricos superconductores está ganando impulso, ya que estos motores pueden funcionar con una eficiencia extremadamente alta y sin necesidad de imanes permanentes.

- Superconductividad a temperatura ambiente: Si los superconductores a temperatura ambiente se vuelven viables, podrían eliminar la necesidad de varios metales raros en componentes electrónicos y sistemas energéticos.

- Aplicaciones en generación y transmisión de energía: Los cables y sistemas de transmisión superconductores podrían reducir drásticamente el uso de tierras raras en transformadores y equipos eléctricos.

Gráfico 80: Comparación de Materiales Alternativos a los Imanes de Tierras Raras

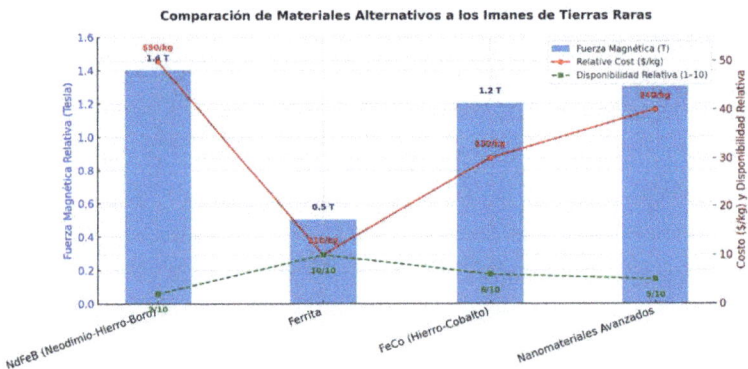

Gráfico que compara materiales alternativos a los imanes de tierras raras, analizando fuerza magnética, coste y disponibilidad. El neodimio-hierro-boro (NdFeB) sigue siendo el más potente, pero materiales como el hierro-cobalto y los nanomateriales avanzados muestran potencial como sustitutos.

Tabla 82: Investigaciones Prometedoras y Proyectos en Desarrollo

Institución/Empresa	Investigación/Proyecto	Material Alternativo	Etapa de Desarrollo
MIT y Toyota	Imanes sin tierras raras	Hierro-Níquel	Investigación avanzada
Hitachi	Motores sin neodimio	Aleaciones de ferrita	Pruebas industriales
Lawrence Berkeley Lab	Nanomateriales magnéticos	Materiales compuestos	Estudios de viabilidad
Universidad de Cambridge	Superconductores en motores	Cables superconductores	Desarrollo experimental
GE Renewable Energy	Turbinas sin imanes de tierras raras	Electroimanes avanzados	Pruebas en campo

El Papel del Uranio y el Torio en la Generación de Energía Baja en Carbono

La energía nuclear desempeña un papel fundamental en la transición energética como una de las pocas fuentes de electricidad de carga base con bajas emisiones de carbono. Los principales combustibles utilizados en la fisión nuclear son el uranio-235 y, en menor medida, el torio-232, ambos clasificados como materiales estratégicos para la seguridad energética global.

- **Uranio (U-235):**

  - Principal combustible nuclear utilizado en los reactores comerciales.

  - Requiere enriquecimiento para ser utilizable en centrales nucleares.

  - Se encuentra en países como Kazajistán, Canadá y Australia.

- **Torio (Th-232):**

  - Un combustible alternativo prometedor, especialmente para reactores de sales fundidas.

  - Más abundante en la corteza terrestre que el uranio.

  - Países como India, Brasil y Noruega poseen grandes reservas.

La ventaja de ambos materiales radica en su capacidad para proporcionar energía fiable las 24 horas del día, los 7 días de la semana, sin depender de las variaciones climáticas que afectan a las renovables, lo que los convierte en elementos esenciales para la estabilidad de la red eléctrica mundial.

La Importancia de Cadenas de Suministro Seguras para la Estabilidad Energética

La seguridad energética no depende únicamente de la tecnología nuclear, sino también de cadenas de suministro seguras para el uranio y otros materiales estratégicos. El suministro de uranio está concentrado en pocos países, por lo que una planificación cuidadosa es esencial para evitar escasez.

Principales productores de uranio:

- **Kazajistán** – el mayor productor mundial (alrededor del 40 % de la producción global).

- **Canadá y Australia** – proveedores clave para Occidente.

- **Níger y Namibia** – fuentes críticas para Europa.

Riesgos en la cadena de suministro:

- La dependencia excesiva de unos pocos países puede generar vulnerabilidades.

- La inestabilidad geopolítica puede afectar las exportaciones (por ejemplo, sanciones a Rusia, un importante procesador de uranio).

- Nuevos proyectos de minería y reprocesamiento pueden ayudar a reducir la dependencia de proveedores limitados.

Más allá del uranio y el torio, la seguridad energética nuclear también depende de tecnologías críticas, como los elementos utilizados en combustibles avanzados, sistemas de refrigeración y materiales estructurales de los reactores.

Gráfico 81: Principales Productores de Uranio en el Mundo

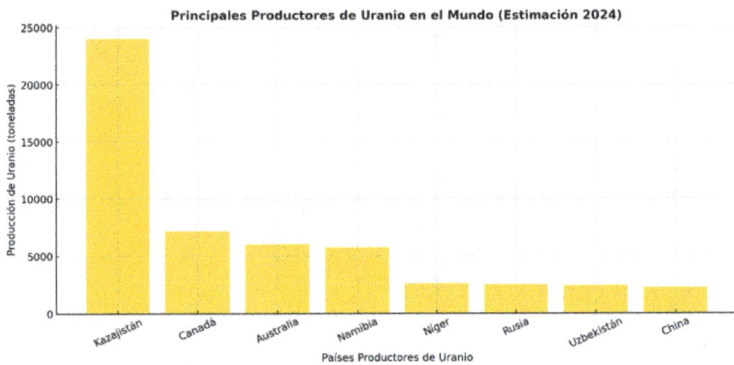

Fuente: Elaboración propia basada en los datos de la Tabla Resumen al final del capítulo.

Cómo la Geopolítica de los Minerales Críticos Impacta la Seguridad Energética Global

La relación entre la energía nuclear y la seguridad energética no puede separarse de la geopolítica de los minerales críticos. Muchos de los materiales necesarios para el funcionamiento seguro de los reactores nucleares también están estratégicamente disputados en el mercado global.

Minerales críticos clave en la industria nuclear:

- **Circonio** – utilizado en el revestimiento de las barras de combustible.

- **Berilio** – utilizado como moderador de neutrones en algunos reactores.

- **Litio-6** – esencial para los reactores de fusión y aplicaciones futuras.

La competencia por estos materiales involucra a grandes potencias globales y puede afectar la estabilidad del mercado energético. La dependencia de cadenas de suministro dominadas por unos pocos países —como China en la minería y refinado de materiales estratégicos— puede generar nuevos desafíos para el sector nuclear y la seguridad energética mundial.

Tabla 83: Materiales Críticos para el Sector Nuclear

Material Crítico	Uso en la Industria Nuclear	Principales Proveedores	Riesgos de Suministro
Uranio	Combustible para reactores nucleares	Kazajistán, Canadá, Australia	Dependencia de pocos países
Torio	Combustible alternativo para reactores	India, Brasil, Noruega	Falta de infraestructura para uso comercial
Circonio	Revestimiento de barras de combustible	Australia, Sudáfrica	Requiere alta pureza de grado nuclear
Berilio	Moderador de neutrones	EE. UU., China, Kazajistán	Producción limitada y costosa
Litio-6	Reactores de fusión y	China, EE. UU., Rusia	Regulación restringida y

	tecnología militar		suministro limitado
Galio	Sistemas avanzados de refrigeración	China, Alemania, Rusia	Producción concentrada en China

Fuente: Elaboración propia basada en los datos de la Tabla Resumen al final del capítulo.

Conclusión del Capítulo – Transición Energética y el Papel de las Tierras Raras

La transición energética hacia un futuro más sostenible y bajo en carbono está estrechamente ligada a la disponibilidad de materiales estratégicos —en particular, las tierras raras y otros minerales críticos. El avance de las tecnologías renovables, las baterías, los vehículos eléctricos e incluso la energía nuclear depende de la extracción, el refinado y el suministro seguro de estos recursos. Sin embargo, esta dependencia conlleva desafíos económicos, geopolíticos y ambientales que no pueden ser ignorados.

La Centralidad de los Minerales Críticos en la Transición Energética

La revolución energética moderna está directamente vinculada a elementos como el neodimio, el disprosio, el cobalto y el litio, esenciales para la producción de imanes de alto rendimiento, baterías de larga duración y turbinas eólicas. La demanda de estos materiales crece de forma exponencial, impulsada por los objetivos globales de descarbonización y la electrificación de sectores económicos clave. Sin embargo, la concentración geográfica de reservas y refinación en unos pocos países — como China— crea un escenario de vulnerabilidad para Occidente y otras economías dependientes.

En Búsqueda de Alternativas: Nuevos Materiales y Tecnologías Emergentes

Como respuesta a los riesgos de suministro y a las tensiones geopolíticas en torno a los minerales estratégicos, está creciendo la inversión en materiales alternativos. La investigación avanzada ya ha demostrado el potencial de nuevos compuestos magnéticos y nanomateriales para reducir la dependencia de las tierras raras. Además, la superconductividad y los nuevos procesos industriales ofrecen oportunidades para mitigar la necesidad de estas materias primas en sectores como la movilidad eléctrica y la generación de energía.

Al mismo tiempo, soluciones como el reciclaje de metales estratégicos y la minería responsable pueden ayudar a aliviar las presiones ambientales y geopolíticas, garantizando un suministro más estable y sostenible de estos recursos.

Energía Nuclear y Minerales Estratégicos: Pilar de la Seguridad Energética Global

El vínculo entre la transición energética y la seguridad energética global no puede separarse del papel del uranio y el torio en la producción de electricidad. La energía nuclear sigue siendo una fuente estable con bajas emisiones de carbono y sin dependencia de las variaciones climáticas —características esenciales para garantizar un sistema energético resiliente. Sin embargo, al igual que con las tierras raras, la cadena de suministro del sector nuclear también es sensible a factores geopolíticos, lo que hace crucial diversificar los proveedores de uranio e invertir en nuevas tecnologías como los reactores de torio y la fusión nuclear.

Geopolítica, Seguridad Energética y el Futuro de la Transición Energética

El control sobre los minerales críticos y los combustibles estratégicos se ha convertido en un elemento central de la geopolítica moderna, influyendo en disputas comerciales, políticas de seguridad nacional y acuerdos internacionales. El equilibrio entre la innovación tecnológica, la explotación sostenible de los recursos y las alianzas estratégicas determinará qué naciones liderarán la transición energética del siglo XXI.

La búsqueda de nuevos modelos de minería, cadenas de suministro resilientes y diversificación energética no es solo una cuestión ambiental. Es una necesidad geopolítica para asegurar un futuro energético estable y accesible para todas las naciones.

La transición energética no consiste únicamente en reemplazar los combustibles fósiles por renovables —implica un nuevo paradigma de exploración, dependencia e innovación tecnológica. El futuro de la energía está intrínsecamente ligado a nuestra capacidad de superar los desafíos materiales, estratégicos y geopolíticos que marcarán la próxima era de la civilización humana.

Tabla 84: Fuentes Consultadas en el Capítulo 9

Tema	Título	Autor / Organizac ión	Añ o	Enlace
Critic al Miner als and Rare Earth s	The Role of Critic al Miner als in Clean	IEA	2 0 2 1	https://www.iea.org/reports/the-role-of-critical-minerals-in-clean-energy-transitions

	Energy Transitions			
Critical Minerals and Rare Earths	Critical Minerals Market Review 2023	IEA	2023	https://www.iea.org/reports/critical-minerals-market-review-2023
Critical Minerals and Rare Earths	Minerals for Climate Action	World Bank	2020	https://pubdocs.worldbank.org/en/961711588875536384/Minerals-for-Climate-Action-The-Mineral-Intensity-of-the-Clean-Energy-Transition.pdf
Critical Minerals and Rare Earths	Mineral Commodity Summaries 2023: Rare	USGS	2023	https://pubs.usgs.gov/periodicals/mcs2023/mcs2023-rare-earths.pdf

	Earth s			
Critic al Miner als and Rare Earth s	Study on the Critic al Raw Mater ials for the EU 2023	Euro pean Com missi on	2 0 2 3	https://data.europa.eu/doi/10.2873/7 25585
Critic al Miner als and Rare Earth s	2023 Critic al Mater ials Asses smen t	U.S. DOE	2 0 2 3	https://www.energy.gov/sites/default /files/2023-07/doe-critical-material- assessment_07312023.pdf
Nucle ar Energ y and Strate gic Miner als	Urani um 2022: Reso urces , Produ ction and	OEC D NEA / IAEA	2 0 2 3	https://www.oecd- nea.org/jcms/pl_79960/uranium- 2022-resources-production-and- demand

	Dem and			
Nucle ar Energ y and Strate gic Miner als	Thori um- Base d Nucle ar Energ y: Optio ns	IAEA	2 0 2 3	https://www.iaea.org/publications/1 5215/near-term-and-promising-long- term-options-for-the-deployment-of- thorium-based-nuclear-energy
Nucle ar Energ y and Strate gic Miner als	Thori um	Worl d Nucl ear Asso ciati on	2 0 2 4	https://world- nuclear.org/information- library/current-and-future- generation/thorium
Hydro gen	Glob al Hydr ogen Revie w 2023	IEA	2 0 2 3	https://www.iea.org/reports/global- hydrogen-review-2023
Hydro gen	Gree n Hydr ogen Cost	IREN A	2 0 2 0	https://www.irena.org/- /media/Files/IRENA/Agency/Publicati on/2020/Dec/IRENA_Green_hydroge n_cost_2020.pdf

	Redu ction			
Hydro gen	The Futur e of Hydr ogen	IEA	2 0 1 9	https://www.iea.org/reports/the-future-of-hydrogen
Emer ging Techn ologi es	Subst itutio n of critic al raw mater ials in low-carbo n techn ologi es	Euro pean Com missi on JRC	2 0 1 6	https://publications.jrc.ec.europa.eu /repository/handle/JRC103284
Emer ging Techn ologi es	Subst itutio n strate gies for rare earth s in wind turbin es	Pavel et al.	2 0 1 7	https://doi.org/10.1016/j.resourpol.2 017.04.010

Emerging Technologies	Powering the green economy: magnets without rare earths	James McKenzie / Physics World	2023	https://physicsworld.com/a/powering-the-green-economy-the-quest-for-magnets-without-rare-earths/
Environmental & Social Mining Impacts	Assessing social and environmental impacts of critical minerals in Europe	Berthet et al.	2024	https://doi.org/10.1016/j.gloenvcha.2024.102841
Environmental & Social	Mineral Resource	UNEP IRP	2020	https://www.resourcepanel.org/reports/mineral-resource-governance-21st-century

l Mining Impacts	Governance in the 21st Century			
Environmental & Social Mining Impacts	Myanmar's rare earth boom	Global Witness	2024	https://globalwitness.org/en/campaigns/transition-minerals/fuelling-the-future-poisoning-the-present-myanmars-rare-earth-boom/
Recycling and Sustainability	Recycling of Critical Minerals	IEA	2023	https://www.iea.org/reports/recycling-of-critical-minerals
Recycling and Sustainability	Barriers to recycling rare earths in energy	Rizos et al. / CEPS	2024	https://www.ceps.eu/ceps-publications/understanding-the-barriers-to-recycling-critical-raw-materials-for-the-energy-transition/

	transi tion			
Geop olitic s and Energ y Secur ity	Geop olitic s of the Energ y Transi tion: Critic al Mater ials	IREN A	2 0 2 3	https://www.irena.org/Publications/2 023/Jul/Geopolitics-of-the-Energy-Transition-Critical-Materials
Geop olitic s and Energ y Secur ity	Energ y Transi tion and Geop olitic s: Critic al Miner als	Worl d Econ omic Foru m	2 0 2 4	https://www.weforum.org/publicatio ns/energy-transition-and-geopolitics-are-critical-minerals-the-new-oil/

Introducción – Capítulo Final: El Papel de la Energía Nuclear en el Futuro de la Humanidad

La energía nuclear siempre ha estado en el centro de los debates sobre el futuro energético de la humanidad. A lo largo de este libro, hemos explorado su evolución, sus desafíos y sus promesas para un mundo más sostenible. Ahora, al acercarnos a la conclusión, es esencial mirar hacia adelante: ¿cuál será el papel de lo nuclear en las próximas décadas? ¿Cómo moldearán esta trayectoria las nuevas tecnologías y los avances científicos?

Este capítulo final reúne dos frentes esenciales: el potencial tecnológico de la energía nuclear para el futuro y su relevancia para la sostenibilidad energética global. Aquí abordaremos los siguientes temas clave:

- Las nuevas fronteras de la tecnología nuclear, incluyendo los Reactores Modulares Pequeños (SMR), la fusión nuclear y la inteligencia artificial en el sector energético.

- La energía nuclear como solución para la estabilidad de la matriz energética global, garantizando seguridad energética, bajas emisiones de carbono e independencia geopolítica.

- El equilibrio entre innovación, aceptación pública y políticas gubernamentales: factores que determinarán si el mundo avanza hacia una expansión nuclear o enfrenta una parálisis regulatoria.

- El legado de la energía nuclear y su importancia en el siglo XXI, mostrando cómo esta fuente puede ser clave para construir una civilización más sostenible, próspera y resiliente.

Es momento de reflexionar sobre la gran pregunta que atraviesa este libro: **¿puede el mundo realmente garantizar un futuro energético fiable sin la energía nuclear?**

Capítulo 10 – Conclusión: El papel de la energía nuclear en el futuro de la humanidad

Lo que hemos aprendido: la evolución de la energía nuclear

A lo largo de este libro, hemos recorrido un camino que refleja el propio trayecto de la humanidad al enfrentarse al poder del átomo — un camino marcado por descubrimientos científicos, ambiciones políticas, avances tecnológicos y profundos dilemas éticos.

Desde los primeros experimentos de laboratorio a comienzos del siglo XX hasta los reactores de última generación más avanzados de la actualidad, la energía nuclear ha evolucionado de una curiosidad científica a una fuerza transformadora — capaz tanto de destruir como de iluminar. Aprendimos cómo la fisión del núcleo atómico — descubierta por Hahn, Strassmann, Meitner y Frisch — dio origen no solo a la era de las armas nucleares, sino también al comienzo de una nueva forma de generar electricidad a gran escala.

Fuimos testigos del nacimiento de la era nuclear bajo la sombra de la Segunda Guerra Mundial y del Proyecto Manhattan, pero también vimos cómo, en las décadas siguientes, el mundo intentó revertir ese legado militar con fines pacíficos — mediante iniciativas como el programa "Átomos para la Paz", la construcción de las primeras centrales nucleares y la creación del OIEA.

Observamos el auge y la caída del sector nuclear: desde su expansión global en los años 60 y 70, pasando por el impacto de los accidentes de Three Mile Island y Chernóbil, hasta la recuperación de la confianza tras Fukushima y el renovado interés impulsado por la urgencia de la crisis climática.

Hoy, ante los desafíos de la transición energética, la inestabilidad geopolítica y la necesidad urgente de descarbonizar profundamente la economía global, la energía nuclear resurge — no como sustituta, sino como complemento esencial de las fuentes renovables. No se trata de elegir entre el sol, el viento o el átomo — se trata de integrar inteligentemente todas las opciones disponibles con base en la ciencia y el sentido común.

Pero quizás la lección más importante que hemos aprendido es que la energía nuclear evoluciona — y seguirá evolucionando. La historia de la fisión ya es larga, pero el futuro puede estar en la fusión. Lo que antes era sinónimo de centralización e infraestructuras masivas, hoy apunta hacia la modularidad, la seguridad intrínseca y la flexibilidad.

La energía nuclear no es una reliquia del pasado — es una tecnología en constante reinvención, que desafía mitos y trasciende ideologías. Al comprender su trayectoria, también comprendemos el enorme potencial que encierra para ayudar a construir un futuro energético más seguro, estable y sostenible para toda la humanidad.

Nuevas Tecnologías y el Futuro del Sector Nuclear

La energía nuclear está atravesando una revolución silenciosa pero sumamente prometedora. Lejos de la imagen tradicional de los reactores masivos construidos en el siglo XX, las nuevas tecnologías están reformulando el sector con un enfoque en la seguridad, la eficiencia, la flexibilidad y la sostenibilidad ambiental. Esta nueva era se define por tres vectores fundamentales: los reactores modulares pequeños (SMR), los avances reales en la fusión nuclear y el creciente uso de la inteligencia artificial, la robótica y los materiales avanzados.

Reactores Modulares Pequeños (SMR) y la Descentralización Energética

Los SMR representan una de las innovaciones más prometedoras de la industria nuclear contemporánea. Como su nombre indica, son reactores nucleares de menor escala diseñados para producir entre 10 y 300 megavatios eléctricos (MWe), en comparación con los más de 1000 MWe de las centrales nucleares convencionales.

Su mayor ventaja radica en la modularidad y la flexibilidad: pueden fabricarse en serie dentro de entornos industriales controlados y luego transportarse al sitio de instalación, reduciendo drásticamente los costos, el tiempo de construcción y los riesgos asociados a las obras civiles.

Estos reactores permiten:

- Descentralizar la producción de energía, llevando electricidad a regiones remotas o insulares.

- Integrarse en redes híbridas junto a fuentes renovables como la solar y la eólica.

- Reemplazar centrales térmicas a carbón con menor impacto ambiental.

- Servir aplicaciones industriales específicas como desalación, producción de hidrógeno o calor de proceso para uso industrial.

Países como Canadá, Estados Unidos, Reino Unido y Francia ya cuentan con programas avanzados de SMR. Empresas como NuScale Power (EE.UU.), Rolls-Royce SMR (Reino Unido) y Terrestrial Energy (Canadá) lideran la carrera. Se espera que los primeros SMR comerciales entren en operación durante esta década.

El Avance de la Fusión Nuclear: Retos y Perspectivas Reales

La fusión nuclear es el "Santo Grial" de la energía: limpia, segura, abundante y prácticamente inagotable. En lugar de dividir átomos pesados como el uranio, la fusión consiste en unir núcleos ligeros —normalmente isótopos de hidrógeno como el deuterio y el tritio— liberando una enorme cantidad de energía, tal como ocurre en el núcleo del Sol.

A pesar de décadas de investigación y promesas retrasadas, los últimos años han traído avances concretos:

- En 2022, científicos del National Ignition Facility (EE.UU.) lograron por primera vez la ignición, generando más energía de la que fue consumida por el láser.

- En 2024, China anunció un nuevo récord con su reactor EAST ("Sol Artificial"), manteniendo plasma a 158 millones de grados Celsius durante más de 1.000 segundos.

- Proyectos internacionales como ITER en Francia siguen avanzando, con operaciones previstas entre 2025 y 2030.

EAST
(Tokamak Superconductor Avanzado Experimental)

- Ubicación: China
- Objetivo: Investigación
- Temperatura: 158 millones °C
- Duración del plasma: >1.000 s
- Meta: Sostenimiento y control del plasma

ITER
(Reactor Experimental Termonuclear Internacional)

- Ubicación: Francia (Proyecto internacional)
- Objetivo: Demostración comercial
- Previsión: Primer plasma en 2025
- Meta: Producir 10 veces más energía de la que consume

Ilustración comparativa entre los proyectos EAST e ITER:

- EAST, de China, es un proyecto de investigación avanzada centrado en el mantenimiento del plasma y el control de altas temperaturas.

- ITER, en Francia, es el mayor esfuerzo internacional para demostrar la viabilidad de la fusión como fuente de energía comercial.

La principal barrera para la fusión ya no es la viabilidad científica —ya demostrada—, sino la viabilidad técnica y comercial. Mantener el plasma estable, contener la radiación de neutrones y desarrollar materiales que puedan soportar entornos extremos siguen siendo desafíos técnicos complejos.

No obstante, empresas emergentes privadas como Commonwealth Fusion Systems, TAE Technologies y Tokamak

Energy, con sede en el Reino Unido, prometen reactores de fusión comercialmente viables para 2040.

Gráfico 82: Cronología de la Fusión Nuclear – Principales Hitos Históricos

Línea de Tiempo de la Fusión Nuclear: Hitos Históricos

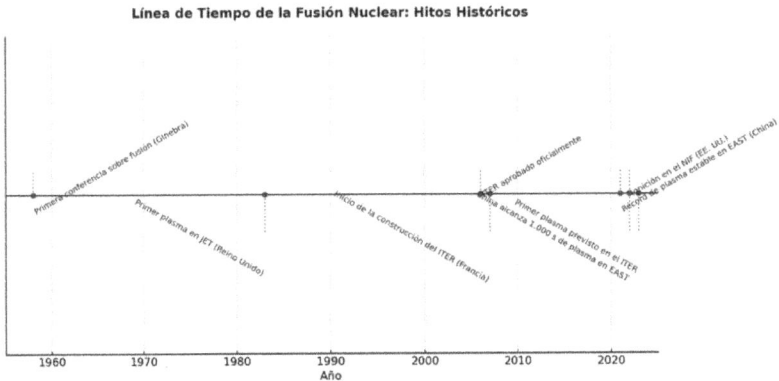

Fuente: Elaboración propia basada en los datos de la Tabla Resumen al final del capítulo.

IA, Robótica y Nuevos Materiales en la Próxima Generación de Reactores

La nueva era nuclear también estará profundamente influenciada por las tecnologías digitales y los avances en la ciencia de materiales:

- La inteligencia artificial (IA) ya se utiliza para simulaciones nucleares, predicción de fallos, optimización del rendimiento y mantenimiento predictivo en tiempo real.

- Robots y drones realizan inspecciones internas en entornos radiactivos con mayor seguridad y precisión, reduciendo la exposición humana.

519

- Los materiales avanzados, como aleaciones metálicas resistentes a la corrosión y cerámicas de alta temperatura, están permitiendo el desarrollo de reactores de cuarta generación más seguros y duraderos.

Además, el desarrollo de materiales autorreparables, recubrimientos inteligentes y sensores integrados en componentes estructurales está allanando el camino para reactores autogestionados, con mantenimiento automatizado y respuestas adaptativas a anomalías.

Diagrama Tecnológico: IA, Robótica y Materiales en los Reactores de Nueva Generación

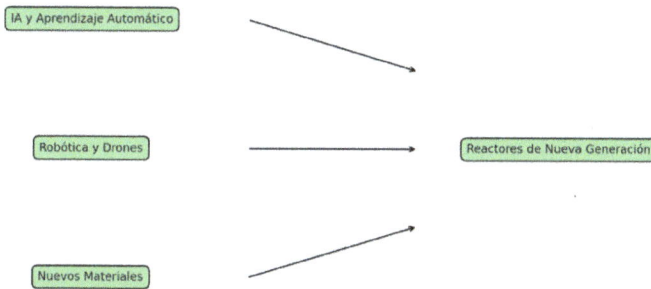

Diagrama de flujo tecnológico que ilustra cómo la IA, la robótica y los nuevos materiales convergen para impulsar los reactores nucleares de próxima generación:

- La IA respalda el control, la simulación y el mantenimiento predictivo.

- La robótica y los drones garantizan inspecciones seguras y automatizadas.

- Los nuevos materiales resisten entornos extremos con mayor durabilidad y seguridad.

Un Futuro en Construcción

Al combinar estos tres frentes — SMR, fusión y tecnologías emergentes — la energía nuclear podría desempeñar un papel vital en la transición energética del siglo XXI. Su capacidad para proporcionar energía firme, limpia y confiable será esencial para complementar las fuentes renovables y garantizar la seguridad energética, la descarbonización profunda y la autonomía estratégica de las naciones.

El Caso Chino: Liderazgo Nuclear en la Nueva Era Energética

China se ha consolidado como un líder global en el panorama de la energía nuclear a través de iniciativas pioneras. En marzo de 2025, el país anunció la operación exitosa de su primer reactor nuclear de sal fundida alimentado con torio, ubicado en el desierto de Gobi. Este tipo de reactor utiliza torio en lugar de uranio y ofrece varias ventajas significativas, como una mayor seguridad intrínseca, menor riesgo de fusión del núcleo y una producción reducida de residuos radiactivos de larga duración.

Además, China avanza en el campo de la fusión nuclear, intentando replicar los procesos del Sol en la Tierra. Su proyecto EAST — Tokamak Superconductor Avanzado Experimental, también conocido como "sol artificial" — estableció un nuevo récord mundial al mantener plasma estable durante 1.066 segundos, un hito impresionante y un paso crucial hacia la viabilidad futura de la fusión como fuente de energía limpia y prácticamente inagotable.

Estos avances sitúan a China a la vanguardia tecnológica del sector nuclear, tanto en investigación fundamental como en implementación práctica, con impactos potencialmente transformadores en las próximas décadas a nivel energético y geopolítico.

Energía Nuclear y Sostenibilidad Global

En esta sección, exploraremos el papel de la energía nuclear como aliada de las renovables, su contribución a la seguridad energética y su potencial como solución concreta frente a la crisis climática. También destacaremos la importancia de políticas públicas estables y estrategias a largo plazo para garantizar un desarrollo sostenible y seguro del sector.

La emergencia climática y la transición energética han planteado al mundo un gran dilema: ¿cómo descarbonizar rápidamente sin comprometer el suministro energético ni la estabilidad económica? En este contexto, la energía nuclear resurge como una de las pocas soluciones tecnológicas disponibles realmente capaces de generar electricidad a gran escala, sin emisiones de carbono y con alta fiabilidad.

Coexistencia con Renovables y Seguridad Energética

Las fuentes renovables, como la solar y la eólica, han crecido de forma impresionante en las últimas dos décadas. Sin embargo, su intermitencia natural —el sol no brilla por la noche y el viento no siempre sopla— exige soluciones complementarias que garanticen un suministro energético continuo y estable.

Es aquí donde la energía nuclear se destaca:

- Proporciona energía firme (de base) las 24 horas del día, independientemente de las condiciones climáticas.

- Puede integrarse en sistemas híbridos junto con renovables, estabilizando la red eléctrica.

- Reduce la dependencia de fuentes fósiles de respaldo como el gas natural o el carbón.

- Ayuda a evitar apagones y crisis de suministro, especialmente durante picos de demanda o sequías prolongadas (que afectan a la generación hidroeléctrica).

Ejemplos como el de Francia —que mantiene una de las redes eléctricas más limpias y estables del mundo gracias a su matriz nuclear— demuestran que la coexistencia con las renovables es posible, permitiendo una transición equilibrada y resiliente.

La Importancia de las Políticas a Largo Plazo

A diferencia de otras tecnologías energéticas, la energía nuclear requiere una planificación estratégica a largo plazo, tanto en el ámbito técnico como en el político. La construcción, licenciamiento y operación de una central nuclear implican décadas de trabajo, y exigen:

- Estabilidad normativa y legal.

- Inversión pública y privada coherente.

- Formación técnica especializada y preservación del conocimiento.

- Aceptación pública y lucha contra la desinformación.

La ausencia de políticas claras ha llevado a muchos países a abandonar o aplazar proyectos nucleares —para luego enfrentarse a crisis energéticas y regresar a los combustibles fósiles.

Por el contrario, países como Finlandia, Corea del Sur, Canadá y China han demostrado que, con políticas bien estructuradas, es posible expandir la energía nuclear de forma segura, eficiente y transparente, contribuyendo significativamente a los objetivos climáticos.

La Energía Nuclear como Solución Viable al Cambio Climático

Según el Panel Intergubernamental sobre Cambio Climático (IPCC), la energía nuclear es esencial en prácticamente todos los escenarios plausibles para limitar el calentamiento global a 1,5 °C. Es una de las pocas fuentes de bajas emisiones con la madurez tecnológica suficiente para reemplazar los combustibles fósiles a gran escala.

Sus ventajas son claras:

- Emisiones de CO_2 prácticamente nulas durante la operación.

- Una huella de carbono comparable a la de la energía eólica —y menor que la solar— a lo largo de todo su ciclo de vida.

- Alta producción energética con uso mínimo de suelo, a diferencia de algunas fuentes renovables.

- Potencial para contribuir a la producción de hidrógeno limpio, calor para procesos industriales y desalación de agua.

Aun con los desafíos relacionados con los residuos y la seguridad (ya abordados en capítulos anteriores), la energía nuclear sigue siendo una herramienta indispensable en el arsenal climático global.

Tabla 85: Contribución Nuclear Esperada en los Escenarios de Neutralidad de Carbono (2050)

Escenario	Fuente	Capacidad Nuclear Esperada (GW)	Participación en la Generación Global de Electricidad

Neutralidad de Carbono para 2050	IEA	812 GW	~18%
Escenario de Desarrollo Sostenible	IEA	700 GW	~15%
Estudio Nuclear del MIT	MIT	1000 GW	~20%
Escenario IPCC SSP2-1.9	IPCC	900 GW	~16–20%

Fuente: Elaboración propia basada en los datos de la Tabla Resumen al final del capítulo.

Tabla 86: Tecnologías Emergentes con Potencial Nuclear

Tecnología	Estado Actual	Impacto Potencial
Reactores Modulares Pequeños (SMRs)	Fase de pruebas y licencias	Descentralización y mayor seguridad
Fusión Nuclear (ITER, DEMO)	Prototipos y pruebas	Energía limpia e ilimitada a largo plazo
Reciclaje Avanzado de Combustible	Proyectos piloto en Francia y Japón	Reducción de residuos y aumento de eficiencia

Fuente: Elaboración propia basada en los datos de la Tabla Resumen al final del capítulo.

Conclusión Final: La Energía Nuclear como Pilar del Siglo XXI

Durante siglos, la humanidad ha soñado con dominar la energía. Desde el fuego hasta la máquina de vapor, del carbón al petróleo, de la electricidad al átomo, hemos recorrido un camino fascinante lleno de descubrimientos, errores y aprendizajes. Hoy, al borde de un colapso climático y energético, nos enfrentamos a una elección decisiva: seguir

526

confiando en soluciones insuficientes o abrazar con valentía las herramientas que realmente pueden garantizar un futuro sostenible.

La energía nuclear —durante mucho tiempo incomprendida e injustamente descartada— es una de esas herramientas. No es una panacea. No está exenta de riesgos. Pero como hemos demostrado a lo largo de este libro, es una de las tecnologías más potentes, limpias y eficaces jamás concebidas por el ser humano. Cuando está bien planificada, bien regulada y bien comunicada, puede coexistir con las renovables, estabilizar las redes eléctricas, reducir drásticamente las emisiones y garantizar la soberanía energética a largo plazo.

Pero para que esa promesa se cumpla, deben superarse los mitos, los prejuicios y las resistencias políticas. La desinformación, el miedo y la manipulación ideológica han demostrado ser obstáculos tan peligrosos como cualquier fallo técnico. Muchos gobiernos han dado la espalda a la ciencia, rindiéndose a narrativas simplistas y poniendo en peligro el futuro energético de las próximas generaciones.

Ha llegado el momento del cambio.

No hay transición energética seria sin compromiso. No hay neutralidad de carbono sin electricidad firme y limpia. No hay civilización sostenible sin el coraje de enfrentar los hechos.

La nueva generación de reactores, los avances en fusión, la integración con tecnologías digitales y el uso de materiales innovadores son prueba de que lo nuclear no es el pasado —es el futuro. Un futuro que exige innovación con seguridad, progreso con responsabilidad y ciencia con ética. Y sobre todo, exige liderazgo político.

Aquí es donde entras tú, lector.

Este libro no fue escrito solo para informar. Fue escrito para convocarte. Si has llegado hasta aquí, ya sabes que la energía nuclear no es solo una opción más. Es una elección estratégica para la supervivencia de la humanidad en un planeta finito. Y como tal, debe discutirse con seriedad, promoverse con honestidad y aplicarse con competencia. Es hora de dejar claro a los líderes políticos —en parlamentos y foros internacionales— que la sociedad exige soluciones reales, no narrativas vacías. Que el derecho a un planeta habitable también conlleva el deber de apoyar la ciencia y la razón.

La energía nuclear no es el enemigo. El enemigo es la ignorancia. Es la inacción. Es la demora disfrazada de virtud. El siglo XXI se definirá por las decisiones que tomemos ahora. Y entre esas decisiones está el lugar que le damos a la energía nuclear.

Que cada lector se convierta en una voz. Que cada voz se convierta en acción. Y que de esa acción surja un futuro en el que la luz que alimenta nuestros hogares, nuestras fábricas y nuestros hospitales provenga de una fuente limpia, segura, poderosa y, sobre todo, honesta. Porque el futuro no se predice —se construye.

Y el momento de construirlo es ahora.

Tabla 87: Fuentes consultadas en el Capítulo 10

Tema	Fuente	Enlace
Reactor de Torio (China)	O Cafezinho	https://www.ocafezinho.com/2025/03/23/china-anuncia-primeira-usina-nuclear-de-sal-fundido-com-torio-do-mundo/
Reactor de Torio (China)	digitalagro.com.br	https://digitalagro.com.br
Fusión Nuclear (EAST – China)	ICL Notícias	https://iclnoticias.com.br/china-sol-artificial-ocidente-para-tras/
Fusión Nuclear (EE. UU. – NIF)	Wikipedia	https://pt.wikipedia.org/wiki/National_Ignition_Facility
Proyectos SMRs	IAEA	https://www.iaea.org/topics/small-modular-reactors
Fusión – ITER	ITER Organization	https://www.iter.org
IA y Robótica en Reactores	World Nuclear Association	https://www.world-nuclear.org
Coexistencia Nuclear-Renovables	World Nuclear Association	https://www.world-nuclear.org
Seguridad Energética y Baseload	IEA – International Energy Agency	https://www.iea.org

Políticas a Largo Plazo	OECD-NEA	https://www.oecd-nea.org
Ejemplos de Políticas Nucleares	IAEA	https://www.iaea.org
Nuclear y Clima	IPCC	https://www.ipcc.ch
Huella de Carbono	World Nuclear Association	https://www.world-nuclear.org/information-library/current-and-future-generation/nuclear-power-and-the-environment.aspx
Importancia de la Energía Nuclear en el Siglo XXI	IPCC	https://www.ipcc.ch
Transición Energética y Neutralidad de Carbono	IEA	https://www.iea.org

www.ingramcontent.com/pod-product-compliance
Lightning Source LLC
Chambersburg PA
CBHW040912210326
41597CB00030B/5060